高等职业教育系列教材

数控编程与加工技术

第 2 版

主　编　吕宜忠
副主编　宋英超
参　编　黄世家　王英宣　宋浩翔

机 械 工 业 出 版 社

本书以数控编程与实操为主导，从实际应用出发，以 FANUC 数控系统为基础，详细介绍了数控机床的工艺、编程和加工技术。本书包括数控车床编程与加工、数控铣床编程与加工、加工中心编程与加工三个模块，每一个模块包含多个项目，而每一个项目又包含学习目标、知识学习、拓展知识、编程与加工实例、思考与练习等多个环节。

本书结构紧凑，实例丰富、实用，讲解清晰、易懂。每个项目都配有多个动画和视频，可直接扫描二维码观看。书中多个实例来源于企业的实际产品，有助于理论知识与企业生产实际相结合。本书部分内容也参考了数控技能大赛的相关试题，对参加各级大赛的学员有一定参考价值。

本书可作为高职高专机械类和近机械类专业数控编程与加工相关课程的教材，也可供高等工科院校、成人教育等同类专业选用。

本书配有电子课件等资源，需要的教师可登录机械工业出版社教育服务网（www.cmpedu.com）免费注册后下载，或联系编辑索取（微信：13261377872，电话：010-88379739）。

图书在版编目（CIP）数据

数控编程与加工技术/吕宜忠主编. —2 版. —北京：机械工业出版社，2024.1（2025.3 重印）

高等职业教育系列教材

ISBN 978-7-111-74392-7

Ⅰ.①数… Ⅱ.①吕… Ⅲ.①数控机床-程序设计-高等职业教育-教材 ②数控机床-加工-高等职业教育-教材 Ⅳ.①TG659

中国国家版本馆 CIP 数据核字（2023）第 233263 号

机械工业出版社（北京市百万庄大街22号 邮政编码100037）
策划编辑：曹帅鹏　　　　　　责任编辑：曹帅鹏　赵小花
责任校对：王小童　张　薇　　责任印制：任维东
河北鹏盛贤印刷有限公司印刷
2025 年 3 月第 2 版第 4 次印刷
184mm×260mm · 18.25 印张 · 452 千字
标准书号：ISBN 978-7-111-74392-7
定价：65.00 元

电话服务　　　　　　　　　网络服务
客服电话：010-88361066　　机 工 官 网：www.cmpbook.com
　　　　　010-88379833　　机 工 官 博：weibo.com/cmp1952
　　　　　010-68326294　　金 书 网：www.golden-book.com
封底无防伪标均为盗版　机工教育服务网：www.cmpedu.com

前　言

《数控编程与加工技术》自 2019 年 1 月出版以来，作为高职高专机械类和近机械类专业的教材，受到了高职院校同行们的认可。教材本着"突出技能、重在实用、淡化理论、够用为度"的指导思想，将传统的"数控加工工艺与编程"和"数控加工实训"等课程的主要内容进行有机整合，形成新的课程体系，注重理论与实践相结合，突出能力培养，强化实践教学，为培养高素质技术技能人才打下了良好的理论与实践基础，体现了高职高专课程的特色。

本书在第 1 版的基础上，按照项目式与活页式教学要求，与北汽福田汽车股份有限公司时代领航卡车工厂、山东美晨工业集团有限公司、山东安迪机械科技有限公司三家企业合作修订，对部分内容进行了重新编排与改写，使教材表述更加清晰、易懂，与企业生产实际联系更加紧密。

修订后的教材延续了第 1 版理实一体化的风格，一是根据高等职业教育的培养目标和教育特点，将数控加工必需的数控加工工艺规程制定、数控编程、数控机床操作、典型零件加工有机地结合在一起，培养学生的编程能力和典型零件加工能力；二是选材注意实用性和典型性，尤其是实例环节，一部分是从相应工种的中级操作工和高级操作工试题库中选题，还有一部分是从企业产品中精选，全面介绍从分析零件图到编制数控加工程序、机床操作、零件加工的全过程，更突出了数控加工工艺的分析；三是全书以工艺、编程、操作、加工为主线，在体系上力求新颖，力求文字表达准确，选图简练；四是在内容的取舍与深度的把握上，注重理论联系实际、重点突出，并注重学生在程序编制与零件加工方面的培养。

本书坚持"够用为度，工学结合"的原则，突出实用性、综合性和可操作性，让读者在具体项目的指引下，快速学习数控加工工艺、程序编制、机床操作、零件加工等知识，易学、易懂，让学习变得更加科学合理。本书注重培养学生理论联系实际的意识，发挥学生的潜力，提高学生的创新意识。本书贯彻工学结合的原则，以 FANUC 数控系统为基础，结合零件加工的典型实例，全面、系统地论述了数控加工的工艺以及数控车床、数控铣床、加工中心的程序编制、机床操作、零件加工。本书包括数控车床编程与加工、数控铣床编程与加工、加工中心编程与加工三个模块，每一个模块包含多个项目，而每一个项目又包含学习目标、知识学习、编程与加工实例、拓展知识、思考与练习等多个环节。书中所有参考程序都附有详细、清晰的说明，便于教师授课以及学生理解、学习。

修订后的教材增加了动画和视频等教学资源，实现纸质教材与数字资源的完美结合，体现"互联网 +"新形态一体化教材理念。通过扫描书中二维码可观看相应资源，随扫随学，可激发学生自主学习积极性，实现高效课堂。另外，编者在超星泛雅平台上传了完整的教学资料，可为该课程的教学提供大力支持。

参加本书修订工作的有潍坊工商职业学院吕宜忠和宋英超、北汽福田汽车股份有限公司时代领航卡车工厂技术研究院黄世家、山东安迪机械科技有限公司王英宣、山东美晨工业集团有限公司宋浩翔。其中，模块 1 的项目 1.1 ~ 项目 1.4 由吕宜忠编写，项目 1.5 ~ 项目 1.8

由宋浩翔编写；模块 2 的项目 2.1 ~ 项目 2.4 由王英宣编写，项目 2.5 ~ 项目 2.7 由宋英超编写；模块 3 由黄世家编写。全书由吕宜忠统稿。

编者在本书的编写过程中得到了二级教授路金喜的大力支持，路教授不但提出了大量建设性的意见和建议，还主审了全书；编者所在校企各方领导对本书给予了高度重视和大力支持，在此一并表示感谢。另外，感谢备战技能大赛的数控技能小组的全体同学，他们对本书中的所有程序进行了逐一校验，确保了所有程序的准确性。

特别感谢潍坊工商职业学院傅晓庆、张吉亮两位老师，他们与吕宜忠、宋英超共同录制了视频。以上四位老师以该书为基础，成功申报了校级、省级在线精品课程。

编写本书时，编者查阅和参考了众多文献资料，在此向参考文献的作者致以诚挚的谢意。同时向多年来使用本书的同行与读者表示真诚的谢意，感谢同行们的支持以及读者的厚爱，书中不妥之处敬请继续批评指正。

编　者

二维码清单

名称	图形	页码	名称	图形	页码
1.1.1 基本概念		1	1.2.7 对刀点、换刀点和刀位点的确定		18
1.1.2 数控车床的组成		2	1.2.8 数控车床切削用量的确定		19
1.1.3 数控车床的分类		2	1.2.9-1.2.11 数控加工的特点及应用范围		22
1.1.5-1.1.6 数控机床的工作原理与组成		4	1.3.1 坐标系		25
1.1.7 数控机床的分类		6	1.3.2 数控编程的步骤和主要内容		29
1.2.1 数控加工工艺过程		11	1.3.3 数控加工程序的结构与格式		30
1.2.3-1.2.4 数控车削走刀路线、加工顺序的确定		11	1.4 数控车床基本操作-试切对刀		35
1.2.5 数控车床刀具的类型及其选用		13	1.4 数控车床基本操作-面板与手动操作		35
1.2.6 工件的装夹与找正		16	1.5.1 简单阶梯轴零件加工		44

（续）

（续）

（续）

目　　录

模块 1 数控车床编程与加工

项目 1.1 认识数控车床

【学习目标】

1）掌握数控技术、数控加工、数控机床等概念。
2）熟悉数控车床的组成、分类及主要应用。
3）熟悉数控机床的工作原理。
4）了解数控机床的组成和分类。

【知识学习】

1.1.1 基本概念

1.1.1 基本概念

1. 数字控制及数控技术

一般意义上的数字控制是指用数字化信息对过程进行的控制，是相对模拟控制而言的。机床中的数字控制（Numerical Control）专指用数字化信号对机床运动及其加工过程进行控制的自动化方法，简称数控（NC），是由机床数控装置或系统实现的。

数控技术（Numerical Control Technology）是指用数字化信息进行自动控制的技术，是制造业实现自动化、柔性化、集成化生产的基础。将计算机通过特定处理方式下的数字信息（不连续变化的数字量）用于机床自动控制的技术统称为计算机数控（Computer Numerical Control，CNC）技术。

2. 数控系统

数控系统（Numerical Control System）即程序控制系统，是指采用数字控制技术的控制系统。数控系统一般控制位移、角度、速度等机械量，也可控制温度、压力、流量、颜色等物理量。以计算机为核心的数控系统简称 CNC 系统。

3. 数控机床

数控机床（Computer Numerical Control Machine Tools）是指装有计算机数控系统的机床，简称 CNC 机床。它是数控技术与机床相结合的产物，是一种通过数字信息控制机床按给定的运动规律进行自动加工的装备。国际信息处理联盟（IFIP）第五技术委员会对数控机床定义如下：数控机床是一种装有程序控制系统的机床，该系统能够逻辑地处理具有特定代码或其他符号编码指令规定的程序。该定义中所说的程序控制系统即数控系统。目前人们提及数控机床时一般指 CNC 机床。

4. 数控加工

数控加工是指在数控机床上进行零件加工的一种工艺方法，其实质就是根据零件图样及工艺要求等原始条件，编制零件数控加工程序，并输入到数控机床的数控系统，以控制数控机床中刀具与工件的相对运动，从而完成零件的加工。

1.1.2 数控车床的组成

1.1.2　数控车床的组成

数控车床是集机械、电气、液压、气动、微电子和信息等多项技术为一体的机电一体化产品，是机械制造设备中具有高精度、高效率、高自动化和高柔性化等优点的工作母机。数控车床主要用于加工轴类、盘类等回转体零件。一般是将事先编好的数控加工程序输入到数控系统中，通过程序的运行，可自动完成内外圆柱面、圆锥面、成形表面、螺纹和端面等的切削加工，并能进行车槽、钻孔、扩孔、铰孔等工作。

数控车床由数控装置、床身、主轴箱、刀架进给系统、尾座、液压系统、冷却系统、润滑系统、排屑器等部分组成。CK6136 数控车床的组成如图 1-1 所示。

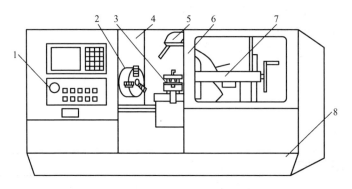

图 1-1　CK6136 数控车床的组成

1—控制面板　2—自定心卡盘　3—刀架　4—主轴箱　5—照明灯　6—防护门　7—尾座　8—床身

1.1.3　数控车床的分类

1.1.3 数控车床的分类

数控车床品种、规格繁多，按照不同的分类标准，有不同的分类方法。

1. 按车床主轴位置分类

（1）卧式数控车床　主轴轴线处于水平位置的数控车床。卧式数控车床又分为数控水平导轨卧式车床和数控倾斜导轨卧式车床，其中倾斜导轨结构可以使车床具有更大的刚性，并易于排除切屑。

（2）立式数控车床　主轴垂直于水平面的数控车床。立式数控车床有一个直径很大的圆形工作台，用来装夹工件。这类机床主要用于加工径向尺寸大、轴向尺寸相对较小的大型复杂零件。

2. 按刀架数量分类

（1）单刀架数控车床　这种数控车床一般都配置各种形式的单刀架，如四工位自动转位刀架和多工位转塔式自动转位刀架。

（2）双刀架数控车床　双刀架配置平行分布，也可以是相互垂直的分布。

3. 按功能分类

（1）经济型数控车床　它一般是采用步进电动机驱动的开环控制系统，其控制部分通常采用单片机来实现，具有 CRT 显示、程序存储、程序编辑等功能，主要用于精度要求不高、有一定复杂性的零件。

（2）普通数控车床　它是根据车削加工要求，在结构上进行专门设计并配备功能较强的通用数控系统而形成的数控车床，自动化程度和加工精度较高，可同时控制两个坐标轴（即 X 轴和 Z 轴），适用于一般回转体类零件的车削加工。

（3）车削加工中心　它在普通数控车床的基础上增加了 C 轴和动力头，更高级的数控车床带有刀库，可控制 X、Z 和 C 三个坐标轴，联动控制轴可以是 $(X、Z)$、$(X、C)$ 或 $(Z、C)$。由于增加了 C 轴和铣削动力头，这种数控车床的加工功能大大增强，除可以进行一般车削外，还可以进行径向和轴向铣削、曲面铣削、中心线不在零件回转中心的孔和径向孔钻削等加工。

1.1.4　数控车床的主要应用

数控车床主要用于轴类或盘类零件内、外圆柱面，任意角度内外圆锥面，复杂回转内外曲面和圆柱、圆锥螺纹等的切削加工，并能进行切槽、钻孔、扩孔、铰孔及镗孔等，特别适合加工形状复杂的零件。与传统车床相比，数控车床比较适合车削具有以下要求和特点的回转体零件。

（1）精度要求高的回转体零件　由于数控车床的刚性好，制造和对刀精度高，以及能方便和精确地进行人工补偿甚至自动补偿，所以它能加工尺寸精度要求高的零件。在有些场合可以车代磨。此外，由于数控车床车削时刀具运动是通过高精度插补运算和伺服驱动来实现的，再加上机床的刚性好和制造精度高，所以它能加工对母线直线度、圆度、圆柱度要求高的零件。

（2）表面粗糙度要求高的回转体零件　在材质、精车余量和刀具已定的情况下，表面粗糙度取决于进给速度和切削速度。数控车床能加工出表面粗糙度小的零件，不仅因为机床的刚性好和制造精度高，还由于它具有恒线速度切削功能。使用数控车床的恒线速度切削功能，可选用最佳线速度来切削，这样切出的粗糙度既小又一致。粗糙度小的部位可以用减小进给速度的方法获得，而这在传统车床上是做不到的。数控车床还适合车削各部位表面粗糙度要求不同的零件。

（3）轮廓形状复杂的回转体零件　数控车床具有圆弧插补功能，可直接使用圆弧插补指令来加工圆弧轮廓。数控车床也可加工由任意平面曲线所组成的轮廓回转零件，既能加工可用方程描述的曲线，也能加工列表曲线。如果说车削圆柱零件和圆锥零件既可选用传统车床也可选用数控车床，那么车削复杂回转体零件就只能使用数控车床了。

（4）具有特殊类型螺纹的零件　传统车床所能切削的螺纹相当有限，它只能加工等节距的直、锥面公、英制螺纹，而且一台车床只限定加工若干种节距。数控车床不但能加工任何等节距直、锥面公、英制端面螺纹，而且能加工增节距、减节距，以及要求等节距、变节距之间平滑过渡的螺纹。数控车床加工螺纹时主轴转向不必像传统车床那样交替变换，它可以一刀又一刀不停顿地循环，直至完成，所以它车削螺纹的效率很高。数控车床还配有精密螺纹切削功能，再加上一般采用硬质合金成形刀片，以及可以使用较高的转速，所以车削出来的螺纹精度高、表面粗糙度值小。可以说，包括丝杠在内的螺纹零件都很适合在数控车床上加工。

（5）超精密、超低表面粗糙度值的零件　磁盘、录像机磁头、激光打印机的多面反射体、复印机的回转鼓、照相机等光学设备的透镜及其模具，以及隐形眼镜等要求超高的轮廓精度和超低的表面粗糙度值，适合在高精度、多功能的数控车床上加工。以往很难加工的散光用塑料透镜，现在也可以用数控车床来加工。超精加工的轮廓精度可达到 $0.1\mu m$，表面粗糙度值可达 $Ra0.02\mu m$。超精车削零件的材质以前主要是金属，现已扩大到塑料和陶瓷。

【拓展知识】

1.1.5-1.1.6 数控机床的工作原理与组成

1.1.5 数控机床的工作原理

　　数控机床的工作原理如图 1-2 所示。首先根据被加工零件的图样，将工件的形状、尺寸及技术要求等，按运动顺序、所用数控机床规定的指令代码及程序格式编写成加工程序。加工程序经输入装置读出信息并送入数控装置。数控装置按照数码指令进行一系列处理和运算，变成脉冲信号。有的脉冲信号被送到机床的伺服系统，经传动机构驱动机床本体，从而完成零件的加工；有的脉冲信号被送到可编程序控制器中，按顺序控制机床的其他辅助动作，如工件夹紧与松开、刀具自动更换、各轴进给等，加工出图样要求的零件。

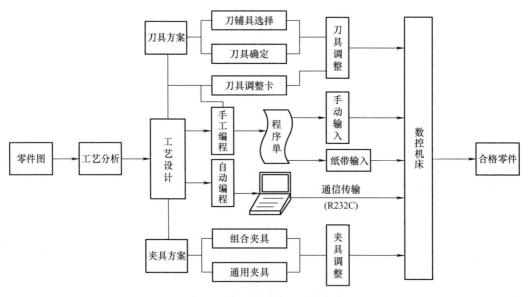

图 1-2　数控机床的工作原理

1.1.6 数控机床的组成

　　数控机床一般由输入输出装置、计算机数控装置、伺服驱动装置、检测反馈装置、辅助控制装置和机床本体组成，其中除机床本体之外的部分称为计算机数控（CNC）系统，如图 1-3 所示。

　　（1）输入输出装置　输入输出装置是操作人员与机床数控系统进行信息交流的载体，其主要功能有编制程序、存储程序、输入程序和数据、打印和显示等。零件加工程序、机床参数及刀具补偿等数据可以直接由操作人员手动输入到数控装置，即通过机床上的 CRT 显

示器及键盘手动输入；也可以利用
CAD/CAM 软件在计算机上编程，
然后通过计算机用通信方式将程序
传送到数控装置。后者还是实现
CAD/CAM 集成、FMS 和 CIMS 的基
本技术。目前数控机床常采用的通
信方式有：串行通信（RS232、
RS422、RS485 等）；自动控制专用

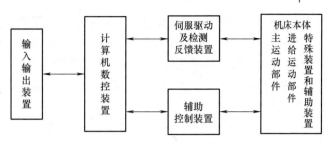

图 1-3　数控机床的组成框图

接口和规范，如 DNC（Direct Numerical Control）方式、MAP（Manufacturing Automation Proto-col）协议等；网络通信（Internet、Intranet、LAN）等。数控装置通过 CRT、LED、LCD、TFT 显示器以及各种信号灯、报警器等将信息输出。

（2）计算机数控装置　计算机数控装置是计算机数控系统的核心，其组成框图如图 1-4 所示。数控装置通常由专用（或通用）计算机、输入输出接口板及机床控制器等组成。输入设备传送的数控加工程序和操作指令，经计算机数控装置系统进行相应的处理（如运动轨迹处理、机床输入输出处理等），然后输出控制命令到相应的执行部件（伺服单元、驱动装置和 PLC 等），控制其动作，加工出需要的零件。所有这些工作都是由 CNC 装置内的系统程序进行合理的组织，在 CNC 装置硬件的协调配合下，有条不紊地进行的。

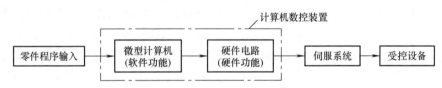

图 1-4　计算机数控装置组成框图

（3）伺服驱动装置　伺服系统是数控设备的重要组成部分，是数控装置和受控设备的联系环节，其结构框图如图 1-5 所示。伺服驱动装置包括主轴伺服驱动装置和进给伺服驱动装置两部分。伺服驱动装置将位置指令和速度指令转化为机床运动部件的运动。数控装置发出的控制信息，经伺服系统中的

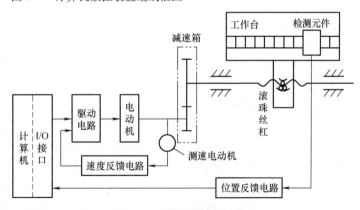

图 1-5　伺服系统结构框图

控制电路、功率放大电路和伺服电动机驱动受控设备工作，并可对其位置、速度等进行控制。

（4）检测反馈装置　检测反馈装置是闭环和半闭环控制系统中的重要环节，其作用是通过传感器将伺服电动机角位移和数控机床执行机构的直线位移，转换成电信号输送给数控装置，与脉冲信号进行比较，由数控装置纠正误差，控制和驱动执行元件准确运转。检测反馈装置与伺服驱动装置配套组成半闭环和闭环伺服驱动系统。

常用的位置检测元件有：光栅传感器、脉冲发生器、感应同步器、旋转变压器和磁栅。

1）光栅传感器是数控机床和数字显示系统常用的检测元件。

2）脉冲发生器又称角度数字编码器，具有精度高、结构紧凑、工作可靠等优点，是精密数字控制和伺服系统常用的角位移数字式检测器件。

3）感应同步器可测量直线位移和角位移，并能转换成数字显示。

4）旋转变压器常用于角位移的检测。

5）磁栅是测量直线位移的一种数字式传感器。

常见检测元件的分类见表1-1。

表1-1　常见检测元件的分类

数字式（D）		模拟式（A）	
数字式	绝对式	增量式	绝对式
回转型	圆光栅	编码盘	旋转变压器圆形磁栅	多级旋转变压器
直线型	长光栅激光干涉仪	编码尺	直线感应同步器磁栅，容栅	绝对值式磁尺

（5）辅助控制装置　辅助控制装置是介于数控装置和机床机械、液压部件之间的控制装置，通过可编程序控制器（Programmable Logic Controller，PLC）来实现。PLC和数控装置配合共同完成数控机床的控制。

（6）机床本体　机床本体是数控机床的主体，是用于完成各种切削加工的机械部分。数控机床的机械部件包括：主运动部件、进给运动部件（机床工作台、滑板以及相应的传动机构）、支承件（立柱、床身等）、特殊装置（刀具自动交换装置、工件自动交换装置）和辅助装置（如冷却、润滑、排屑、转位和夹紧装置等）。数控机床机械部件的组成与普通机床相似，但要求传动结构更简单，在精度、刚度、摩擦特性、抗振性等方面要求更高，而且传动和变速系统要便于实现自动化控制。

1.1.7　数控机床的分类

数控设备五花八门，品种繁多，已多达500余种，通常从以下不同角度进行分类。

1.1.7 数控机床的分类

1. 按工艺用途分类

（1）切削加工类数控机床　此类数控机床是指具有切削加工功能的数控机床，如数控车床、数控铣床、数控钻床、数控镗床、数控磨床、加工中心等。

（2）成形加工类数控机床　此类数控机床是指具有通过物理方法改变工件形状功能的数控机床，如数控折弯机、数控弯管机、数控组合冲床、数控回转头压力机等。

（3）特种加工类数控机床　此类数控机床是指具有特种加工功能的数控机床，如数控电火花加工机床、数控线切割机床、数控激光切割机等。

（4）其他类型的数控机床　此类数控机床是指一些广义上的数控机床，如火焰切割机、数控三坐标测量机、工业机器人等。

2. 按运动轨迹的控制方式分类

（1）点位控制数控机床　这类数控机床的数控装置仅能控制两个坐标轴带动刀具或工作台，从一个点（坐标位置）准确快速地移动到下一个点（坐标位置），然后控制第三个坐标轴进行钻、镗等切削加工。它具有较高的位置定位精度，在移动过程中不进行切削加工，因此对其运动轨迹没有要求，如图 1-6a 所示。这类数控机床主要用于加工平面内的孔系，主要有数控钻床、数控镗床、数控冲床、数控三坐标测量机等。

（2）直线控制数控机床　这类数控机床可控制刀具或工作台以适当的进给速度，从一个点以一条直线准确地移动到下一个点，移动过程中进行切削加工，进给速度根据切削条件可在一定范围内调节，如图 1-6b 所示。这类机床常见的有数控车床、数控磨床、数控镗铣床等。

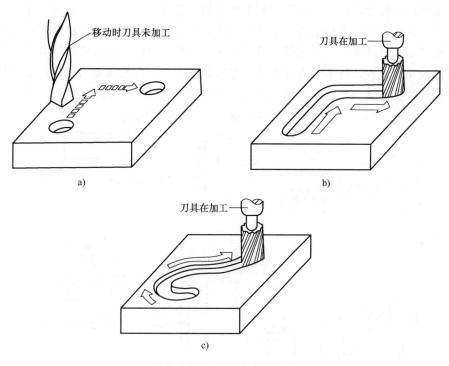

图 1-6　运动轨迹的控制方式
a）点位控制　b）直线控制　c）轮廓控制

（3）轮廓控制数控机床　这类数控机床具有控制几个坐标轴同时协调运动，即多坐标联动的能力，使刀具相对于工件按程序规定的轨迹和速度运动，能在运动过程中进行连续切削加工，如图 1-6c 所示。这类数控机床有用于加工曲线和曲面零件的数控车床、数控铣床、加工中心等。现代的数控机床基本上都是这种类型。

3. 按伺服系统的类型分类

（1）开环控制数控机床　这类数控机床采用开环进给伺服系统，如图 1-7a 所示。开环进给伺服系统没有位置检测反馈装置，信号流是单向的（数控装置→进给系统），故系统稳定性较好，但由于没有位置反馈，精度（相对于闭环控制）不高，其精度主要取决于伺服驱动系统和机械传动机构的性能和精度。该系统一般以步进电动机作为伺服驱动元件，采用脉冲增量插补法进行轨迹控制。这类数控系统具有结构简单、工作稳定、调试方便、维修容易、价格低廉等优点，在精度和速度要求不高、驱动力矩不大的场合得到广泛应用。

（2）闭环控制数控机床　这类数控机床采用闭环进给伺服系统，如图 1-7b 所示，它直接对工作台的实际位置进行检测。理论上讲，闭环进给伺服系统可以消除整个驱动和传动环节的误差、间隙和失动量，具有很高的位置控制度。但由于位置环内许多机械传动环节的摩擦特性、刚性和间隙都是非线性的，很容易造成系统不稳定。因此，闭环控制系统的设计、安装和调试都有相当的难度，对其组成环节的精度、刚性和动态特性等都有较高的要求，价格昂贵。这类系统主要用于精度要求很高的镗铣床、超精车床、超精磨床以及较大型的数控机床等。

（3）半闭环控制数控机床　这类数控机床采用半闭环数控系统，如图 1-7c 所示。半闭环控制系统的位置检测点是从驱动电动机（常用交、直流伺服电动机）或丝杠端引出，通过检测电动机或丝杠旋转角度来间接检测工作台的位移量，而不是直接检测工作台的实际位置。由于在半闭环环路内不包括或只包括少量机械传动环节，可获得较稳定的控制性能，其系统稳定性虽不如开环系统，但比闭环系统要好。另外，位置环内各组成环节的误差可得到某种程度的纠正，位置环外不能直接消除的丝杠螺距误差、齿轮间隙引起的运动误差等，可通过软件补偿来提高运动精度，因此在现代 CNC 机床中得到了广泛应用。

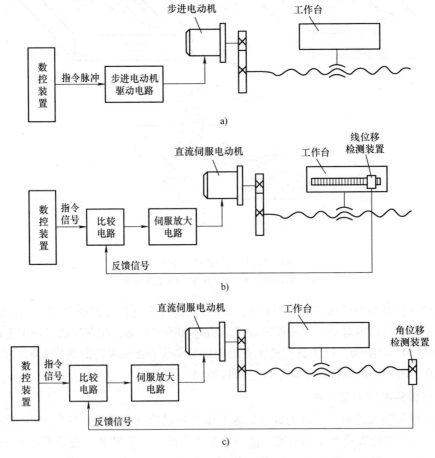

图 1-7　伺服系统类型

a）开环控制系统框图　b）闭环控制系统框图　c）半闭环控制系统框图

4. 按可控制联动的坐标轴分类

所谓数控机床可控制联动的坐标轴，是指数控装置控制几个伺服电动机，同时驱动机床移动部件运动的坐标轴数目。

（1）两坐标轴联动数控机床　这类数控机床能够同时控制两个坐标轴联动（X、Z 轴联动或 X、Y 轴联动），可用于车出各种曲线轮廓的回转体类零件，或用于铣出曲线柱面，如

图 1-8 所示。

（2）三坐标轴联动
数控机床　这类数控机床
可同时控制三个坐标轴联
动。一般分为两类，一类
是 X、Y、Z 三个直线坐
标轴联动，可用于数控铣
床、加工中心等加工曲面

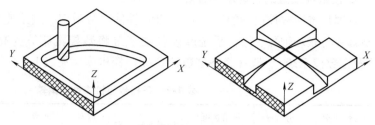

图 1-8　两坐标轴联动轮廓加工

零件，如图 1-9 所示。另一类是除了同时控制 X、Y、Z 其中两个直线坐标轴联动外，还同
时控制围绕其中某一直线坐标轴旋转的旋转坐标轴。

（3）两坐标轴半联动数控机床　这类数控机床本身有三个坐标轴，能做三个方向的运
动，但其数控装置只能控制两个坐标轴联动，而第三坐标轴只能做周期进给，如在数控铣床
上用球头铣刀采用行切法加工三维空间曲面，如图 1-10 所示。

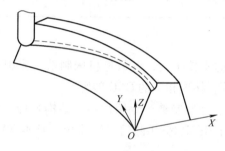

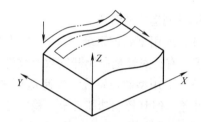

图 1-9　三坐标轴联动加工曲面　　　　　图 1-10　两坐标轴半联动轮廓加工

（4）多坐标轴联动数控机床　这类数控机床能同时控制四个及以上坐标轴联动。四坐
标轴联动即同时控制 X、Y、Z 三个直线坐标轴与某一旋转坐标轴（A 轴或 B 轴）联动（回
转工作台），如图 1-11 所示。五坐标轴联动即除了同时控制 X、Y、Z 三个直线坐标轴联动
外，还同时控制围绕这些直线坐标轴旋转的 A、B、C 坐标轴中的两个坐标轴，即形成同时
控制五个轴联动，如图 1-12 所示。多坐标轴联动数控机床的结构复杂、精度要求高、程序
编制难度大，主要用于加工形状复杂的零件。联动坐标轴数越多，加工程序的编制越难，通
常三个以上坐标轴联动的零件加工程序只能采用自动编程技术编制。

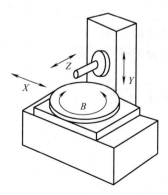

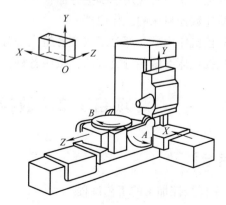

图 1-11　四坐标轴联动数控机床　　　　　图 1-12　五坐标轴联动数控机床

5. 按数控装置的功能水平分类

我国常按照数控设备的性能，如 CPU 性能、分辨率、进给速度、伺服性能、通信功能、控制轴数与联动轴数、数控系统软硬件功能等将数控机床分为高（高级型数控系统）、中（普及型数控系统）、低（经济型数控系统）档机床，见表1-2。

表 1-2　各档数控机床性能比较

性能指标\档次	分辨率/μm	进给速度/(m·min⁻¹)	伺服系统类型	联动轴数	通信能力	显示功能	PLC	CPU
高档	0.1	24～100	直线、伺服电动机，半闭环、闭环系统	5	网络、DNC	LED三维	强大功能PLC	32、64位
中档	1	15～24		2～4	串口、DNC	CRT、LED平面	简单PLC	16、32位
低档	10	8～15	步进电动机，开环系统	2～3	无	数码管	无	8位

6. 按制造方式分类

（1）通用型数控系统　以 PC 作为 CNC 装置的支撑平台，各数控机床制造厂家根据用户需求，有针对性地研制开发数控软件和控制卡等，构成相应的 CNC 装置。

（2）专用型数控系统　各制造厂家专门研制、开发制造，专用性强、结构合理、硬件通用性差，但其控制功能齐全、稳定性好，如德国 SIEMENS（西门子）系统、日本 FANUC（发那科）系统等。

7. 按数控系统分类

可分为 FANUC 数控系统、SIEMENS 数控系统、华中数控系统、广州数控系统、三菱数控系统等的数控机床。

【思考与练习】

1. 什么是数控技术、数控加工和数控机床？
2. 数控车床有哪些分类方法？按照各种分类方法，可将数控车床分为哪些类型？
3. 数控车床主要应用于哪些方面？
4. 简述数控机床的工作原理。
5. 数控机床由哪几部分组成？各组成部分的主要功能分别是什么？
6. 数控机床有哪些分类方法？按照各种分类方法，可分为哪些类型？

项目1.2　数控车削加工工艺

【学习目标】

1）掌握数控加工的工艺过程。

2）掌握数控车削加工路线和顺序的确定原则。

3）熟悉数控车床常用车刀的种类、特点和装夹。

4）熟悉数控车削工件的装夹与找正方法。

5）掌握对刀点、换刀点、刀位点的确定方法。

6）熟练掌握切削用量的选择原则和方法。

7）了解数控加工和数控加工工艺过程的特点。

8）熟悉数控加工工序划分的原则。

1.2.1 数控加工工艺过程

【知识学习】

1.2.1　数控加工工艺过程

（1）分析图样，确定加工方案　根据零件图样进行工艺分析，确定加工方案、工艺参数和位移数据，再选择合适的数控加工机床。

（2）定位与装夹工件　根据零件的加工要求，选择合理的定位基准；根据零件批量、精度和加工成本选择合适的夹具，完成工件的装夹与找正。

（3）选择与安装刀具　根据零件的加工工艺性和结构工艺性，选择合适的刀具材料与刀具种类，完成刀具的安装与对刀，并将对刀所得参数输入到数控系统中。

（4）编制数控加工程序　按照加工工艺要求，根据所用数控机床规定的指令代码及程序格式，将刀具的运动轨迹、位移量、切削参数（主轴转速、进给量、背吃刀量等），以及辅助功能（换刀、主轴正转/反转、切削液开/关等）编写成加工程序单，通过数控机床的操作面板输入程序；或用自动编程软件进行 CAD/CAM 工作，直接生成零件的加工程序文件，通过计算机的串行通信接口直接传输到数控机床的数控单元（MCU）。

（5）试切削、试运行并校验数控加工程序　对输入/传输到数控单元的加工程序进行试运行、刀具路径模拟等，并进行首件的试切削。

（6）数控加工　通过操作机床和运行程序完成零件的加工。

（7）工件的验收与质量误差分析　加工完毕，在工件入库前，应先进行工件的检验，并通过质量分析，找出误差产生原因和确定纠正方法。

1.2.2　零件图样的工艺分析

（1）分析零件的几何要素　分析零件图，了解工件的外形、结构，找出需加工的部位及其形状、尺寸精度、表面粗糙度；了解各加工部位之间的相对位置和尺寸精度，找出主要加工尺寸和重要位置尺寸精度；了解工件材料和其他技术要求。

（2）分析零件的工艺基准　包括分析工艺基准的外形尺寸、结构、在工件上的位置以及与其他部位的相对关系等。对于复杂工件或较难辨别工艺基准的零件图，需要详细分析有关装配图，了解该零件的装配使用要求，找准工件的工艺基准。

（3）分析零件的加工数量　加工数量不同，所采用的工艺方案也不同。

1.2.3-1.2.4 数控车削走刀路线、加工顺序的确定

1.2.3　数控车削加工路线的确定

1. 加工路线的确定原则

加工路线是指在整个加工工序中，刀具相对于零件的运动轨迹，它是编写程序的主要依据。数控车削加工路线的确定应符合以下原则：

1）保证零件的加工精度和表面粗糙度要求，尽量缩短加工路线，减少进退刀时间和其他辅助时间，以提高加工效率。

2）方便数值计算，尽量减少程序段数，以减少编程工作量。

3）最终轮廓应在一次走刀中连续加工出来，以保证轮廓表面的粗糙度要求。

2. 走刀路线的确定

（1）合理设置换刀点　一般情况下，换刀点应尽量离工件近些，但要保证换刀时刀具不与工件、尾座或顶尖发生碰撞，同时要便于刀具装夹和工件测量。

（2）确定进刀路线　对于数控加工，进刀时应采用快速走刀以接近工件切削附近的某个点，再改用切削进给，以减少空走刀时间，提高加工效率。切削起点的确定与工件毛坯余量的大小有关，应以刀具快速走到该点时刀尖不与工件发生碰撞为原则。

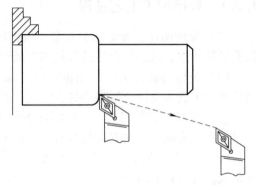

图1-13　斜向退刀路线

（3）确定退刀路线　选取退刀路线的原则，一是确保安全性，即在退刀过程中不与工件发生碰撞；二是考虑走刀路线最短，以缩短空行程，提高生产效率。

数控车床常用以下三种退刀路线：

1）斜向退刀路线，如图1-13所示；

2）径、轴向退刀路线，如图1-14所示；

3）轴、径向退刀路线，如图1-15所示。

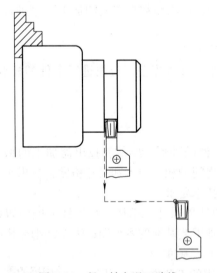

图1-14　径、轴向退刀路线

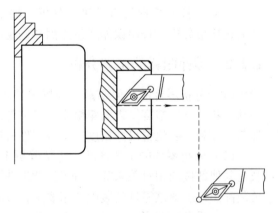

图1-15　轴、径向退刀路线

1.2.4　数控车削加工顺序的确定

加工顺序一般按基准面先行、先粗后精、先主后次、先近后远、内外交叉的原则确定。基准面先行就是用作基准的表面应优先加工出来，因为定位基准的表面越精确，装夹误差就越小。如图 1-16 所示的工件，由于 $\phi40mm$ 外圆是同轴度的基准，所以应首先加工该表面，再加工其他表面。

先粗后精就是按照粗加工→半精加工→精加工的顺序，逐步提高加工精度。在粗加工中先切除较多毛坯余量，如图 1-17 所示切除双点画线部分，为精加工留下较少且均匀的加工余量；当粗加工后所留余量的均匀性不满足精加工的要求时，则需安排半精加工。一般精加工要按图样尺寸一次切出零件轮廓，并保证精度要求。

先主后次就是先加工零件的主要工作表面、装配基准，从而能及早发现毛坯中主要表面可能出现的缺陷。次要表面可穿插进行，放在主要加工表面加工到一定程度之后，最终精加工之前进行。

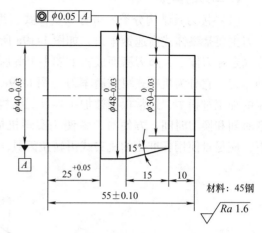

图 1-16　基准面先行加工实例

先近后远就是先加工距离对刀点近的部位，后加工距离对刀点远的部位，以便缩短刀具移动距离，减少空行程时间。如图 1-18 所示零件内孔精加工顺序是，先加工内圆锥孔，再加工 $\phi30mm$ 内孔，最后加工 $\phi20mm$ 内孔。

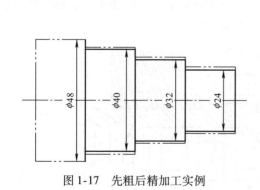

图 1-17　先粗后精加工实例

图 1-18　先近后远加工实例

内外交叉就是加工既有内表面（内型腔）又有外表面的零件时，应先进行内外表面粗加工，后进行内外表面精加工。

1.2.5　数控车床刀具的类型及其选用

车削加工有粗、精加工之分，应分别选择不同的刀具，每把刀都有特定的刀具号，以便数控系统识别。

刀具的选择是数控车削加工工艺设计的重要内容之一。为了适应数控车床加工精度高、加工效率高、加工工序集中及零件装夹次数少等要求，

1.2.5 数控车床刀具的类型及其选用

数控车床所用刀具不仅要求刚性好、切削性能好、耐用度高，而且要求安装调整方便。

1. 车刀的类型

（1）按刀具结构分类 可分为整体式、焊接式及机械夹紧（机夹）式三大类。整体式车刀主要是整体式高速钢车刀，如图1-19a所示；焊接式车刀是将硬质合金刀片用焊接的方法固定在刀体上，经刃磨而成，如图1-19b所示；机夹式车刀是数控车床上用得比较多的一种车刀，它分为机夹式可重磨车刀（图1-19c）和机夹式可转位车刀（图1-19d）。在数控车床的加工过程中，通常根据被加工零件的结构来选择车刀的类型及角度。为了减少车刀的修磨时间和换刀时间，方便对刀，便于实现机械加工的标准化与自动化，在条件允许的情况下，应尽量使用标准化的机夹式可转位刀具。

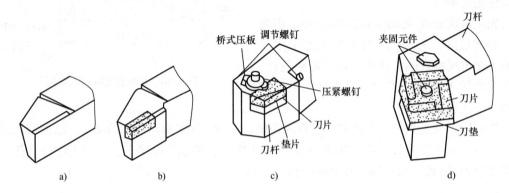

图1-19 按刀具结构分类的数控车刀
a）整体式车刀 b）焊接式车刀 c）机夹式可重磨车刀 d）机夹式可转位车刀

（2）按加工部位和用途分类 数控车床用刀具可分为外圆车刀、内孔车刀、螺纹车刀、切断（槽）车刀等，常用种类、形状和用途如图1-20所示。

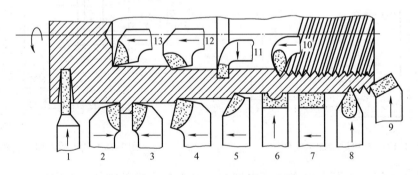

图1-20 常用种类、形状和用途
1—切断（槽）车刀 2—90°反（左）偏刀 3—90°正（右）偏刀 4—弯头车刀 5—直头车刀
6—成形车刀 7—宽刃精车刀 8—外螺纹车刀 9—端面车刀 10—内螺纹车刀
11—内切槽车刀 12—通孔车刀 13—不通孔车刀

（3）按刀尖形状分类 数控车床上使用的刀具可分为尖形车刀、圆弧形车刀、成形车刀等，如图1-21所示。

尖形车刀是以直线形切削刃为特征的车刀。这种车刀的刀尖（同时也是其刀位点）由直线形的主、副切削刃构成，如90°内外圆车刀、左右端面车刀、切断（槽）车刀、其他刀

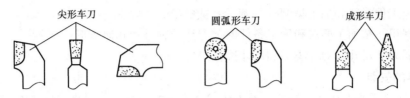

图 1-21　按刀尖形状分类的数控车刀

尖倒棱很小的各种外圆和内孔车刀。

圆弧形车刀的特征是，构成主切削刃的刀刃形状为圆度误差或线轮廓误差很小的圆弧，该圆弧状刃每一点都是圆弧形车刀的刀尖，因此，刀位点不在圆弧上，而在该圆弧的圆心上。圆弧形车刀可以用于车削内、外表面，特别适合车削各种光滑连接（凹形）的成形面。

成形车刀俗称样板车刀，其加工零件的轮廓形状完全由车刀刀刃的形状和尺寸决定。常见的成形车刀有小半径圆弧车刀、非矩形车槽刀和螺纹车刀等。

2. 机夹式可转位车刀刀片形状的选择

在数控车床的加工过程中，为了减少换刀时间和方便对刀，便于实现加工自动化，应尽量选用机夹式可转位车刀。其常见的几种刀片形状和名称如图 1-22 所示，主要根据被加工零件的表面形状、切削方法、刀具寿命和刀片的转位次数等因素选取。

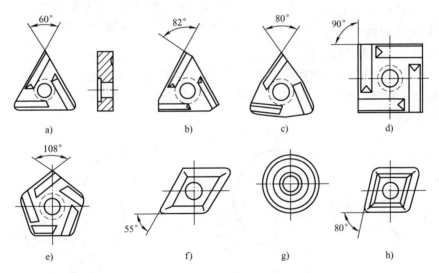

图 1-22　几种常见刀片的形状和名称

a）T形　b）F形　c）W形　d）S形　e）P形　f）D形　g）R形　h）C形

在选择刀片形状时要注意：虽然有些刀片的形状和刀尖角度相等，但由于同时参加切削的切削刃数不同，其型号也不相同；虽然有些刀片的形状相似，但其刀尖角度不同，型号也不相同。

3. 机夹式可转位车刀的选择

通常根据被加工零件的结构来选择车刀的类型和角度。数控车削加工中，为了减少车刀的修磨和换刀时间，便于实现机械加工的标准化，在条件允许的情况下，应尽量选用标准化的机夹式可转位车刀。在实际生产中，数控车刀主要根据数控车床回转刀架的刀具安装尺寸、工件材料、加工类型、加工要求及加工条件从刀具样本中查表确定，其步骤大致如下：

1）确定工件材料和加工类型（外圆、孔或螺纹）；

2）根据粗、精加工要求和加工条件确定刀片的牌号和几何槽形；

3）根据刀架尺寸、刀片类型和尺寸选择刀杆。

4. 刀具的安装

在选择好合适的刀片和刀杆后，首先将刀片安装在刀杆上，再将刀杆依次安装到回转刀架上，之后通过刀具干涉图和加工行程图检查刀具安装尺寸。在刀具安装过程中应注意以下问题：

1）安装前保证刀杆及刀片定位面清洁、无损伤。

2）将刀杆安装在刀架上时，应保证刀杆方向正确。车刀刀杆中心线应与进给方向垂直，如图 1-23 所示，否则会使主偏角和副偏角的数值发生变化，如螺纹车刀安装歪斜会使螺纹牙型半角产生误差。车刀垫铁要平整，数量要少，垫铁应与刀架对齐。车刀至少要用两个螺钉压紧在刀架上，并逐个轮流拧紧。

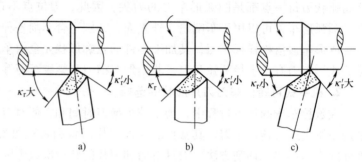

图 1-23　车刀装偏对主、副偏角的影响

a）主偏角增大　b）装夹正确　c）主偏角减小

3）车刀刀尖应与车床主轴轴线等高。当车刀刀尖高于工件轴线时，后角减小，增大了车刀后刀面与工件间的摩擦；当车刀刀尖低于工件轴线时，前角减小，切削力增大，切削不顺利，如图 1-24 所示。

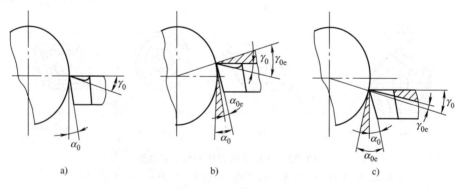

图 1-24　装刀高低对前、后角的影响

a）正确　b）太高　c）太低

4）车刀刀头伸出长度一般以刀杆厚度的 1.5 ~ 2 倍为宜。车刀安装在刀架上，伸出部分不宜太长，伸出过长会使刀杆刚度变差，切削时易产生振动，影响工件的表面质量。

1.2.6　工件的装夹与找正

1.2.6 工件的装夹与找正

在数控车床上加工零件时，应按工序集中的原则划分工序，在一次装夹下尽可能完成大部分甚至全部表面的加工。数控车削加工时零件定位安装的基本原则与普通车床加工相同，常用装夹方式有：在自定心卡盘（即三爪自定心卡盘）上安装工件、在四爪单动卡盘上安装工件、在两顶尖间装夹工件和用一夹一顶的方法装夹工件。

1. 在自定心卡盘上安装工件

自定心卡盘如图1-25所示，其特点是装夹简单、夹持范围大和自动定心，主要用于在数控车床上装夹加工圆柱形轴类零件和套类零件，适用于外形规则的中、小型工件，装夹大直径工件时经常用反爪装夹。自定心卡盘一般不需要找正，但装夹稍长些的轴时，要用划线盘或凭眼力找正，以防工件右端不正。当需要二次装夹加工同轴度要求较高的工件时，必须对装夹好的工件进行同轴度的找正。

找正方法：将百分表固定在工作台面上，触头触压在圆柱侧母线的上方，然后轻轻手动转动卡盘，根据百分表的读数用铜棒轻敲工件进行调整，当再次旋转主轴百分表，读数不变时，表示工件装夹表面的轴线与主轴轴线重合。

注意：应用自定心卡盘装夹已精加工过的表面时，被夹住的工件表面应包一层铜皮，以免夹伤工件。

2. 在四爪单动卡盘上安装工件

四爪单动卡盘如图1-26所示，其特点是夹紧力较大，适用于装夹大型或形状不规则的工件。装夹直径较大的工件时，可采用反爪装夹或正爪反撑。由于四爪单动卡盘的四个卡爪各自独立运动，因此装夹工件时必须将加工部分的旋转中心找正到与车床主轴旋转中心重合后才可车削，找正包括外圆找正和端面找正。找正的方法是用手转动卡盘，用划针或百分表测出工件外圆与端面的间隙并进行调整。

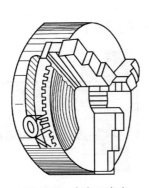

图1-25 自定心卡盘

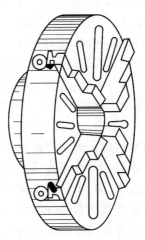

图1-26 四爪单动卡盘

3. 在两顶尖间装夹工件

对于较长或必须经过多次装夹加工的轴类零件，或工序较多、车削后还要铣削和磨削的轴类零件，应采用两顶尖装夹，以保证每次装夹时的装夹精度。工件安装时用对分夹头或鸡心夹头夹紧工件一端，拨杆伸向端面。两顶尖只对工件有定心和支承作用，必须通过对分夹头或鸡心夹头的拨杆来带动工件旋转，如图1-27所示，利用两顶尖定位还可加工偏心工件，如图1-28所示。

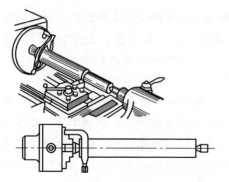

图 1-27　在两顶尖间装夹工件

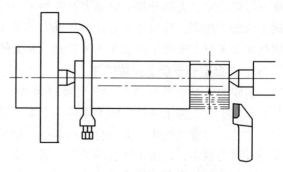

图 1-28　利用两顶尖定位车削偏心轴

4. 用一夹一顶的方法装夹工件

在车削较重的长轴时，常采用一夹一顶的装夹方法，即卡盘夹持一端，另一端用尾座上的顶尖定位。该装夹方法刚性好，轴间定位准确，比较安全，能承受较大的轴向切削力。采用这种装夹方法时，为了防止工件轴向位移，必须在卡盘内装一限位支承。

1.2.7　对刀点、换刀点和刀位点的确定

1.2.7　对刀点、换刀点及刀位点的确定

1. 对刀点

对刀点是指在数控车床上加工零件时，刀具相对零件运动的起点。由于程序从该点开始执行，所以对刀点又称为"程序起点"或"起刀点"。对刀点可选在零件上，也可选在零件外面（如选在夹具上或机床上），但必须与零件的定位基准有一定的尺寸关系。

确定对刀点时应注意以下原则：

1）尽量与零件的设计基准或工艺基准一致；

2）便于在用常规量具的车床上进行找正；

3）该点的对刀误差应较小，或可能引起的加工误差为最小；

4）尽量使加工程序中的引入或返回路线短，并便于换刀。

加工轴类零件时，为了提高加工精度，对刀点应尽量选在零件的设计基准或工艺基准上，对刀点与坐标原点 O（0，0）的 X 向距离取毛坯直径，Z 向一般在距离零件 2mm 处，如图 1-29 所示。加工套类零件和螺纹类零件时对刀点的确定如图 1-30 所示。

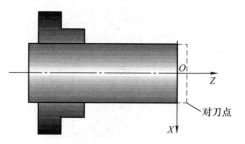

图 1-29　轴类零件对刀点

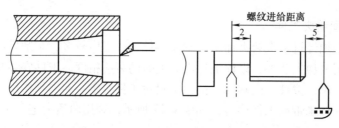

图 1-30　套类零件与螺纹类零件对刀点

2. 换刀点

换刀点是零件程序开始加工时或加工过程中更换刀具的相关点，如图 1-31 所示。它是刀架转位换刀的位置。换刀点应设在零件或夹具的外部，以刀架转位时不碰工件、夹具和机床为准。

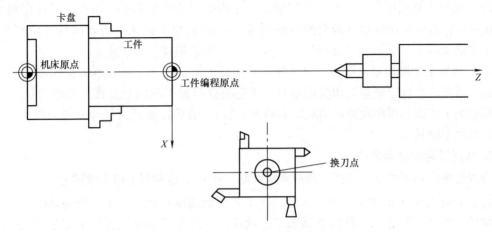

图 1-31　换刀点的位置

3. 刀位点

刀位点是指在加工程序中用以表示刀具位置的点，各类车刀的刀位点如图 1-32 所示。每把刀的刀位点在整个加工中只能有一个位置。

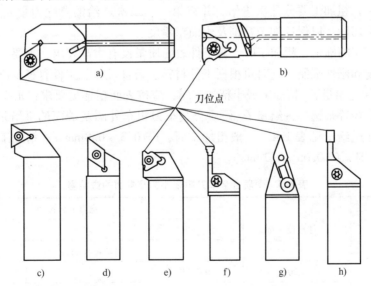

图 1-32　刀位点的位置

1.2.8　数控车床切削用量的确定

切削用量的大小对切削力、切削功率、刀具寿命、加工质量和加工成本均有显著影响。数控车削加工中的切削用量包括背吃刀量 a_p、进给量 f 和主轴转速 n（切削速度 v_c）。合理选择切削用量，对加工质量、生产效

1.2.8 数控车床切削用量的确定

率、生产成本等的改善均有重要作用。

1. 切削用量的选择原则

合理选择切削用量，就是在保证加工质量和刀具寿命的前提下，充分发挥机床性能和刀具切削性能，使切削效率最高，加工成本最低。粗、精加工时切削用量的选择原则如下。

（1）粗加工切削用量 粗加工以高效切除工件余量为主要目的，因此，在确定粗加工切削用量时，首先应选取尽可能大的背吃刀量 a_p，然后根据机床动力和刚性等限制条件，选取尽可能大的进给量 f，最后根据刀具寿命要求，确定最佳主轴转速 n。

（2）精加工切削用量 精加工时以保证零件加工质量（加工精度和表面粗糙度）为主要目的，因此，在确定精加工切削用量时，首先根据粗加工后的余量确定背吃刀量 a_p，然后根据已加工表面的粗糙度要求选取较小的进给量 f，最后在保证刀具寿命的前提下，选取尽可能高的主轴转速 n。

2. 切削用量的选择方法

合理地确定切削用量，包括合理地确定背吃刀量 a_p、进给量 f 和主轴转速 n。

（1）背吃刀量 a_p 的确定 粗加工时，在工艺系统刚度和机床功率允许的情况下，尽可能选取较大的背吃刀量 a_p，除留下精加工余量外，一次走刀尽可能切除全部余量，也可分多次走刀，但尽量减少走刀次数，提高生产率。当零件精度要求较高时，通常留有 0.2～0.5mm 的精加工余量，可一次切除，以保证加工精度及表面质量。

对于中等功率机床，粗加工时背吃刀量 a_p 可达 8～10mm，半精加工时背吃刀量 a_p 可取 0.5～5mm，精加工时背吃刀量 a_p 可取 0.2～0.5mm。在工艺系统刚性不足、毛坯余量较大或余量不均匀时，粗加工要分几次进给，并将第一、二次进给的背吃刀量 a_p 取大一些。精加工时，应一次切除，以保证加工精度及表面粗糙度。

（2）进给量 f 的确定 粗加工时，对工件表面质量没有太高要求，主要考虑机床进给机构、刀具的强度和刚性限制，这时可根据工件材料、刀杆尺寸、工件直径及已确定的背吃刀量 a_p 大小来选择进给量 f。精加工或半精加工时，应按表面粗糙度要求，根据工件及刀具材料、刀尖圆弧半径等来选择进给量 f。硬质合金车刀粗车外圆及端面的进给量见表 1-3；按表面粗糙度选择进给量见表 1-4。一般粗加工时，$f = 0.3～0.8$mm/r；精加工时，$f = 0.1～0.3$mm/r；切断时，$f = 0.05～0.2$mm/r。

表 1-3 硬质合金车刀粗车外圆及端面的进给量

工件材料	工件直径/mm	背吃刀量/mm		
		≤3	>3～5	>5～8
		进给量/(mm·r⁻¹)		
铸铁 青铜 铝合金	≤20	0.3～0.4	—	—
	>20～40	0.4～0.5	0.3～0.4	—
	>40～60	0.5～0.7	0.4～0.6	0.3～0.5
	>60～100	0.6～0.9	0.5～0.7	0.5～0.6
碳钢 合金钢	≤40	0.4～0.5	—	—
	>40～60	0.5～0.8	0.5～0.8	0.4～0.6
	>60～100	0.8～1.2	0.7～1.0	0.6～0.8

表 1-4 按表面粗糙度选择进给量

工 件 材 料	表面粗糙度/μm	切削速度/(m·min⁻¹)	刀尖圆弧半径/mm		
			0.5	1.0	2.0
			进给量/(mm·r⁻¹)		
铸铁 青铜 铝合金	6.3	不限	0.25 ~ 0.40	0.40 ~ 0.50	0.50 ~ 0.60
	3.2		0.15 ~ 0.25	0.25 ~ 0.40	0.40 ~ 0.60
	1.6		0.10 ~ 0.15	0.15 ~ 0.20	0.20 ~ 0.35
碳钢 合金钢	6.3	≤50	0.30 ~ 0.50	0.45 ~ 0.60	0.55 ~ 0.70
		>50	0.40 ~ 0.55	0.55 ~ 0.65	0.65 ~ 0.70
	3.2	≤50	0.18 ~ 0.25	0.25 ~ 0.30	0.30 ~ 0.40
		>50	0.25 ~ 0.30	0.30 ~ 0.35	0.30 ~ 0.50
	1.6	≤50	0.10	0.11 ~ 0.15	0.15 ~ 0.22
		50 ~ 100	0.10 ~ 0.16	0.16 ~ 0.25	0.25 ~ 0.35
		>100	0.16 ~ 0.20	0.20 ~ 0.35	0.25 ~ 0.35

（3）主轴转速 n 的确定　主轴转速 n 应根据已选定的背吃刀量 a_p、进给量 f 及刀具耐用度来确定。可参考常用的切削用量手册或根据生产实践经验在机床说明书允许的切削速度范围内查表选取。粗加工或工件材料的加工性能较差时，宜选用较低的主轴转速 n；精加工或刀具材料、工件材料的切削性能较好时，宜选用较高的主轴转速 n。硬质合金外圆车刀切削速度参考值见表 1-5。

表 1-5 硬质合金外圆车刀切削速度参考值

工 件 材 料	热处理状态	背吃刀量/mm		
		0.3 ~ 2	2 ~ 6	6 ~ 10
		进给量/(mm·r⁻¹)		
		0.08 ~ 0.3	0.3 ~ 0.6	0.6 ~ 1
		切削速度/(m·min⁻¹)		
低碳钢	热轧	140 ~ 180	100 ~ 120	70 ~ 90
中碳钢	热轧	130 ~ 160	90 ~ 110	60 ~ 80
	调质	100 ~ 130	70 ~ 90	50 ~ 70
合金结构钢	热轧	100 ~ 130	70 ~ 90	50 ~ 70
	调质	80 ~ 110	50 ~ 70	40 ~ 60
工具钢	退火	90 ~ 120	70 ~ 90	50 ~ 70
灰铸铁	≤190HBW	90 ~ 120	70 ~ 90	50 ~ 70
	190 ~ 250HBW	80 ~ 110	50 ~ 70	40 ~ 60
高锰钢	—		10 ~ 20	
铜及铜合金	—	200 ~ 250	120 ~ 180	90 ~ 120
铝及铝合金	—	300 ~ 600	200 ~ 400	150 ~ 200
铸铝合金	—	100 ~ 180	80 ~ 150	60 ~ 100

切削用量的具体数值可参阅机床说明书、切削用量手册，并结合实际经验而确定，表1-6是参考了切削用量手册并结合学生实习的特点而确定的切削用量选择参考表。

表1-6 切削用量选择参考表

零件材料及毛坯尺寸	加工内容	背吃刀量 a_p/mm	主轴转速 n/(r·min^{-1})	进给量 f/(mm·r^{-1})	刀具材料
45钢，直径20~60mm的坯料，内孔直径为13~20mm	粗加工	1~2.5	300~800	0.15~0.4	硬质合金（YT类）
	精加工	0.25~0.5	600~1000	0.08~0.2	
	切槽、切断（切刀宽度3~5mm）		300~500	0.05~0.1	
	钻中心孔	—	300~800	0.1~0.2	高速钢
	钻孔	—	300~500	0.05~0.2	高速钢

【拓展知识】

1.2.9 数控加工的特点

1.2.9-1.2.11 数控加工的特点及应用范围

数控加工是实现柔性自动化的重要方式，与其他加工方式相比，数控加工具有以下特点。

1. 数控加工的优点

（1）加工精度高，质量稳定　数控机床由精密机床和计算机控制系统组成，其传动系统与机床结构都具有较高的刚性、热稳定性、控制精度和制造精度，易于保证零件尺寸的一致性，大大减少了通用机床加工中人为造成的失误，所以数控加工不但可以保证零件获得较高的加工精度，而且质量稳定。

（2）生产效率高　数控机床自动化程度高，具有良好的刚性，允许采用大切削用量的强力切削，提高了生产效率。数控机床的空行程速度快，工件装夹时间短，且采用自动换刀，节省了辅助时间。数控机床能在一次装夹中实现多工序的连续加工，大大缩短了生产准备时间。

（3）生产柔性大　数控加工一般不需要复杂的工艺装备，就可以通过编程把形状复杂和精度要求较高的零件加工出来。在更改设计时，只需改变加工程序，一般不需要重新设计制造工装，满足了当前产品更新快的市场竞争需要，特别适合工件频繁更换或单件、中小批量的生产。

（4）能实现复杂的运动　数控机床可以完成复杂曲线和曲面的自动加工，如螺旋桨、汽轮机叶片等空间曲面，也可以完成普通机床上很难甚至无法完成的加工。

（5）自动化程度高，可减轻劳动负担、改善劳动条件　数控加工是按照事先编制好的程序自动完成的，操作者只需要操作键盘、装卸工件、进行关键工序的中间检测及观察，一般不需要进行繁重的手工操作，劳动强度大大减小，趋于智力型工作。

（6）便于实现计算机辅助制造　将用计算机辅助设计出来的产品图样及数据变为实际产品的最有效途径，就是采取计算机辅助制造技术直接制造出零件。数控机床及其加工技术正是计算机辅助制造系统的基础。

2. 数控加工的缺点

（1）加工成本一般较高　数控加工设备费用高，首次加工准备周期较长，其零配件价格较高，维修成本也高。

（2）适用于多品种中、小批量生产　由于数控加工对象一般为较复杂零件，又往往采用工序相对集中的工艺方法，在一次装夹中加工出较多待加工面，势必将工序时间拉长。与专用多工位组合机床形成生产线相比，在生产规模与生产效率方面仍有很大差距。

（3）加工中难以调整　由于数控机床是按程序运行自动加工的，一般很难在加工过程中进行实时的人工调整，即使可以做局部调整，其可调范围也不大。

1.2.10　数控加工工艺过程的特点

（1）数控加工工艺内容具体、详细　数控加工的所有工艺问题，包括切削加工步骤、工夹具型号和规格、切削用量以及其他特殊要求等，都必须事先设计和安排好，并编入加工程序中。特别在自动编程时，更需要事先确定各种详细的工艺参数。

（2）数控加工工艺严密、精确　数控机床自动化程度高，自适应能力差。设计数控加工工艺时，必须精心考虑到加工过程中的所有问题，力求准确无误。

（3）零件图形的数学处理和编程尺寸设定值的计算　制订数控加工工艺要进行零件图形的数学处理和编程尺寸设定值的计算。编程尺寸并不是零件图上的设计尺寸，编程尺寸的合理确定必须根据零件尺寸公差要求和零件的形状几何关系重新调整计算。

（4）考虑进给速度对零件形状精度的影响　在一定数控系统下，进给速度越快，插补精度越低，工件的轮廓形状精度会越差。

（5）强调刀具选择的重要性　由于数控机床比普通机床的刚度高，所配刀具质量好，因而在同等条件下所采用的切削用量通常要比普通机床大，加工效率也较高。

（6）数控加工工序较为集中，其工序内容比普通机床加工的工序内容复杂　数控机床功能复合化程度越来越高，因此，工序集中是现代数控加工工艺的特点，明显表现为工序数量少，工序内容多而复杂。

（7）注意干涉问题　数控机床加工的零件比较复杂，因此在确定装夹方式和夹具设计时，要特别注意刀具与夹具、工件的干涉问题。

（8）程序的编写、校验与修改　数控加工程序的编写、校验与修改是数控加工工艺的一项特有内容。

1.2.11　数控加工的应用范围

数控机床是一种高度自动化的机床，有一般机床所不具备的许多优点，所以数控加工的应用范围在不断扩大，但数控机床的技术含量高，成本高，使用和维修都有一定困难。若从经济方面考虑，数控加工的应用范围包括最适应类、较适应类和不适应类。

1. 最适应类

1）形状复杂、加工精度高的零件。

2）用数学模型描述的复杂曲线或曲面轮廓零件。

3）难测量、难控制进给、难控制尺寸的壳体或盒形零件。

4）必须在一次装夹中合并完成铣、镗、锪、铰或攻螺纹的零件。

2. 较适应类

1）一旦质量失控会造成重大经济损失的零件。

2）在通用机床上加工需要复杂专用工装的零件。

3）需要多次更改设计后才能定型的零件。

4）在通用机床上加工需要做长时间调整的零件。

3. 不适应类

1）生产批量大的零件（不排除其中个别工序用数控机床加工）。

2）装夹困难或完全靠找正来保证加工精度的零件。

3）加工余量很不稳定的零件。

4）必须用特定的工艺装备协调加工的零件。

1.2.12　数控加工工序划分的原则

工序的划分可以采用两种不同的原则，即工序集中和工序分散。

（1）工序集中原则　将工件的加工集中在少数几道工序内完成，每道工序的加工内容较多。工序集中有利于采用数控机床、高效专用设备及工装。采用工序集中原则有利于保证加工精度（特别是位置精度）、提高生产率、缩短生产周期和减少机床数量，但专用设备和工艺装备投资大，调整维修比较麻烦，生产准备周期较长，不利于转产。

（2）工序分散原则　将工件的加工分散在较多的工序内进行，每道工序的加工内容很少。工序分散使用的设备及工艺装备比较简单，调整和维修方便，操作简单，转产容易，但工艺路线较长，所需设备及工人数量多，占地面积大。

【思考与练习】

1. 简述数控加工的工艺过程。

2. 数控车削走刀路线的确定原则是什么

3. 数控车削加工顺序的确定原则是什么？

4. 数控车床常用车刀的种类及其特点分别是什么？

5. 安装刀具时应注意哪些事项？

6. 简述数控车削工件的装夹与找正方法。

7. 数控车削加工中对刀点、换刀点及刀位点的确定方法分别是什么？

8. 数控车床切削用量的选择原则和方法分别是什么？

9. 简述数控加工工艺过程的特点。

10. 简述数控加工工序划分的原则。

项目 1.3　数控车削编程基础

【学习目标】

1）熟练判断数控机床坐标系的坐标轴位置和方向。

2）掌握机床坐标系、机床原点、机床参考点、工件坐标系、工件坐标系原点的含义。

3）熟练掌握数控编程的步骤及内容。

4）熟悉数控加工程序的结构与格式。

5）了解数控车床的编程方式。

6）了解数控编程的方法。

【知识学习】

1.3.1 坐标系

1.3.1　坐标系

1. 机床坐标系与机床原点

（1）机床坐标系　在数控机床上，机床的动作是由数控装置来控制的，为了确定机床上的成形运动和辅助运动，必须先确定机床上运动的方向和移动的距离，这就需要在机床上建立一个坐标系，这个坐标系称为机床坐标系，也叫标准坐标系。机床坐标系是机床固有的坐标系，是用来确定工件坐标系的基本坐标系，是确定刀具（刀架）或工件（工作台）位置的参考系，并建立在机床原点上。

（2）机床原点　机床原点（或称机床零点）即机床坐标系的原点，是机床制造商设置在机床上的一个物理位置，又是数控机床进行加工或部件位置移动的基准点。数控机床经过设计、制造和调整后，这个原点便被确定下来，一般情况下不允许用户更改。机床原点的作用是使机床与控制系统同步，建立测量机床坐标系运动坐标（X、Y、Z 轴）的起始点。

（3）坐标轴及其运动方向　对于数控机床坐标轴名称及其正负方向，我国已制定了《数控机床坐标和运动方向的命名》，与 ISO 标准相同。标准坐标系采用右手笛卡儿定则，如图 1-33 所示。在图中，直线进给运动用直角坐标轴 X、Y、Z 表示，称为基本坐标轴。基本坐标轴平行于机床的主要导轨，它与安装在机床上并按机床的主要直线导轨找正的工件有关；根据右手螺旋定则，围绕 X、Y、Z 轴旋转的转动轴分别用 A、B、C 坐标表示。

X、Y、Z 坐标的相互关系用右手定则确定。伸出右手的拇指、食指和中指，并互为90°，则拇指代表 X 坐标，食指代表 Y 坐标，中指代表 Z 坐标。拇指的指向为 X 坐标的正方向，食指的指向为 Y 坐标的正方向，中指的指向为 Z 坐标的正方向，分别用 $+X$、$+Y$、$+Z$

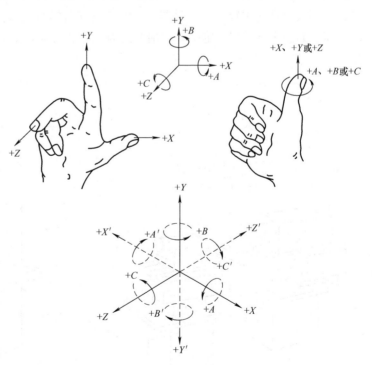

图 1-33　右手笛卡儿坐标系

表示。A、B、C 正向根据右手螺旋定则确定，拇指指向 X、Y、Z 轴的正方向，四指弯曲的方向为各旋转轴的正方向，并分别用 +A、+B、+C 来表示。与 +X、+Y、+Z、+A、+B、+C 相反的方向用带 "'" 的 +X'、+Y'、+Z'、+A'、+B'、+C'表示。

（4）确定机床坐标轴 数控机床的进给运动是相对运动，有的是刀具相对于工件运动，有的是工件相对于刀具运动，为了使编程人员能在不知道刀具相对于工件运动还是工件相对于刀具运动的情况下，按零件图要求编写出加工程序，统一规定永远假定刀具相对于静止的工件而运动，机床某一运动部件的运动正方向为增大工件与刀具间距离的方向。确定机床各坐标轴的方法和步骤如下。

1）Z 轴。Z 坐标的运动由主要传递切削动力的主轴决定，即平行于主轴轴线的坐标轴为 Z 轴，Z 坐标的正向为刀具离开工件的方向。对于具有旋转主轴的机床，如图 1-34 所示的卧式车床和如图 1-35 所示的立式升降台铣床，与主轴轴线平行的标准坐标轴即为 Z 轴；对于没有主轴的机床，如图 1-36 所示的牛头刨床等，以垂直于装夹面的坐标轴为 Z 轴。若机床有几个主轴，可选择一个垂直于工件装夹面的主要轴作为主轴，并以它确定 Z 坐标。

2）X 轴。X 坐标运动是水平的，它平行于工件装夹面，是刀具或工件定位平面内运动的主要坐标。对于机床主轴带动工件旋转的机床，如数控车床等，X 坐标方向规定在工件的径向上且平行于机床的横导轨，刀具离开工件旋转中心的方向是 X 轴的正方向，如图 1-34 所示。对于机床主轴带动刀具旋转的机床，如数控铣床、钻床、刨床等，如果 Z 轴是竖直的，则从刀具（主轴）向立柱看，X 轴的正方向指向右边，如图 1-35 所示；如果 Z 轴是水平的，则从刀具（主轴）向工件看，X 轴的正方向指向左边，如图 1-37 所示；对于无主轴的机床，如刨床等，则选定主要切削方向为 X 轴正方向，如图 1-36 所示。

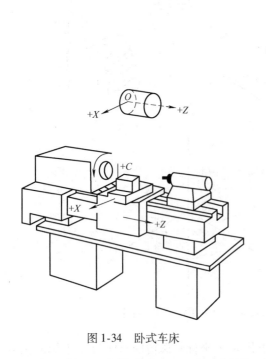

图 1-34　卧式车床

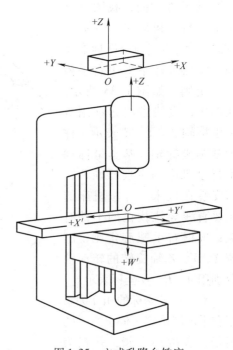

图 1-35　立式升降台铣床

3）Y 轴。Y 坐标垂直于 X、Z 坐标轴，并按照右手笛卡儿坐标系来确定。

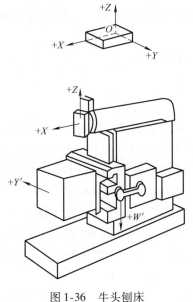

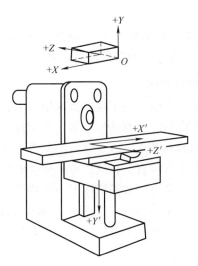

图 1-36　牛头刨床　　　　　　　　　图 1-37　卧式升降台铣床

4）旋转运动 A、B、C 轴。在确定了 X、Y、Z 坐标的正方向后，可按右手螺旋定则确定 A、B、C 坐标的正方向。

2. 工件坐标系与工件坐标系原点

工件坐标系是编程人员在编程时使用的坐标系，也称编程坐标系或加工坐标系，它是编程人员根据零件图样及加工工艺等建立的坐标系。为了方便编程，首先在零件图上适当选定一个编程原点，该点应尽量设置在零件的工艺基准与设计基准上，并作为原点再建立一个新的坐标系，称为工件坐标系，该编程原点称为工件坐标系原点。数控车床的机床坐标系、工件坐标系关系如图 1-38 所示，数控铣床的机床坐标系、工件坐标系关系如图 1-39 所示。

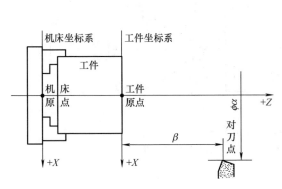

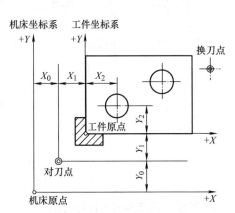

图 1-38　数控车床的坐标系　　　　　图 1-39　数控铣床的坐标系

工件坐标系用来确定编程与刀具的起点，确定时不必考虑工件毛坯在机床上的实际装夹位置。设定工件坐标系时应遵循的原则如下。

1）工件原点应尽量选在零件图的尺寸基准上，这样可以直接用图样标注的尺寸作为编程点的坐标值，减少数据换算的工作量。

2）工件原点应尽量选在尺寸精度高、粗糙度值低的工件表面上，以提高工件的加工精度。

3）对于对称的工件，最好将工件原点设在工件的对称中心上。

4）工件原点的选择要便于装夹、测量和检验工件。

3. 机床参考点

机床工作时，为了建立机床坐标系，通常在每个坐标轴的移动范围内（一般在 X 轴和 Z 轴的正方向最大行程处）设置一个机床参考点（测量起点）。机床启动时，通常要机动或手动运行返回参考点，以建立机床参考点到机床零点的距离。机床回了参考点，也就知道了该坐标轴的零点位置，找到所有坐标轴的参考点。CNC 就建立了机床坐标系。

机床参考点是数控机床上一个特殊位置的点，它的位置由设置在机床 X 轴方向、Z 轴方向滑板的机械挡块的位置确定。当刀架返回机床参考点时，装在 X 轴方向和 Z 轴方向滑板上的两挡块分别压下对应的开关，向数控系统发出信号，停止刀架滑板运动，即完成了回参考点的操作。

机床参考点与机床的原点在其进给轴方向上的距离在出厂时已确定，利用系统指定的自动返回参考点 G28 指令，可以使指令的轴自动回到机床上的参考点。在机床通电后，刀架返回参考点之前，无论刀架处于什么位置，此时屏幕上显示的 X、Z 轴坐标值均为 0。当完成了返回机床参考点的操作后，屏幕上立即显示刀架中心点（对刀参考点）在机床坐标系中的坐标值，即建立了机床坐标系。数控车床的参考点如图 1-40 所示；数控铣床的参考点如图 1-41 所示。

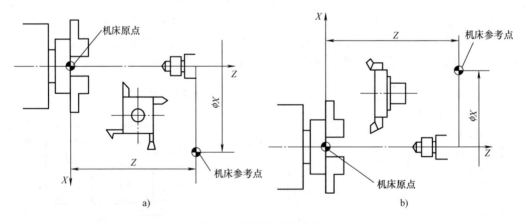

图 1-40　数控车床的参考点

a）刀架前置的机床参考点　b）刀架后置的机床参考点

4. 数控车床工件坐标系的确定

在数控车床上，工件坐标系原点一般设在右端面与主轴回转中心线的交点 O 上。坐标系以机床主轴线方向为 Z 轴方向，刀具远离零件的方向为 Z 轴的正方向，接近零件的方向为负方向。X 轴位于水平面且垂直于零件旋转轴线，刀具远离主轴线的方向为 X 轴正方向。前置刀架卧式数控车床的坐标系与方向如图 1-42 所示。

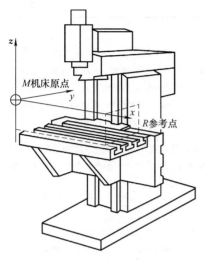

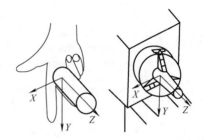

图 1-41　数控铣床的参考点　　　　图 1-42　前置刀架卧式数控车床坐标系与方向示意图

1.3.2 数控编程
的步骤和主要
内容

1.3.2　数控编程步骤及主要内容

数控编程是指从零件图到获得数控加工程序的全部工作过程。数控编程的步骤一般如图 1-43 所示，其内容和说明见表 1-7。

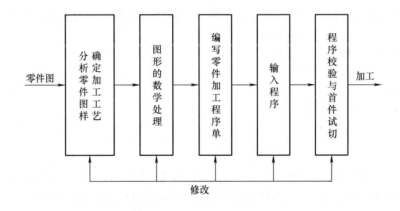

图 1-43　数控编程的步骤

表 1-7　数控编程的内容和说明

内　容	说　明
分析零件图样，确定加工工艺	编程人员根据零件图样，对零件的材料、形状、尺寸、精度和热处理要求等，进行加工工艺分析。合理地选择加工方案，确定加工顺序、走刀路线、装夹定位方式、刀具以及切削用量等工艺参数；同时还要考虑所用数控机床的指令功能，充分发挥机床的效能；加工路线要短，应正确选择对刀点、换刀点，减少换刀次数

（续）

内　容	说　明
图形的数学处理	根据零件图的几何尺寸，确定工艺路线及设定坐标系，计算零件粗、精加工的运动轨迹，得到刀位数据。对于形状比较简单的零件（直线和圆弧组成的零件）的轮廓加工，需要计算出几何元素的起点和终点、圆弧的圆心、两几何元素的交点或切点的坐标值，有的还要计算刀具中心的运动轨迹坐标值。对于形状比较复杂的零件，如非圆曲线、曲面组成的零件，需要用直线段或圆弧段逼近，根据加工精度的要求计算出节点坐标值。这种数值计算一般要用计算机来完成
编写零件加工程序单	根据加工工艺路线、工艺参数及刀位数据，按照数控系统规定的功能指令代码及程序段格式，编程人员逐段编写加工程序单。此外，还应填写有关的工艺文件，如数控加工工序卡、数控加工刀具卡、数控加工程序单等
输入程序	通过程序的手工输入或通信传输送入数控系统
程序校验与首件试切	编写的程序在数控仿真系统上仿真加工过程。将加工程序输入到数控装置中，让机床空运行，以检查机床的运动轨迹是否正确。在有 CRT 图形显示的数控机床上，用模拟刀具与工件切削过程的方法进行检验更为方便，但这些方法只能检验运动是否正确，不能检验被加工零件的加工精度。因此，要进行零件的首件试切。当发现有加工误差时，分析误差产生的原因，找出问题所在，加以修正

1.3.3　数控加工程序的结构与格式

1. 程序的结构

1.3.3 数控加工程序的结构与格式

数控加工中，为使机床运行而送到 CNC 的一组指令称为程序。每一个程序都由程序名（程序号）、程序主体（程序内容）和程序结束三部分组成。

```
O1024;              程序名
N10 G97 G99 M03 S600;  ⎫
N20 T0101;             ⎪
N30 G0 X46.0 Z0.0;     ⎬ 程序主体
N40 G1 F0.3 X0.0;      ⎪
...                    ⎭
N300 M30;            程序结束
```

（1）程序名（程序号）　每一个独立的程序都应有程序名。程序名位于程序的开始部分，为程序的开始标记，供其在数控装置存储器中的程序目录中被查找和调用。程序名由地址符和 1～9999 范围内的任意数字（最多 4 位，数字没有具体含义）组成，在 FANUC 系统中一般地址符为英文字母 "O"，其他系统用 "P" 或 "%" 等。

（2）程序主体（程序内容）　程序主体是整个程序的核心，由若干程序段组成，表示数控机床要完成的全部动作。每个程序段由若干个字组成，字即指令字，也称为功能字，由地址符和数字组成，是组成数控程序的最基本单元。不同的地址符及其后续数字组成了不同的指令字及含义。常用程序段号表示程序段的顺序，程序段号也叫程序段序号或顺序号，位于程序段之首，它的地址符是 N，后续数字一般 2～4 位。可以在程序段前任意设置程序段号，也可以不写或不按顺序编号，或只在重要程序段前按顺序编号，以便检索。程序段号可以用在主程序、子程序和宏程序中。

（3）程序结束　程序结束一般用辅助功能代码 M02（程序结束）或 M30（程序结束，返回起点）等来表示，作为整个程序结束的标志，一般要求单列一段。

2. 程序段的组成与格式

程序段格式是指一个程序段中字、字符和数据的书写规则。程序段的格式可分为地址格式、分割顺序格式、固定程序段格式和可变程序段格式等。最常用的是可变程序段格式。

所谓可变程序段格式，就是程序段的长短、字数和字长都是可变的。它由程序段号字、数据字、程序段结束符组成。该格式的特点是对一个程序段中字的排列顺序要求不严格，数据的位数可多可少。

字地址可变程序段格式如下：

N_	G_	X_	Z_	…	F_	S_	T_	M_	LF

在程序段中表示地址的英文字母可分为尺寸字地址和非尺寸字地址两种。表示尺寸字地址的英文字母有 X、Y、Z、U、V、W、P、Q、I、J、K、A、B、C、D、E、R、H 共 18 个字母；表示非尺寸字地址的有 N、G、F、S、T、M、L、O 8 个字母，其含义见表1-8。

表1-8　程序段中各字母的含义

字母	含　义	字母	含　义
A	坐标字：绕 X 轴旋转	N	顺序号：程序段顺序号
B	坐标字：绕 Y 轴旋转	O	程序号：程序号、子程序号的指定
C	坐标字：绕 Z 轴旋转	P	特殊功能：暂停时间或程序中某功能开始使用的顺序号
D	补偿号：刀具半径补偿指令	Q	特殊功能：固定循环终止段号或固定循环中的步进定距
E	进给速度：第二进给功能	R	坐标字：固定循环中距离或圆弧半径的指定
F	进给速度：第一进给功能	S	主轴功能：主轴转速的指令
G	准备功能：指令动作方式	T	刀具功能：刀具编号的指令
H	补偿号：补偿号的指定	U	坐标字：与 X 轴平行的附加轴的增量坐标值或暂停时间
I	坐标字：圆弧中心 X 轴向坐标	V	坐标字：与 Y 轴平行的附加轴的增量坐标值
J	坐标字：圆弧中心 Y 轴向坐标	W	坐标字：与 Z 轴平行的附加轴的增量坐标值
K	坐标字：圆弧中心 Z 轴向坐标	X	坐标字：X 轴的绝对坐标值或暂停时间
L	重复次数：固定循环及子程序的重复次数	Y	坐标字：Y 轴的绝对坐标值
M	辅助功能：机床开/关指令	Z	坐标字：Z 轴的绝对坐标值

1.3.4　数控车床编程方式

（1）绝对坐标编程方式与增量（相对）坐标编程方式　在数控车削程序编制过程中，有两种编程方式控制刀具的移动：一种是绝对坐标编程方式，另一种是增量（相对）坐标编程方式。在绝对坐标编程方式中，编程终点的坐标值和运动位置的坐标值是相对于固定坐标原点给出的；在增量（相对）坐标编程方式中，编程移动距离和运动位置的坐标值是相对于前一位置计算的。所有坐标点的坐标值均从编程原点计算的坐标系，称为绝对坐标系。绝

对坐标常用 X、Z 表示,如图 1-44a 所示。坐标系中的坐标值是相对刀具前一位置(或起点)来计算的,称为相对(增量)坐标系。增量坐标常用 U、W 表示,与 X、Z 轴平行且同向,如图 1-44b 所示。

编程中可根据图样尺寸的标注方式及精度要求进行选用,在一个程序段中可采用绝对坐标方式或增量坐标方式编程,也可采用两者混合编程。

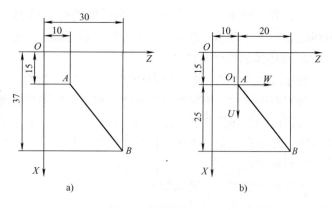

图 1-44 绝对坐标与相对(增量)坐标
a)绝对坐标 b)相对(增量)坐标

在 FANUC 0i 数控系统中,当系统参数 No. 3402#3 的值设为 0 时,开机默认使用绝对坐标编程,值设为 1 时,开机默认使用增量坐标编程。

(2)直径编程与半径编程 在数控车削编程中,X 坐标值有两种表示方法,即直径编程和半径编程。由于零件在图样上的标注及测量多为直径表示,所以大多数数控车削系统采用直径编程。采用直径编程,在绝对坐标方式编程中,X 值为零件的直径值;在增量坐标方式编程中,X 为刀具径向实际位移量的两倍,如图 1-45 所示。采用半径编程,即 X 值为零件半径值或刀具实际位移量。

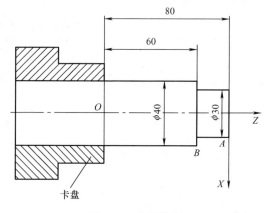

图 1-45 直径编程

(3)小数点编程 数字单位以公制为例分两种,一种是以 mm 为单位,另一种是以脉冲当量即机床的最小输入单元为单位,现在大多数机床常用的脉冲当量为 0.001mm,坐标值的单位默认为 μm,所以在编程时坐标值的整数值后面需要加"."或".0"。如:

X40.0;(40mm)

X40;(40μm)

在 FANUC 0i 系统中,坐标值是否需要使用小数点编程由系统参数 No. 3401#0 来决定:当值设为 0 时,设为最小单位,需要使用小数点来编程;当值设为 1 时,设为 mm、inch、sec,整数值可以省略小数点。

1.3.5 数控编程方法

依据零件图及加工要求,将零件全部加工工艺过程及其他辅助动作,按动作顺序,用规定的标准指令、格式,编写成数控机床的加工程序,并进行检验和修改,该过程称为数控加工的程序编制,简称数控编程。数控编程分为手工编程和自动编程两种。

1. 手工编程

手工编程是指主要由人工来完成数控编程中各个阶段的工作，包括分析零件图、确定工艺过程、数值计算、编写加工程序单、程序输入、程序校验等。对于形状简单的零件加工，手工编程比较简单，程序不复杂，而且经济、及时。因此，在点定位加工及由直线与圆弧组成的轮廓加工中，手工编程仍广泛应用。手工编程的方法与步骤如图 1-46 所示。

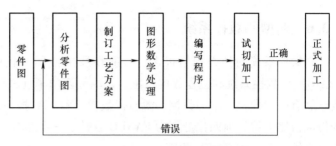

图 1-46　手工编程的方法与步骤

2. 自动编程

自动编程就是用计算机及相应编程软件编制数控加工程序的过程，也称为计算机辅助编程。常见软件有 MasterCAM、UG NX、Creo、CAXA 制造工程师、CAXA 数控车等。自动编程的优点是效率高，程序正确性好，可以解决许多手工编程无法完成的复杂零件编程难题；缺点是必须具备自动编程系统或编程软件。自动编程较适合编制形状复杂零件的加工程序，如模具加工、多轴联动加工等场合。

根据输入方式的不同，自动编程可分为图形数控自动编程、语言数控自动编程和语音数控自动编程等。图形数控自动编程是指将零件的图形信息直接输入计算机，通过自动编程软件的处理得到数控加工程序，其方法与步骤如图 1-47 所示。目前，图形数控自动编程是使用最为广泛的自动编程方式。语言数控自动编程指将加工零件的几何尺寸、工艺要求、切削参数及辅助信息等用数控语言编写成源程序后，输入到计算机中，再由计算机进一步处理得到零件加工程序。语音数控自动编程是采用语音识别器，将编程人员发出的加工指令声音转变为加工程序。

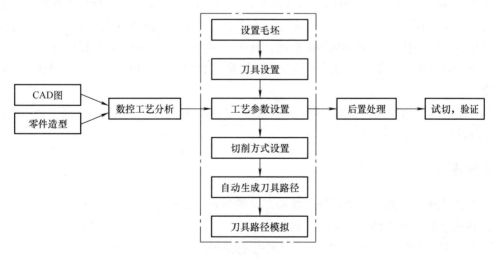

图 1-47　自动编程的方法与步骤

【拓展知识】

1.3.6 典型的数控系统

当数控系统的种类规格很多,目前在我国使用比较广泛的数控系统有日本的发那科(FANUC)数控系统和三菱数控系统、德国的西门子(SIEMENS)数控系统;国产系统的代表产品有广州数控、华中数控、凯恩帝数控、科德数控系统等。从 2022 年我国数控系统市场份额占比来看,前四位分别为 FANUC 数控、三菱数控、广州数控、西门子数控,前四大数控系统的市场占有率近 80%。

日本富士通公司研制开发的 FANUC 数控系统主要面向我国的中端制造市场,具有高加工性能、高运转率、易用性、功能全等特点,适用于各种机床和生产机械,市场占有率远远超过其他数控系统,数控装置(CNC)产品阵容强大,覆盖面广,涵盖适用于从普通数控机床到复杂构造的复合加工机床及产业机械的产品类别,主要产品包括 16i/18i/21i/30i 系列和 300i/310i/320i 系列。

三菱公司推出的 M800/M80/E80 系列数控系统,提出了数控装置和机器人联动解决方案,机器人可以用机床数控装置的 G 代码编程,通过 Ethernet 实现数控装置与机器人的简单连接,该系列数控系统无需机器人专用人机交互界面(HMI),没有机器人语言的知识,但可以交互地生成 G 代码程序,也可以在机器人示教的同时创建加工程序,能够根据系统间等待执行同期操作(无需梯形图设定即可执行等待)。

广州数控设备有限公司成立于 1991 年,是我国南方数控产业的基地,其为国家科技重大专项、国家 863 科技计划项目、国家智能制造专项承担单位,拥有优良的生产设备和工艺流程,以及科学规范的质量控制体系,是我国数控系统行业龙头企业。

德国西门子公司研制开发的 SIEMENS 数控系统发展了很多代,目前广泛使用的主要有802、810、840 等几种类型。西门子的数控装置采用模块化结构,在一种标准硬件上,配置多种软件,使它具有多种工艺类型,满足各种机床的需要,并成为系列产品。西门子的高档型数控装置主要包括 SINUMERIK840 系列,其中 SINUMERIK840Dsl 具有模块化、开放、灵活而又统一的结构,为使用者提供了最佳的可视化界面和操作编程体验,以及最优的网络集成功能。

各种数控系统指令各不相同,同一系统不同型号,其数控指令也略有差别,使用时应以数控系统说明书为准。

【思考与练习】

1. 数控机床坐标系中,坐标轴位置和方向的判定方法分别是什么?
2. 机床坐标系和工件坐标系的区别是什么?
3. 什么是机床原点、机床参考点、工件坐标系原点?
4. 数控编程的步骤与内容分别是什么?
5. 简述数控加工程序的结构与格式。

项目1.4　数控车床基本操作

1.4 数控车床基本操作-试切对刀

【学习目标】

1）熟悉数控车床的操作步骤。

2）掌握数控车床的手动操作、程序输入与编辑、MDI操作、自动加工方式。

3）熟练掌握数控车床常用对刀方法。

【知识学习】

1.4 数控车床基本操作-面板与手动操作

1.4.1　手动操作

（1）开机前机床检查　首先进行开机前各项检查，确定没有问题后，打开机床的总电源及系统电源；然后检查控制面板上的各指示灯是否正常，屏幕显示是否正常，各按钮开关是否处在正常位置，是否有报警显示。如有报警，说明系统可能发生故障，须立即检查。

（2）激活机床　检查急停按钮是否松开，若未松开，则按急停按钮，将其松开。

（3）回零　机床零点（机床参考点）是生产厂家在设计机床时确定的，一般设定在各个坐标轴的正向极限位置。回零（回机床参考点）的操作，是使刀具或工作台回到机床零点，即建立起机床坐标系。开机后、机床断电后再次接通数控系统电源时、超行程报警解除以后、紧急停止按钮按下后，均须先操作机床回零点。机床只有在回原点之后，自动方式和MDI方式才有效，回零还可以消除由于工作台漂移、变形所造成的误差。回零操作步骤如下。

1）按机械回零按钮 回零，使机械回零指示灯亮。

2）先将 X 轴方向回零：在回零模式下，按下按钮 +X，此时 X 轴将回零，相应操作面板上 X 轴的指示灯亮，同时CRT上的 X 坐标值变为"0.000"；再将 Z 轴方向回零：按下按钮 +Z，可以将 Z 轴回零，操作面板上 Z 轴的指示灯亮，同时CRT上的 Z 坐标值变为"0.000"，机械回零结束。

（4）手动/连续方式　首先在操作面板中按下按钮 JOG 切换到手动模式 JOG 上；然后使用按钮 +X、+Z 和 ∿ 可以快速准确地移动机床执行部件；最后按下 正转 和 停止 按钮，控制主轴的转动、停止。在使用该方式切削零件时，应注意首先使主轴转动。

（5）手动/手轮方式　在手动/连续加工或在对刀过程中，需精确调节机床时，可用手轮方式。

1）使用控制面板上的按钮 ×1、×10 或 ×100。其中 ×1 为 0.001mm，×10 为 0.01mm，×100 为 0.1mm。

2）配合移动方向开关，进行手轮精确调节机床。

3）按下 正转 和 停止 按钮，控制主轴的转动、停止。

1.4.2 程序输入与编辑

经过导入数控程序操作后，按下操作面板中按钮 编辑 切换到编辑方式，在系统操作面板上按 PROG 键，进入编辑页面，然后进行如下输入与编辑。

(1) 显示数控程序目录 按软键"Lib"，数控程序名显示在 CRT 界面上。

(2) 选择一个数控程序 键入程序名"Oxxxx"，然后按"↓"开始搜索。找到后，"Oxxxx"显示在屏幕右上角程序号位置，数控程序显示在屏幕上。该操作除了在编辑方式下进行外，还可在自动方式下进行。

(3) 删除一个数控程序 键入程序名"Oxxxx"，然后按 DELETE 键，程序即被删除。

(4) 新建一个数控程序 键入新建程序名"Oxxxx"（注意新建程序名不能与已有程序名重复），然后按 INSERT 键，开始输入程序。每输入一个代码，按 INSERT 键，输入域中的内容显示在 CRT 界面上，用换行键 EOB_E 结束一行的输入后换行。

系统操作面板上的数字/字母键第一次按下时输入的是字母，以后再按下时均为数字。若要再次输入字母，须先将输入域中已有的内容显示在 CRT 界面上（按 INSERT 键）。

(5) 删除全部数控程序 键入"O‑9999"，然后按 DELETE 键，即删除全部数控程序。

(6) 编辑程序 选定一个数控程序后，此程序显示在 CRT 界面上，可对其进行编辑操作。

1) 按翻页键 PAGE↓ 或 PAGE↑ 翻页，按 →、←、↑、↓ 键移动光标。

2) 先将光标移到所需位置，单击系统操作面板上的数字/字母键，将代码输入到输入域中，按 INSERT 键，把输入域的内容插入到光标所在代码后面。

3) CAN 键用于删除输入域中的数据。

4) 先将光标移到所需删除字符的位置，按 DELETE 键，删除光标所在的代码。

5) 输入需要搜索的字母或代码，然后按 ↓ 键，开始在当前数控程序中光标所在位置后搜索。如果此数控程序中有所搜索的代码，则光标停留在找到的代码处；如果此数控程序中光标所在位置后没有所搜索的代码，则光标停留在原处。代码可以是一个字母或一个完整的代码，如"N0010""M"等。

6) 先将光标移到所需替换字符的位置，然后将替换成的字符通过系统操作面板输入到输入域中，最后按 ALTER 键，用输入域的内容替代光标所在的代码。

(7) 保存程序 编辑好的程序需要进行保存操作。

按下操作面板中的 编辑 按键，选择编辑方式，在系统操作面板上按 PROG 键，进入编辑页面。按软键"操作"，在出现的子菜单中按软键 ►，然后按软键"穿孔"，在弹出的对话框中输入文件名，选择文件类型和保存路径，最后按 保存 按钮确定或按 CAN 按钮取消保存操作。

1.4.3　MDI（MDA）操作

1）按下操作面板上的 MDI 按键，选择 MDI 方式，进行 MDI 操作。

2）在 MDI 键盘上按 PROG 键，进入编辑页面。

3）输入数据指令：在输入键盘上单击数字/字母键，第一次单击为字母输出，其后均为数字输出。字符显示在输入域中，可以进行取消、插入、删除等修改操作。

4）按 CAN 键，删除输入域中的数据。

5）按 MDI 键盘上的 INPUT 键，将输入域中的内容输入到指定位置。

6）按 RESET 键，已输入的 MDI 程序被清空。

7）输入完整数据指令后，按运行控制按钮 启动 运行程序。运行结束后 CRT 界面上的数据被清空。

使用该方式时，可重复输入多个指令字，若重复输入同一指令字，后输入的数据将覆盖先输入的数据，重复输入 M 指令也会使后输入的 M 指令覆盖先输入的 M 指令。

1.4.4　对刀

对刀的目的是通过刀具或对刀工具确定工件坐标系与机床坐标系之间的空间位置关系，并将对刀数据输入到相应的存储位置。它是数控加工中最重要的操作内容，其准确性将直接影响零件的加工精度。对刀常用的方法有试切对刀、机外对刀仪对刀和自动对刀三种。

1. 试切对刀

如图 1-48 所示，试切对刀的方法如下。

（1）设置主轴转动指令，使主轴转动　按下 MDI 键，按 PROG 键，输入"M03"，按 INSERT ；输入"S600"，按 INSERT ，再按 启动 。

（2）X 方向对刀　在手动 JOG 方式下移动刀架使其靠近零件，车削外圆，车削长度至能用测量工具测量外圆直径即可。车削后不移动 X 轴，仅 +Z 方向退刀。退出足够距离后按下 停止 键。待主轴停止转动后，测量已切削外圆的直径，例如 28.86mm。按 OFFSET/SETTING 键，然后按〔形状〕下的软功

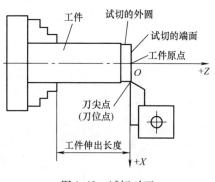

图 1-48　试切对刀

能键，用 ↓ 键或 ↑ 键移动光标到相应刀号的位置，如 1 号刀在 G01，输入 X 直径 28.68mm，按 INPUT 键，完成 X 方向对刀，如图 1-49 所示。

（3）Z 方向对刀　在手动 JOG 方式下按主轴 正转 键使主轴转动，移动刀架使其靠近零件，车削端面。不移动 Z 轴，仅 +X 方向退刀，退出足够距离后按下主轴 停止 键，按

$\boxed{\text{OFFSET/SETTING}}$键，然后按［形状］下的软功能键，用$\boxed{\downarrow}$键或$\boxed{\uparrow}$键移动光标到相应刀号的位置，如1号刀在G01，输入"Z0"，按$\boxed{\text{INPUT}}$键，完成Z方向对刀，如图1-50所示。

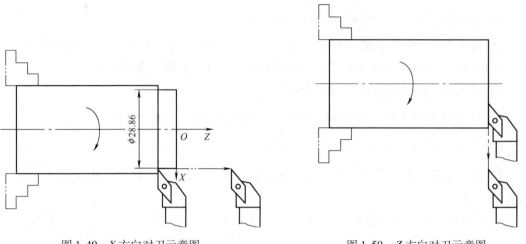

图1-49 X方向对刀示意图   图1-50 Z方向对刀示意图

（4）刀尖R补偿量的设定 按"磨耗"下的软键，调光标至相应的刀号处，输入补偿值。

2. 机外对刀仪对刀

机外对刀的本质是测量出刀具假想刀尖点到刀具台基准之间X及Z方向的距离。利用机外对刀仪可将刀具预先在机床外校对好，以便装上机床后，在对刀长度中输入相应刀具补偿号即可使用，如图1-51所示。

3. 自动对刀

自动对刀是通过刀尖检测系统实现的。刀尖以设定的速度向接触式传感器接近，当刀尖与传感器接触并发出信号时，数控系统立即记下该瞬间的坐标值，并自动修正刀具补偿值。自动对刀过程如图1-52所示。

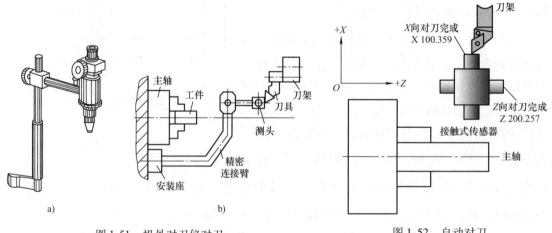

图1-51 机外对刀仪对刀   图1-52 自动对刀
a）光学对刀仪 b）HPA刀具测量系统

1.4.5　自动加工方式

1. 自动/连续方式

自动/连续方式下的自动加工流程如下。

1）检查机床是否回零。若未回零，先将机床回零。

2）导入数控程序或自行编写一段程序。

3）按下操作面板中的 自动 按键，选择自动运行方式，在系统操作面板上按 PROG 键，进入自动加工模式。

4）按下按钮 启动 ，数控程序开始运行。

数控程序在运行过程中可根据需要暂停、停止、急停和重新运行。数控程序在运行时，如果按下按钮 停止 ，程序暂停运行，再次按下该按钮，程序从暂停行开始继续运行；如果按下急停按钮，数控程序中断运行，继续运行时，先将急停按钮松开，再按按钮 启动 ，余下的数控程序从中断行开始作为一个独立的程序执行。

2. 自动/单段方式

自动/单段方式下的自动加工流程如下。

1）检查机床是否回零。若未回零，先将机床回零。

2）导入数控程序或自行编写一段程序。

3）按下操作面板中的 自动 按键，选择自动运行方式，在系统操作面板上按 PROG 键，进入自动加工模式。

4）按下单步开关按钮 单段 ，使按钮灯变亮。

5）按下按钮 启动 ，数控程序开始运行。

自动/单段方式执行每一行程序，均需按下一次按钮 启动 。根据需要调节进给速度（F）调节旋钮，来控制数控程序运行的进给速度，调节范围为 $0 \sim 120\%$。按 RESET 键，可使程序重置。

3. 检查运行轨迹

数控程序导入后，可检查运行轨迹。

按下操作面板中的 自动 按键，选择自动运行方式，按下控制面板中的 $\boxed{\substack{\text{CUSTM}\\\text{GRAPH}}}$ 命令，转入检查运行轨迹模式；再按下操作面板上的按钮 启动 ，即可观察数控程序的运行轨迹。检查运行轨迹时，暂停运行、停止运行、单段执行等同样有效。

【拓展知识】

1.4.6　面板功能

1. FANUC 0i 数控系统操作面板

操作者对机床的操作通过人机对话界面实现，数控机床的人机对话界面由 CRT/MDI 数控操作面板（数控系统操作面板）和机床操作面板（机床控制面板）两部分组成。只要采用相同的系统，CRT/MDI 操作面板就是相同的。图 1-53 所示为 FANUC 0i 数控系统操作面板，该面板中各键的名称及用途见表1-9。

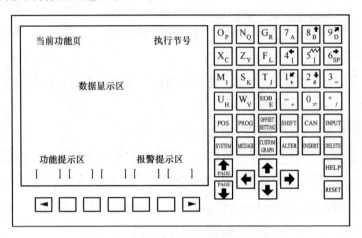

图 1-53　FANUC 0i 数控系统操作面板

表 1-9　各功能键说明

按　键	名　称	功　能
RESET	复位键	CNC 系统复位或取消报警。表现为编辑时返回程序头、加工时停止运动、去除警告信息等
INPUT	输入键	将输入屏幕的数据输入到缓存或存储器。用于参数、偏置等的输入，还用于 I/O 设备的输入开始，MDI 方式的指令数据的输入。当按下一个字母键或数字键时，再按该键数据被输入到缓冲区，并且显示在屏幕上
光标移动键（箭头）	光标移动键	移动 CRT 中的光标位置，实现光标的向下、向上、向右、向左移动
翻页键 向上翻页键 PAGE↑	向上翻页键	屏幕显示页上翻一页。实现左侧 CRT 显示内容的向上翻动一页
向下翻页键 PAGE↓	向下翻页键	屏幕显示页下翻一页。实现左侧 CRT 显示内容的向下翻动一页
ALTER	替换键	用输入的数据替换光标所在的数据
DELETE	删除键	删除光标所在的数据，删除一个数控程序或删除全部数控程序
INSERT	插入键	把输入域之中的数据插入到当前光标之后的位置
CAN	取消键	取消最后进入缓存区的信息，消除输入域内的数据
EOB E	回车换行键	结束一行程序的输入并且换行
SHIFT	上档键	一些数字/字母键的上面有两个字母，先按上档键，再按数字/字母键，那么右下方的字母就被输入

（续）

按　键	名　称	功　能
功能键 PROG	程序键	显示程序屏幕。显示、编辑或管理当前程序
POS	位置显示键	显示位置屏幕。按下此键在 CRT 中显示坐标位置，坐标显示有三种方式，用 PAGE 按钮选择
OFFSET SETTING	偏置键	显示偏置/设置屏幕。按下此键 CRT 将进入参数补偿显示界面，可显示刀具偏置或工件坐标偏置/设置
SYSTEM	系统键	显示系统屏幕。按下此键可显示系统参数屏幕
MESSAGE	信息键	显示信息屏幕。按下此键可显示警告信息屏幕
CUSTOM GRAPH	图形显示键	显示用户程序屏幕/图形屏幕。有图形模拟功能的系统，在自动运行状态下按下此键可显示切削路径模拟图形
HELP	帮助键	手动输入帮助键。显示帮助信息
O_P N_Q G_R 7_A 8_B 9_D X_C Z_Y F_L $4_[$ $5_]$ 6_{SP} M_I S_K T_J $1_,$ $2_\#$ $3_=$ U_H W_V EOB_E $-_+$ $0_{\neq}$ $._{\circ}$	地址/数字键	实现字母、数字等文字的输入
◀ □ □ □ □ □ ▶	软键	软键功能在 CRT 画面的最下方显示，可根据用途提供软键的各种功能 左端的软键 ◀：菜单返回键 右端的软键 ▶：菜单继续键

2. FANUC 0i 系统机床操作面板

机床操作面板由于生产厂家的不同而有所不同，主要是在按钮或旋钮的设置方面有所不同。FANUC 0i 系统机床操作面板各键的名称及用途见表1-10。

表1-10　FANUC 0i 系统机床操作面板各键的名称及用途

按　键	名　称	功　能
自动	自动方式键 AUTO	此按钮被按下后，系统进入自动加工模式
编辑	编辑方式键 EDIT	此按钮被按下后，系统进入程序编辑状态，用于直接通过操作面板输入和编辑程序

（续）

按　键	名　称	功　能
MDI	手动数据输入键 MDI	此按钮被按下后，系统进入 MDI 模式，手动输入并执行指令
DNC	文件传输键 DNC	DNC 位置用 232 电缆线连接 PC 和数控机床，选择数控程序文件传输
回零	机床回参考点方式选择键 REF	选择机床回参考点方式。机床必须首先执行回参考点操作，然后才可以运行
JOG	手动方式选择键 JOG	选择手动方式，手动连续移动工作台或者刀具
INC	增量方式选择键 INC	选择增量方式，增量进给，可用于步进或者微调
手摇	手轮操作方式选择键 HNDL	选择手轮方式移动工作台或刀具
单段	单段执行键 SINGL	按下此键，灯亮，每次执行一个程序段
跳选	程序段跳选键	按下此键，灯亮，当程序在自动方式下运行时，跳过程序段开头带有"/"的程序段
停止	进给保持键	在程序运行过程中，按下此按钮运行暂停。按"循环启动"恢复运行
启动	循环启动键	按下此键，灯亮，程序运行开始。系统处于自动运行或 MDI 位置时按下有效，其余模式下使用无效
锁住	程序锁开关键	按下此键，灯亮，机床各轴被锁住，只能运行程序；再一次按下此键，指示灯灭，取消该功能
空运转	空运行键	按下此键，灯亮，加快程序执行速度，主要用于模拟时的进给状态锁定
正转	主轴正转键	在 JOG 方式下，按下此键，主轴正转启动
停止	主轴停止键	在 JOG 方式下，按下此键，主轴停止转动
反转	主轴反转键	在 JOG 方式下，按下此键，主轴反转启动

（续）

按　键	名　称	功　能
X	X 轴方向手动进给键	手动移动机床各轴按钮
Y	Y 轴方向手动进给键	
Z	Z 轴方向手动进给键	
+	正方向进给键	
∿	快速进给键	
−	负方向进给键	
×1	选择手动移动距离键	选择移动机床轴时，每一步的距离×1，为 0.001mm
×10		选择移动机床轴时，每一步的距离×10，为 0.01mm
×100		选择移动机床轴时，每一步的距离×100，为 0.1mm
进给速度倍率	进给速度倍率旋钮	在手动及程序执行状态时，调整各进给轴运动速度的倍率，调节范围为 0～120%
主轴倍率	主轴转速倍率开关	在手动及程序执行状态时，调节主轴转速的倍率，调节范围为 50%～120%
紧急停止	紧急停止按钮	按下急停按钮，使机床立即停止活动，并且所有的输出（如主轴的转动等）都会关闭，此键用于在突发情况下关停机床
手轮	手摇脉冲发生器（手轮）	选择进给轴 X、Y、Z，由手轮轴倍率旋钮调节各刻度移动量的脉冲数，旋转手轮（顺时针旋转，各坐标轴正向移动；逆时针旋转，各坐标轴负向移动），完成机床各坐标轴的移动

【思考与练习】

1. 简述数控车床的操作步骤。
2. 简述数控车床的开机与回参考点、机床基本操作步骤。
3. 简述数控程序的输入与编辑方法。
4. 数控车床常用对刀方法的种类及其注意事项分别是什么？
5. 简述自动加工方式的操作方法。

项目 1.5 轴类零件编程与加工

【学习目标】

1）熟悉 FANUC 数控系统常用功能。

2）理解并掌握左倒角、宽槽、窄槽、外圆锥面的加工方法。

3）熟练掌握 G00、G01、G04、G40、G41、G42、G90、G94、G71、G72、G73、G70 等指令的格式，并能正确使用以上指令编写程序。

4）理解并掌握子程序的功能及应用。

5）熟练掌握 M98、M99 指令的格式，并能正确使用该指令编写程序。

1.5.1 简单阶梯轴零件加工

1.5.1 快速点定位指令G00的使用方法及注意事项

1.5.1 直线插补指令G01的使用方法及注意事项

【知识学习】

1.5.1 简单阶梯轴零件加工技术

1. 阶梯轴的车削方法

阶梯轴的车削方法分为低台阶车削和高台阶车削。低台阶车削时，因相邻两圆柱体直径差较小，可用车刀一次切出；高台阶车削时，因相邻两圆柱体直径差较大，需采用分层切削。

2. 编程尺寸计算

单件小批量生产中，精加工零件轮廓尺寸偏差相差较大时，编程应取极限尺寸的平均值，即：

$$编程尺寸 = 公称尺寸 + \frac{上极限偏差 + 下极限偏差}{2}$$

3. FANUC 数控系统常用功能

（1）准备功能　因其地址符规定为 G，所以准备功能也称为 G 功能或 G 指令。它是使数控机床建立起某种加工方式的指令，如插补、刀具补偿、固定循环等。G 指令由地址符 G 和其后的两位（00~99）或三位数字（非标准化规定）组成。G 指令分若干组，有模态和非模态指令之分。模态指令也称续效指令，按功能分为若干组。模态指令一经程序段中指定，便一直有效，直到出现同组另一指令或被其他指令取消时才失效，与上一段相同的模态指令可省略不写（如 G00、G01 指令）。非模态指令也称非续效指令，仅在出现的程序段中有效，下一段程序需要时必须重写（如 G04 指令）。

目前，G 代码标准化程度不是很高，在具体编程时必须按照数控系统说明书的具体规定使用，切不可盲目套用。FANUC 系统常用准备功能见表 1-11。

表 1-11　FANUC 系统常用准备功能

代　码	组　别	功　能	模　态
G00	01	定位（快速移动）	*
G01		直线插补（切削进给）	
G02		顺时针圆弧插补	
G03		逆时针圆弧插补	

（续）

代　　码	组　别	功　　能	模　态
G04	00	暂停	
G20	06	寸制输入	*
G21		米制输入	
G22	04	内部行程限位有效	*
G23		内部行程限位无效	
G27	00	检查参考点返回	
G28		自动返回原点	
G29		从参考点返回	
G30		返回第2参考点	
G31		跳过功能	
G32	01	切削螺纹	
G40	07	刀尖半径补偿方式取消	*
G41		调用刀尖半径左补偿	
G42		调用刀尖半径右补偿	
G50	00	设定零件坐标系或主轴最高转速	
G70	00	精加工循环	
G71		外径、内径粗车循环	
G72		端面粗加工循环	
G73		闭合车削循环	
G74		Z向步进钻孔	
G75		X向切槽	
G76		复合螺纹切削循环	
G80	10	取消固定循环	*
G83		正面钻孔循环	
G84		正面攻螺纹循环	
G85		正面镗孔循环	
G87		侧面钻孔循环	
G88		侧面攻螺纹循环	
G89		侧面镗孔循环	
G90	01	单一固定循环	*
G92		螺纹切削循环	
G94		端面切削循环	
G96	12	主轴转速恒定控制	*
G97		取消主轴转速恒定控制	
G98	05	每分钟进给（mm·min^{-1}）	*
G99		每转进给（mm·r^{-1}）	

注意:

1) 不同操作系统的指令格式可能不同,编程时要参照所使用机床的说明书。

2) "00" 组的 G 代码为非模态指令,其余为模态指令。

3) 如果同组的 G 代码出现在同一程序段中,则最后一个 G 代码有效。

4) 在固定循环中,如果遇到 01 组的 G 代码,固定循环被取消。

5) 在编程时,G 指令前面的 0 可省略,例如,G00、G01、G02、G03、G04 可简写为 G0、G1、G2、G3、G4。

(2) 辅助功能 因其地址符规定为 M,所以辅助功能也称为 M 功能或 M 指令。它是控制机床或系统辅助动作的指令,可用于指定主轴的旋转方向、启动、停止,冷却液的开关,工件或刀具的夹紧或松开,刀具的更换等功能。辅助功能指令由地址符 M 和后面的两位数字组成。FANUC 系统常用辅助功能见表 1-12。

表 1-12 FANUC 系统常用辅助功能

代 码	功 能	说 明
M00	程序停止	程序中若使用 M00 指令,当执行到包含 M00 指令的程序段时,程序即停止执行,且主轴停止、切削液关闭。只要按下循环启动(CYCLE START)键,即可恢复自动运行
M01	程序有条件停止	该指令与 M00 功能相似,但只有按下"选择停止"键,M01 才有效,否则跳过 M01 指令所在程序段,继续执行后面的程序。该指令一般用于抽查关键尺寸
M02	程序结束	该指令应置于程序最后一个程序段,表示程序执行到此结束。在包含 M02 的程序段执行后,自动运行停止且 CNC 装置被复位。该指令会自动将主轴停止(M05)及关闭切削液(M09),但程序执行指针不会自动回到程序的开头。在 FANUC 0i 系统中,包含 M02 的程序段执行后是否控制返回程序的开头由参数 No. 3404#5 的设置值决定,设置为 0 时返回,设置为 1 时不返回
M03	主轴正转	该指令用于使机床的主轴正向旋转(由主轴向尾座看,顺时针方向旋转)
M04	主轴反转	该指令用于使机床的主轴反向旋转(由主轴向尾座看,逆时针方向旋转)
M05	主轴停止转动	该指令用于使机床的主轴停止转动,用于下列情况: 1) 程序结束前(一般可省略,因为 M02、M30 指令都包含 M05 功能) 2) 当数控车床有主轴高速档(M43)、主轴低速档(M41)指令时,在换档之前,必须使用 M05 使主轴停止,再换档,以免损坏换档机构 3) 主轴正、反转之间的转换也必须加入此指令,使主轴停止后再变换转向指令,以免伺服电动机受损
M06	更换刀具	该指令用于更换刀具
M08	切削液开	该指令用于开启切削液。程序执行至 M08 所在程序段,即启动润滑油泵,切削液从冷却液管中喷出,但必须配合执行操作面板上的"CLNT AUTO"键处于"ON"(灯亮)状态,否则无效
M09	切削液关	该指令用于关闭所有切削液,常可省略,因为 M02、M30 指令都包含 M09 功能
M30	程序结束并返回起点	该指令应置于程序最后一个程序段,功能与 M02 相似,表示程序执行到此结束。该指令会自动将主轴停止(M05)及关闭切削液(M09),且程序执行指针会自动回到程序的开头,以方便此程序再次被执行。在 FANUC 0i 系统中,包含 M30 的程序段执行后是否控制返回程序的开头由参数 No. 3404#4 的设置值决定,设置为 0 时返回,设置为 1 时不返回

（续）

代　码	功　　能	说　　明
M98	子程序调用	该指令用于调用子程序。当程序执行 M98 指令时，控制器即调用 M98 所指定的子程序
M99	子程序结束	该指令用于子程序最后程序段，表示子程序结束，且程序执行指针跳回主程序中 M98 的下一程序段继续执行。也可用于主程序最后程序段，此时程序执行指针会跳回主程序的第一程序段继续执行此程序，所以此程序将一直重复执行，除非按下"RESERT"键中断执行

注意：

1）通常情况下，一个程序段只允许出现一个 M 指令，若同时出现两个及以上，则最后面的 M 指令有效，前面的 M 指令将被忽略而不执行。一个程序段中是否只有一个 M 指令有效，取决于系统参数的设定。在 FANUC 系统中，当参数 No.3404#7 的值设为 0 时，一个程序段中只有一个 M 指令有效；值设为 1 时，一个程序段中最多允许 3 个 M 指令有效。

2）当一个程序段中指定了运动指令和辅助功能时，有两种执行顺序，一种是运动指令和辅助功能同时执行，另一种是运动指令执行完成后执行辅助功能，具体选择哪种顺序取决于机床制造商，应查询机床制造商发布的说明书。

3）不同操作系统指令格式可能有所不同，编程时要参照所使用机床的说明书。

（3）主轴转速功能（S 功能）　主轴转速功能又称为 S 功能，用于指定主轴转速，由地址符 S 和后面的若干位数字表示。主轴转速功能有恒线速度（单位为 m/min）和恒转速（单位为 r/min）两种指令方式，分别由指令 G96、G97 指定。用 G96 指令指定转速时，主轴的转速会随工件直径的变小而增大，为防止飞车，可利用 G50 指令来限制主轴的最高转速。例如：

G50　S2000；（指定主轴最高转速为 2000r/min）

G96　S100；（指定主轴转速为恒线速度 100m/min）

G97　S800；（指定主轴转速为 800r/min）

一个程序段只可以使用一个 S 代码，不同程序段可根据需要改变主轴转速。

（4）进给功能（F 功能）　进给功能又称为 F 功能，用于指定刀具中心运动时的进给量，由地址符 F 和后面的若干位数字构成。进给功能通常有三种形式：第一种是刀具每分钟的进给速度，单位是 mm/min，用 G98 指令指定，该指令在 F 后面直接指定刀具每分钟的进给速度；第二种是主轴每转一圈刀具的进给量，单位是 mm/r，用 G99 指令指定，该指令在 F 后面直接指定主轴转一圈时刀具的进给量；第三种是螺纹导程，单位是 mm，用 G32、G92 或 G76 指令指定。G98 为模态指令，在程序中指定后，直到 G99 被指定前一直有效。G99 为模态指令，在程序中指定后，直到 G98 被指定前一直有效。在编程中一个程序段只可使用一个 F 代码，不同程序段可根据需要改变进给量。例如：

G98　F30；（指定进给速度为 30mm/min，如图 1-54a 所示）

G99　F0.2；（指定进给量为 0.2mm/r，如图 1-54b 所示）

G32（G92、G76）F2.0；（指定螺距为 2.0mm，如图 1-54c 所示）

（5）刀具功能（T 功能）　刀具功能又称为 T 功能，在自动换刀的数控机床中，该指令

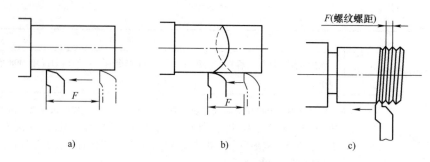

图 1-54 切削进给功能

a）每分钟进给 b）每转进给 c）螺纹切削进给

用于选择所需的刀具，同时还可用来指定刀具补偿号。T 功能由地址符 T 和若干位数字组成，数字用来表示刀具号和刀具补偿号，数字的位数由系统决定。FANUC 系统中的 T 功能由 T 和四位数字组成，前两位表示刀具号，后两位表示刀具补偿号。例如 T0303，前面的 03 表示 3 号刀具，后面的 03 表示刀具补偿号。每把刀结束加工后要取消补偿，例如 T0300，00 表示取消 3 号刀具的补偿。

不同的数控系统，其指令不完全相同，使用者应根据使用说明书编写程序。

4. 快速点定位指令 G00

该指令使刀具以点位控制方式从刀具所在点快速移动到目标位置，无运动轨迹要求，移动速度由机床参数和控制面板中的快速倍率控制。其指令格式为：

G00 X(U)__ Z(W)__ ;

说明：

1）"X(U)__ Z(W)__" 是目标点的坐标值。当采用绝对坐标编程时，数控系统在接受 G00 指令后，刀具将移至坐标值为 X、Z 的点上；当采用相对坐标编程时，刀具移至与当前点的距离为 U、W 值的点上。

2）G00 指令主要用于使刀具快速接近或快速离开零件，旨在实现快速定位，移动速度一般较高，所以通常运用在刀具和工件没有接触的场合。

3）G00 指令使刀具移动的速度是由机床系统设定的，用 F 指定的进给速度无效，无需在程序段中设定。坐标轴单独快移的速度由系统参数设定，在 FANUC 0i 系统中，G00 的移动速度由参数 No.1420 设定。其实际执行速度由快速倍率控制，快速倍率为 0 时，是否移动由 No.1401#4 设定，当值设为 0 时，移动速度由参数 No.1421 设定；当值设为 1 时，不移动。空运行时 G00 是否有效由参数 No.1401#6 设定，当值设为 0 时，无效；当值设为 1 时，有效。

4）因为 X 轴和 Z 轴的进给速度不同，所以机床执行快速运动指令时两轴的合成运动轨迹不一定是直线，有图 1-55 所示的两种情况，一种是同时到达终点，即 A→B；另一种是两轴快移速度相同，即 A→C→B。G00 指令的运动轨迹由参数 No.1401#1 设定值来决定，当参数设为 1 时，两轴同时到达；当值设为 0 时，各轴以相同速度分别快移。因此在使用 G00 指令时，一定要注意避免刀具和工件及夹具发生碰撞。

5）车削时，快速定位目标点不能选在零件上，一般要离开零件表面 1～5mm。

如图 1-55 所示的定位指令如下：

```
G00 X60.0 Z100.0;(绝对坐标编程方式)
G00 U40.0 W80.0;(增量坐标编程方式)
```

5. 直线插补指令 G01

该指令使机床刀具以一定的进给速度从当前所在位置沿直线移动到指令给出的目标位置，其应用举例如图1-56所示。其指令格式为：

```
G01 X(U)__ Z(W)__ F__ ;
```

说明：

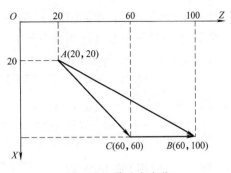

图1-55　快速点定位

1）"X(U)__ Z(W)__"是目标点的坐标值。当采用绝对坐标编程时，数控系统在接受G01指令后，刀具将移至坐标值为 X、Z 的点上；当采用相对坐标编程时，刀具移至与当前点的距离为 U、W 值的点上。

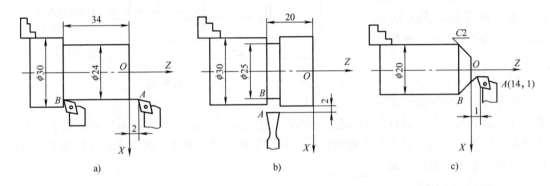

图1-56　G01指令的应用举例
a）车外圆　b）车槽　c）倒角

2）该指令用于直线或斜线运动，可使数控车床沿 X 轴、Z 轴方向以 F 指定的进给速度执行单轴运动，也可以沿 XZ 平面内任意斜率的直线运动。F 是切削进给量或进给速度，单位为 mm/r 或 mm/min，在 FANUC 0i 系统中，当系统参数 No.3402#4 的值设为 0 时，开机默认 mm/r；设为 1 时，开机默认 mm/min。进给速度 F 指令后数值的单位也可以由程序指令来控制，当程序中使用 G98 指令时，进给速度的单位是 mm/min；使用 G99 指令时，进给速度的单位为 mm/r。

最大进给速度由参数 No.1422 设定，其实际执行速度可能受切削进给倍率控制（螺纹时无效）。在 FANUC 0i 系统中，当系统参数 No.1401#1 设定值为 0 时，切削进给倍率控制有效；设定值为 1 时，切削进给倍率控制无效。

3）用 F 指定的进给速度是刀具沿着直线运动的速度，当两个坐标轴同时移动时为两轴的合成速度。

4）G01 指令用于完成端面、内圆、外圆、槽、倒角、圆锥面等表面的加工。

5）G00 与 G01 指令均属同组的模态指令。

图1-56a所示的直线运动指令如下：

```
G01 Z-34.0 F0.2;(绝对坐标方式编程)
```

G01 W-36.0 F0.2;（增量坐标方式编程）

图 1-56b 所示的直线运动指令如下：

G01 X25.0 F0.05;（绝对坐标方式编程）

G01 U-9.0 F0.05;（增量坐标方式编程）

图 1-56c 所示的斜线运动指令如下：

G01 X20.0 Z-2.0 F2.0;（绝对坐标方式编程）

G01 U6.0 W-3.0 F2.0;（增量坐标方式编程）

例 1-1 使用 CK6140A 数控车床加工图 1-57 所示的零件，已知材料为 45 钢，毛坯尺寸为 ϕ20mm × 1000mm，设背吃刀量为 2.5mm，所有加工面的表面粗糙度值为 Ra3.2μm。试编写该零件的粗、精加工程序。

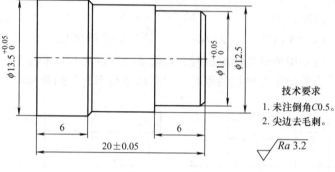

图 1-57 阶梯轴

技术要求
1. 未注倒角C0.5。
2. 尖边去毛刺。
$\sqrt{}$ Ra 3.2

（1）工艺分析

该零件由三个外圆柱面组成，并有右倒角。零件材料为 45 钢，切削加工性能较好，有较高的表面粗糙度要求，无热处理和硬度要求。加工顺序按由粗到精、由右到左的原则，即从右向左先进行粗加工，后进行右倒角、精车，最后切断。

（2）确定加工路线

1）用自定心卡盘夹住毛坯，外伸 40mm，找正。

2）对刀，设置编程原点 O 为零件右端面中心。

3）由右向左依次粗车外圆面。

4）由右向左依次精车端面、右倒角、精车外圆面。

5）切断。

（3）计算各点坐标

对具有公差的尺寸由公式"编程尺寸 = 公称尺寸 + $\dfrac{上极限偏差 + 下极限偏差}{2}$"，计算如下：

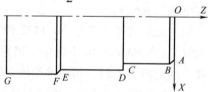

ϕ11mm 外圆的编程尺寸 = 11.025mm。

ϕ13.5mm 外圆的编程尺寸 = 13.525mm。

20mm 长度的编程尺寸 = 20mm。

各点坐标的计算结果见表 1-13，示意图如图 1-58 所示。

图 1-58 各点坐标

表 1-13 各点坐标值

坐标＼点	O	A	B	C	D	E	F	G
X	0	10	11.025	11.025	12.5	12.5	13.525	13.525
Z	0	0	-0.5	-6	-6	-13.5	-14	-20

（4）选择刀具

1）选用硬质合金93°偏刀，用于粗、精加工零件各面、右倒角，刀尖半径 $R=0.4$ mm，刀尖方位 $T=3$，置于T01刀位。

2）选硬质合金切刀（刀宽为4mm），以左刀尖为刀位点，用于切断，置于T03刀位。

（5）确定切削用量

工序的划分与切削用量的选择见表1-14。

表 1-14 图 1-57 所示零件的工序和切削用量

加 工 内 容	背吃刀量 a_p/mm	进给量 f/(mm·r^{-1})	主轴转速 n/(r·min^{-1})
粗车 ϕ11mm、ϕ12.5mm、ϕ13.5mm 外圆	2.5	0.25	600
精车 ϕ11mm、ϕ12.5mm、ϕ13.5mm 外圆、右倒角	0.25	0.1	800
切断	4	0.05	300

（6）参考程序

参考程序见表1-15。

表 1-15 图 1-57 所示零件的参考程序

程序名	O1001；	
程序段号	程序内容	说 明
N10	G97 G99 M03 S600；	主轴正转，转速为 600r/min
N20	T0101；	换 01 号刀到位
N30	M08；	打开切削液
N40	G00 X20.0 Z2.0；	快速进刀至对刀点
N50	X15.0；	刀具快进，准备粗车 ϕ13.5mm 外圆
N60	G01 F0.25 Z-24.0；	粗车 ϕ13.5mm 外圆，进给量为 0.25mm/r
N70	X21.0；	退刀
N80	G00 Z2.0；	快速退刀
N90	X11.5；	快速进刀，准备粗车 ϕ11mm 外圆
N100	G01 Z-6.0；	粗车 ϕ11mm 外圆
N110	X13.0；	退刀，准备粗车 ϕ12.5mm 外圆
N120	Z-13.5；	粗车 ϕ12.5mm 外圆
N130	X14.0；	退刀，准备粗车 ϕ13.5mm 外圆
N140	Z-24.0；	粗车 ϕ13.5mm 外圆
N150	X21.0；	退刀
N160	G00 Z2.0；	快速退刀
N170	X0.0 S800；	快速进刀至轴线，准备精车端面，转速为 800r/min
N180	G01 Z0.0 F0.1；	慢速进刀至端面，设进给量为 0.1mm/r
N190	X10.0；	精车端面
N200	X11.025 Z-0.5；	右倒角
N210	Z-6.0；	精车 ϕ11mm 外圆至要求尺寸

（续）

程序段号	程序内容	说　明
N220	X12.5;	精车 ϕ12.5mm 端面至要求尺寸
N230	Z-13.5;	精车 ϕ12.5mm 外圆至要求尺寸
N240	X13.525 Z-14.0;	倒角
N250	Z-24.0;	精车 ϕ13.5mm 外圆至要求尺寸
N260	X21.0;	退刀
N270	G00 X200.0 Z100.0;	快速退刀，返回换刀点
N280	M09;	关闭切削液
N290	T0303;	换切刀
N300	M08;	打开切削液
N310	G00 X21.0 Z-24.0 S300;	快速进刀，准备切断，设主轴转速为 300r/min
N320	G01 F0.05 X0.0;	切断
N330	G00 X200.0 Z100.0;	快速退刀，返回换刀点
N340	M30;	程序结束

6. 左倒角的加工方法

左倒角可采用切刀进行切削加工，一般安排在精加工外圆面之后，在切断工件之前完成。如图 1-59 所示，工件已经过粗加工和精加工，尺寸和表面粗糙度已经符合要求，接下来的任务就是进行左倒角和切断。

加工程序如下所示：

......

N100 G00 X44.0 Z-31.6 S300;（快速进刀，准备切左倒角，设主轴转速为 300r/min）

N110 G01 F0.05 X37.985;（切槽）

N120 X44.0;（退刀）

N130 G00 Z-29.6;（移刀，准备车左倒角）

N140 G01 X41.985;（慢速进刀）

N150 X37.985 Z-31.6;（车左倒角）

N160 X0.0;（切断）

N170 G00 X200.0 Z100.0;（快速退刀，返回换刀点）

N180 M30;（程序结束）

图 1-59　左倒角示意图

例 1-2　使用 CK6140A 数控车床加工图 1-60 所示的零件，已知材料为 45 钢，毛坯尺寸为 ϕ45mm × 1000mm，粗加工后留下 0.25mm 的精加工余量，要求所有加工面的表面粗糙度值为 Ra1.6μm，试编制该零件的粗、精加工程序。

（1）工艺分析

该零件由两个外圆柱面组成，并有左、右倒角。零件材料为 45 钢，切削加工性能较

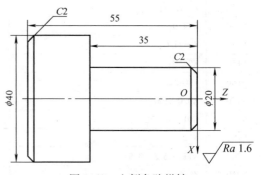

图 1-60　左倒角阶梯轴

好，有较高的表面粗糙度要求，无热处理和硬度要求。加工顺序按由粗到精、由右到左的原则，即从右向左先进行粗加工，然后进行右倒角、精车，最后进行左倒角、切断。

（2）确定加工路线

1）用自定心卡盘夹住毛坯，外伸75mm，找正。

2）对刀，设置编程原点 O 为零件右端面中心。

3）由右向左依次粗车外圆面。

4）由右向左依次精车端面、右倒角、精车外圆面。

5）进行左倒角、切断。

（3）计算各点坐标

各点坐标的计算结果见表1-16，示意图如图1-61所示。

表1-16　各点坐标值

点 坐标	O	A	B	C	D	E	F
X	0	16	20	20	40	40	36
Z	0	0	−2	−35	−35	−53	−55

（4）选择刀具

1）选用硬质合金93°偏刀，用于粗、精加工零件各面、右倒角，刀尖半径 $R = 0.4mm$，刀尖方位 $T = 3$，置于T01刀位。

2）选硬质合金切刀（刀宽为4mm），以左刀尖为刀位点，用于左倒角、切断，置于T03刀位。

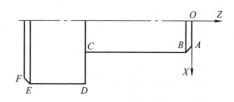

图1-61　各点坐标

（5）确定切削用量

工序的划分与切削用量的选择见表1-17。

表1-17　图1-60所示零件的工序和切削用量

加 工 内 容	背吃刀量 a_p/mm	进给量 f/(mm·r^{-1})	主轴转速 n/(r·min^{-1})
粗车 ϕ20mm、ϕ40mm 外圆	2.5	0.25	600
精车 ϕ20mm、ϕ40mm 外圆、右倒角	0.25	0.1	800
左倒角、切断	4	0.05	300

（6）参考程序

参考程序见表1-18。

表1-18　图1-60所示零件的参考程序

程序名	O1002；	
程序段号	程 序 内 容	说　　明
N10	G97 G99 M03 S600；	主轴正转，转速为600r/min
N20	T0101；	换01号刀到位
N30	M08；	打开切削液
N40	G00 X45.0 Z2.0；	快速进刀至对刀点
N50	X40.5；	刀具快进，准备粗车 ϕ40mm 外圆

（续）

程序段号	程 序 内 容	说　明
N60	G01 F0.25 Z−59.0;	粗车 φ40mm 外圆，进给量为 0.25mm/r
N70	X46.0;	退刀
N80	G00 Z2.0;	快速退刀
N90	X35.5;	快速进刀，准备粗车 φ20mm 外圆第一刀
N100	G01 Z−35.0;	粗车 φ20mm 外圆第一刀
N110	X42.0;	退刀
N120	G00 Z2.0;	快速退刀
N130	X30.5;	快速进刀，准备粗车 φ20mm 外圆第二刀
N140	G01 Z−35.0;	粗车 φ20mm 外圆第二刀
N150	X42.0;	退刀
N160	G00 Z2.0;	快速退刀
N170	X25.5;	快速进刀，准备粗车 φ20mm 外圆第三刀
N180	G01 Z−35.0;	粗车 φ20mm 外圆第三刀
N190	X42.0;	退刀
N200	G00 Z2.0;	快速退刀
N210	X20.5;	快速进刀，准备粗车 φ20mm 外圆第四刀
N220	G01 Z−35.0;	粗车 φ20mm 外圆第四刀
N230	X42.0;	退刀
N240	G00 Z2.0;	快速退刀
N250	X0.0 S800;	快速进刀至轴线，准备精车端面
N260	G01 Z0.0 F0.1;	慢速进刀至端面，进给量为 0.1mm/r
N270	X16.0;	精车端面
N280	X20.0 Z−2.0;	右倒角
N290	Z−35.0;	精车 φ20mm 外圆至要求尺寸
N300	X40.0;	精车 φ40mm 端面至要求尺寸
N310	Z−59.0;	精车 φ40mm 外圆至要求尺寸
N320	X45.0;	退刀
N330	G00 X200.0 Z100.0;	快速退刀，返回换刀点
N340	M09;	关闭切削液
N350	T0303;	换切刀
N360	M08;	打开切削液
N370	G00 X46.0 Z−59.0 S300;	快速进刀，准备车左倒角，设主轴转速为 300r/min
N380	G01 F0.05 X36.0;	切槽
N390	X42.0;	退刀
N400	W2.0;	移刀，准备车左倒角
N410	X40.0;	慢速进刀
N420	X36.0 W−2.0;	车左倒角
N430	X0.0;	切断
N440	G00 X200.0 Z100.0;	快速退刀，返回换刀点
N450	M30;	程序结束

1.5.2 外圆锥面加工技术

1.5.2-1 外圆锥面数控车削进给路线的设定

1. 圆锥面的进给路线

在数控车床上车削外圆锥面可以分为车削正圆锥面和车削倒圆锥面两种情况，所使用的刀具一般与车削阶梯轴时的刀具相同，车削倒圆锥面时，要注意选用副偏角较大的刀具，使刀具副切削刃不与圆锥面相碰。车削正圆锥面常用图 1-62 所示的三种加工路线，车削倒圆锥面常用图 1-63 所示的两种加工路线。三种进给路线中，相似三角形进给路线加工质量较好，但计算较麻烦；终点相同三角形循环进给路线加工质量较差，但计算较简单；相等三角形循环进给路线空运行路程较长。

2. 刀具半径补偿指令

1.5.2-2 刀具半径补偿指令 G41、G42、G40 的使用方法及注意事项

G41、G42、G40 指令为刀具半径补偿指令。其指令格式为：

G41 X(U)__ Z(W)__;（刀具半径左补偿）
G42 X(U)__ Z(W)__;（刀具半径右补偿）
G40 X(U)__ Z(W)__;（取消刀具半径补偿）

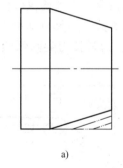
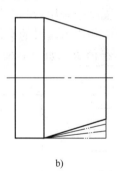
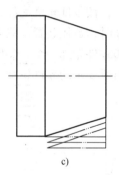

a)   b)   c)

图 1-62   正圆锥面的加工路线

a）相似三角形进给路线   b）终点相同三角形循环进给路线   c）相等三角形循环进给路线

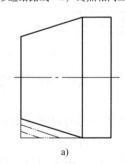
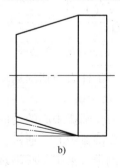

a)   b)

图 1-63   倒圆锥面的加工路线

a）相似三角形进给路线   b）终点相同三角形循环进给路线

编程时，通常都将车刀刀尖作为一点来考虑，但实际上为了延长车刀使用寿命，所选用刀具的刀尖不可能绝对尖锐，总有一个圆弧过渡刃，如图 1-64 所示。CNC 车床使用粉末冶金制作的刀片，其刀尖半径 R 有 0.2mm、0.4mm、0.6mm、0.8mm、1.0mm 等多种。一般粗加工取 0.8mm，半精加工取 0.4mm，精加工取 0.2mm。若粗、精加工采用同一把刀，一

般刀尖半径取 0.4mm。因此,刀具车削时,实际切削点是过渡刃圆弧与零件轮廓表面的切点。

当用按理想刀尖点编出的程序进行端面、外圆、内圆等与轴线平行或垂直的表面加工时,刀具实际切削刃的轨迹与零件轮廓一致,是不会产生误差的。但在倒角、车削锥面时,则会产生欠切削误差;当切削圆弧时,则会产生过切削或欠切削现象,如图 1-65所示。若零件精度要求不高或留有精加工余量,可忽略此误差,否则应考虑刀尖圆弧半径对零件形状的影响。一般数控系统中均具有刀具补偿功能,可对刀尖圆弧半径引起的误差进行补偿,称为刀具半径补偿。具有刀尖圆弧自动补偿功能的数控系统能根据刀尖圆弧半径计算出补偿量,避免欠切削或过切削现象的产生。

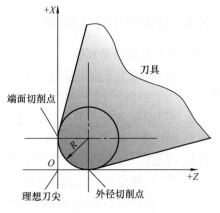

图 1-64　刀尖半径与理想刀尖

刀具半径补偿的方法是在加工前,通过机床数控系统的操作面板向系统存储器中输入刀具半径补偿的相关参数:刀尖圆弧半径 R 和刀尖方位 T。

编程时,按零件轮廓编程,并在程序中采用刀具半径补偿指令。当系统执行程序中的半径补偿指令时,数控装置读取存储器中相应刀具号的半径补偿参数,刀具自动沿刀尖方位 T 方向,偏离零件轮廓一个刀尖圆弧半径值 R,如图 1-66 所示,刀具按刀尖圆弧圆心轨迹运动,加工出所要求的零件轮廓。

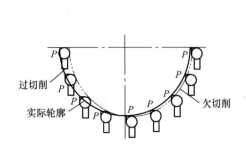

图 1-65　车圆弧时产生的过切削与欠切削

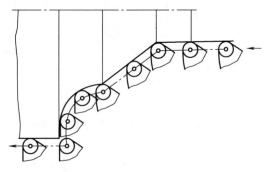

图 1-66　刀尖圆弧半径补偿

补偿方向:从刀具沿工件表面切削运动方向看,刀具在工件的左边还是右边,因坐标系变化而不同,如图 1-67 所示。

补偿的原则取决于刀尖圆弧中心的动向,它总是与切削表面法向的半径矢量不重合。因此,补偿的基准点是刀尖圆弧中心。通常,刀具长度和刀尖圆弧半径的补偿是以一个假想的切削刃为基准,因此为测量带来了一些困难。把这个原则用于刀具补偿,应当分别以 X 和 Z 的基准点来测量刀具长度和刀尖半径 R。用于假想刀尖圆弧半径补偿所需的刀尖形式号 0 ~ 9 如图 1-68 所示,其中 "·" 代表刀具刀位点 A,"+" 代表刀尖圆弧圆心 O。

说明:

1) G40、G41、G42 只能同 G00/G01 结合编程,不允许同 G02/G03 等其他指令结合编程。因此,在编入 G40、G41、G42 的 G00 与 G01 前后两个程序段中,X、Z 应至少有一个值变化。

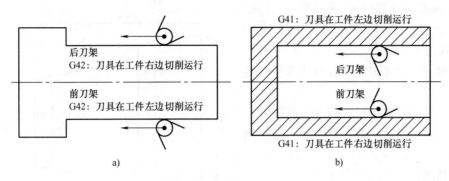

图 1-67　补偿指令的方向

a）车削工件外表面　b）车削工件内表面

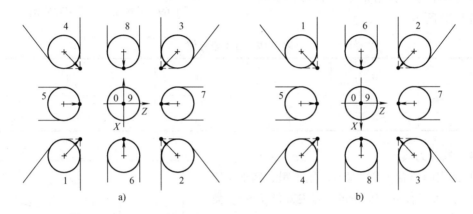

图 1-68　车刀的形状和位置

a）后置刀架　b）前置刀架

2）在调用新刀具前必须用 G40 取消补偿。在使用 G40 前，刀具必须已经离开工件加工表面。

3）G40、G41、G42 为模态指令。

4）G41、G42 不能同时使用，即在程序中，前面程序段用了 G41 后，就不能接着使用 G42，应先用 G40 指令解除 G41 刀补状态后，才可使用 G42 刀补指令。

5）当刀具磨损或刀具重磨后，刀尖圆弧半径变大，只需重新设置刀尖圆弧半径的补偿量，而不必修改程序。

6）应用刀具半径补偿，可使用同一加工程序，对零件轮廓分别进行粗、精加工。若精加工余量为 Δ，则粗加工时设置补偿量为 $r+\Delta$；精加工时设置补偿量为 r 即可。

例 1-3　使用 CK6140A 数控车床加工图 1-69 所示零件，已知材料为 45 钢，毛坯尺寸为 $\phi 45\mathrm{mm}\times 1000\mathrm{mm}$，粗加工后留下 0.25mm 的精加工余量，要求所有加工面的表面粗糙度值为 $Ra1.6\mu\mathrm{m}$，试编制该零件的粗、精加工程序。

（1）工艺分析

该零件由外圆柱面和外圆锥面组成，材料为 45 钢，切削加工性能较好，有较高的表面粗糙度要求，无热处理和硬度要求。加工顺序按由粗到精、由右到左的原则，即从右向左先进行粗车，然后进行精车，最后切断。

（2）确定加工路线

1）用自定心卡盘夹住毛坯，外伸60mm，找正。

2）对刀，设置编程原点 O 为零件右端面中心。

3）由右向左依次粗车圆锥面及外圆。

4）由右向左依次精车右端面、圆锥面及外圆。

5）切断。

（3）计算各点坐标

各点坐标的计算结果见表1-19，示意图如图1-70所示。

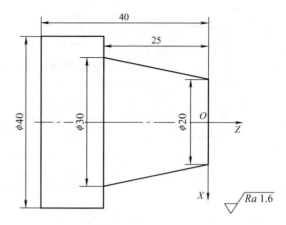

图1-69　外圆锥面加工编程实例

表1-19　各点坐标值

坐标 \ 点	O	A	B	C	D
X	0	20	30	40	40
Z	0	0	-25	-25	-40

（4）选择刀具

1）选用硬质合金93°偏刀，用于粗、精加工零件各面，刀尖半径 $R = 0.4mm$，刀尖方位 $T = 3$，置于T01刀位。

2）选用硬质合金切刀（刀宽为4mm），以左刀尖为刀位点，用于切断，置于T03刀位。

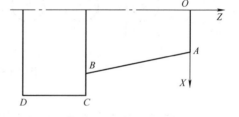

图1-70　各点坐标

（5）确定切削用量

工序的划分与切削用量的选择见表1-20。

表1-20　图1-69所示零件的工序切削用量

加 工 内 容	背吃刀量 a_p/mm	进给量 f/(mm·r^{-1})	主轴转速 n/(r·min^{-1})
粗车圆锥面、外圆	2.5	0.25	600
精车右端面、圆锥面及外圆	0.25	0.1	800
切断	4	0.05	300

（6）参考程序

参考程序见表1-21。

表1-21　图1-69所示零件的参考程序

程序名	O1003；	
程序段号	程 序 内 容	说　　明
N10	G97 G99 M03 S600；	主轴正转，转速为600r/min
N20	T0101；	换01号刀到位
N30	M08；	打开切削液

（续）

程序段号	程序内容	说　　明
N40	G42 G00 X45.0 Z2.0；	建立刀具半径右补偿，快速进刀至对刀点
N50	X40.5；	刀具快进，准备粗车 ϕ40mm 外圆
N60	G01 Z−44.0 F0.25；	粗车 ϕ40mm 外圆，进给量为 0.25mm/r
N70	X46.0；	退刀
N80	G00 Z2.0；	快速退刀
N90	X35.5；	快速进刀，准备粗车圆锥面第一刀
N100	G01 Z−25.0；	粗车外圆锥面第一刀
N110	X42.0；	退刀
N120	G00 Z2.0；	快速退刀
N130	X30.5；	快速进刀，准备粗车圆锥面第二刀
N140	G01 Z−25.0；	粗车外圆锥面第二刀
N150	X42.0；	退刀
N160	G00 Z2.0；	快速退刀
N170	X25.5；	快速进刀，准备粗车圆锥面第三刀
N180	G01 Z0.0；	慢速进刀至端面
N190	X30.5 Z−25.0；	粗车圆锥面第三刀
N200	G00 Z2.0；	快速退刀
N210	X20.5；	快速进刀，准备粗车圆锥面第四刀
N220	G01 Z0.0；	慢速进刀至端面
N230	X30.5 Z−25.0；	粗车圆锥面第四刀
N240	G00 Z2.0；	快速退刀
N250	X0.0 S800；	快速进刀至轴线，设主轴转速为 800r/min，准备精车
N260	G01　Z0.0　F0.1；	慢速进刀至端面，设进给量为 0.1mm/r
N270	X20.0；	精车端面
N280	X30.0　Z−25.0；	精车圆锥面至要求尺寸
N290	X40.0；	精车 ϕ40mm 端面至要求尺寸
N300	Z−44.0；	精车 ϕ40mm 外圆至要求尺寸
N310	X45.0；	退刀
N320	G40 G01 X46.0；	取消刀具半径补偿
N330	G00 X200.0 Z100.0；	快速退刀，返回换刀点
N340	M09；	关闭切削液
N350	T0303；	换硬质合金切刀
N360	M08；	打开切削液
N370	G00 X46.0 Z−44.0 S300；	快速进刀，准备切断，设主轴转速为 300r/min
N380	G01 F0.05 X0.0；	切断
N390	G00 X200.0 Z100.0；	快速退刀，返回换刀点
N400	M30；	程序结束

3. 简单固定循环指令 G90

在车削加工中，当切削余量较大时，通常要重复多次相同的走刀轨迹，此时可以利用固定循环指令。一个固定循环程序段可以实现多个单个程序段指定的加工轨迹，因此使用固定循环指令可以大大简化编程。G90 指令为外圆及内孔车削循环指令，其指令格式为：

```
G90 X(U)__ Z(W)__ R__ F__ ;
```

说明：

1）使用 G90 指令加工轮廓表面时，利用一个程序段完成以下四个加工动作（外圆切削循环如图 1-71a 所示，外圆锥面切削循环如图 1-71b 所示；内圆切削循环如图 1-71c 所示，内圆锥面切削循环如图 1-71d 所示），走刀路线分别为 $A \rightarrow B \rightarrow C \rightarrow D \rightarrow A$，其中：

AB 段：快速进刀（相当于 G00 指令）；

BC 段：切削进给（相当于 G01 指令）；

CD 段：退刀（相当于 G01 指令）；

DA 段：快速返回（相当于 G00 指令）。

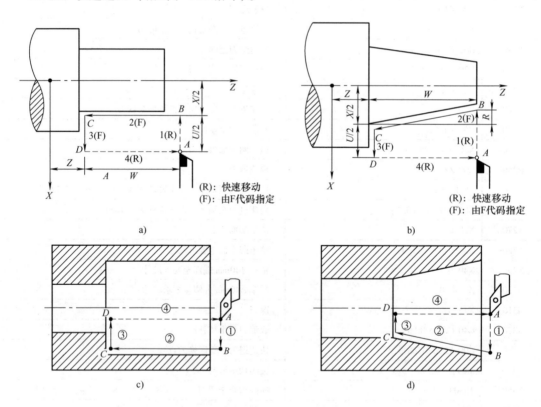

图 1-71 G90 指令的应用

a）外圆切削循环 b）外圆锥面切削循环 c）内圆切削循环 d）内圆锥面切削循环

2）"X(U)__ Z(W)__" 是目标点的坐标值。当采用绝对坐标编程时，X、Z 为切削终点（C 点）的绝对坐标值；当采用相对坐标编程时，U、W 为切削终点（C 点）相对循环起点（A 点）的增量值。

3）*F* 是切削进给量或进给速度，单位为 mm/r 或 mm/min，取决于该指令前面程序段的设置。

4）*R* 为车圆锥面时切削起点 *B* 相对于终点 *C* 的半径差值。该值有正负号：若 *B* 点半径值小于 *C* 点半径值，则 *R* 取负值；反之，*R* 取正值。*R* 为 0 时表示车削圆柱面，可省略不写。轴向切削循环指令运行轨迹的四种形状如图 1-72 所示。

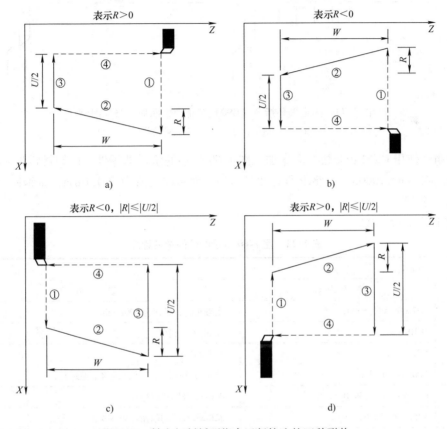

图 1-72　轴向切削循环指令运行轨迹的四种形状

a）*U*>0，*W*<0　b）*U*<0，*W*<0　c）*U*>0，*W*>0　d）*U*<0，*W*>0

5）G90 指令适用于外圆柱面和外圆锥面或内孔面和内圆锥面毛坯余量较大的零件加工，该指令为简化编程指令，其功能可以用其他指令代替实现。

6）G90 指令及指令中的各参数均为模态值，一经指定就一直有效，在完成固定切削循环后，可用另外一个同组 G 代码（例如 G00）取消其作用。

7）执行该循环前，需利用程序将刀具定位到循环起点，然后开始执行 G90，刀具每执行完一次 G90，又回到循环起点，所以循环起点应选在工件毛坯的外面，循环起点（*A* 点）应距离零件端面 1～2mm。

8）在数控车床上利用 G90 指令车削外圆锥面可以分为车削正圆锥面和车削倒圆锥面两种情况，而每一种情况又有两种加工路线。车正圆锥面的两种加工路线如图 1-73 所示，车削倒圆锥面的原理与车削正圆锥面相同，但其加工路线正好相反。图 1-73a 所示的方法加工质量较好，但计算较麻烦；图 1-73b 所示的方法加工质量较差，但计算较简单。

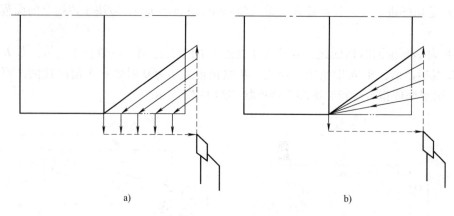

图 1-73 固定循环指令（G90）车正圆锥面加工路线图例

a）加工质量较好 b）加工质量较差

例 1-4 使用 CK6140A 数控车床加工图 1-60 所示的阶梯轴零件，已知材料为 45 钢，毛坯尺寸为 $\phi45mm \times 1000mm$，要求所有加工面的表面粗糙度值为 $Ra1.6\mu m$，试编制该零件的粗、精加工程序。

参考程序见表 1-22。

表 1-22 图 1-60 所示零件的参考程序

程序名	O1004；	
程序段号	程 序 内 容	说　　明
N10	G97 G99 M03 S600；	主轴正转，转速为 600r/min
N20	T0101；	换 01 号刀到位
N30	M08；	打开切削液
N40	G00 X45.0 Z2.0；	建立刀具右补偿，快速进刀至循环起点
N50	G90 X40.5 Z-59.0 F0.25；	$\phi40mm$ 外圆切削循环
N60	X35.5 Z-35.0；	$\phi20mm$ 外圆切削循环第一次
N70	X30.5；	$\phi20mm$ 外圆切削循环第二次
N80	X25.5；	$\phi20mm$ 外圆切削循环第三次
N90	X20.5；	$\phi20mm$ 外圆切削循环第四次
N100	G00 X0.0 S800；	快速进刀至轴线，准备精车端面，设主轴转速为 800r/min
N110	G01 Z0.0 F0.1；	慢速进刀至端面，设进给量为 0.1mm/r
N120	X16.0；	精车端面
N130	X20.0 Z-2.0；	右倒角
N140	Z-35.0；	精车 $\phi20mm$ 外圆至要求尺寸
N150	X40.0；	精车 $\phi40mm$ 端面至要求尺寸
N160	Z-59.0；	精车 $\phi40mm$ 外圆至要求尺寸
N170	X45.0；	退刀
N180	G00 X200.0 Z100.0；	快速退刀，返回换刀点
N190	M09；	关闭切削液

（续）

程序段号	程 序 内 容	说　明
N200	T0303；	换切刀
N210	M08；	打开切削液
N220	G00 X46.0 Z−59.0 S300；	快速进刀，准备车左倒角，设主轴转速为 300r/min
N230	G01 F0.05 X36.0；	切槽
N240	X42.0；	退刀
N250	W2.0；	移刀，准备车左倒角
N260	X40.0；	慢速进刀
N270	X36.0 W−2.0；	车左倒角
N280	X0.0；	切断
N290	G00 X200.0 Z100.0；	快速退刀，返回换刀点
N300	M30；	程序结束

例 1-5　使用 CK6140A 数控车床加工图 1-69 所示圆锥面零件，已知材料为 45 钢，毛坯尺寸为 $\phi 45\text{mm} \times 1000\text{mm}$，要求所有加工面的表面粗糙度值为 $Ra1.6\mu m$，试编制该零件的粗、精加工程序。

参考程序见表 1-23。

表 1-23　图 1-69 所示零件的参考程序

程序名	O1005；	
程序段号	程 序 内 容	说　明
N10	G97 G99 M03 S600；	主轴正转，转速 600r/min
N20	T0101；	换 01 号刀到位
N30	M08；	打开切削液
N40	G42 G00 X46.0 Z0.5；	建立刀具半径右补偿，快速进刀至循环起点
N50	G90 X40.5 Z−44.0 F0.25；	$\phi 40\text{mm}$ 外圆切削循环，设进给量为 0.25mm/r
N60	X45.5 Z−25.0 R−5.0；	圆锥面切削循环第一次
N70	X40.5；	圆锥面切削循环第二次
N80	X35.5；	圆锥面切削循环第三次
N90	X30.5；	圆锥面切削循环第四次
N100	G00 X0.0 S800；	快速进刀至轴线，准备精车端面，设主轴转速为 800r/min
N110	G01 Z0.0 F0.1；	慢速进刀至端面，设进给量为 0.1mm/r
N120	X20.0；	精车端面
N130	X30.0 Z−25.0；	精车圆锥面至要求尺寸
N140	X40.0；	精车 $\phi 40\text{mm}$ 端面至要求尺寸
N150	Z−44.0；	精车 $\phi 40\text{mm}$ 外圆至要求尺寸
N160	X45.0；	退刀
N170	G40 G01 X46.0；	取消刀具半径补偿
N180	G00 X200.0 Z100.0；	快速退刀，返回换刀点

（续）

程序段号	程 序 内 容	说　　明
N190	M09；	关闭切削液
N200	T0303；	换切刀
N210	M08；	打开切削液
N220	G00 X46.0 Z-44.0 S300；	快速进刀，准备切断，设主轴转速为300r/min
N230	G01 F0.05 X0.0；	切断
N240	G00 X200.0 Z100.0；	快速退刀，返回换刀点
N250	M30；	程序结束

4. 端面固定循环指令 G94

G94 指令为外圆及内孔车削循环指令。其指令格式为：

G94 X(U)__　Z(W)__ R__ F__；

说明：

1）"X(U)__　Z(W)__" 是目标点的坐标值。当采用绝对坐标编程时，X、Z 为切削终点的绝对坐标值；当采用相对坐标编程时，U、W 为切削终点相对循环起点的增量值。

2）"R__" 为端面切削起点相对于终点的 Z 向有向距离（即端面切削终点到始点位移在 Z 轴方向上的投影矢量），当 "R__" 值为 0 时表示加工平端面，可以省略不写。

3）使用 G94 指令车削平端面时的进给轨迹如图 1-74a 所示，走刀路线为 $A \rightarrow B \rightarrow C \rightarrow D \rightarrow A$；使用 G94 指令车削圆锥端面时的进给轨迹如图 1-74b 所示，走刀路线为 $A \rightarrow B \rightarrow C \rightarrow D \rightarrow A$。其中 R 为快速移动，F 为进给切削加工，即 $AB(\mathrm{G00}) \rightarrow BC(\mathrm{G01}) \rightarrow CD(\mathrm{G01}) \rightarrow DA(\mathrm{G00})$。

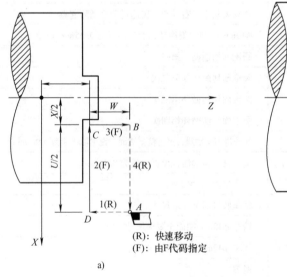
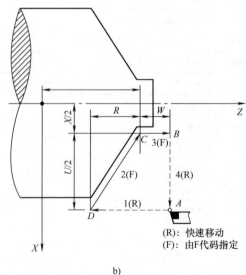

a)　　　　　　　　　　　　　　　b)

图 1-74　端面车削循环

a）车削平端面时的进给轨迹　b）车削圆锥端面时的进给轨迹

4）执行该循环指令前，需利用程序将刀具定位到循环起点，然后开始执行 G94，并且要注意刀具每执行完一次 G94 后又回到循环起点。

5）由于 X（U）__、Z（W）__和 R __的数值在固定循环期间是模态的，所以如果没有重新指定 X（U）__、Z（W）__或 R __，则原来指定的数据有效。因此，当 X 轴移动量没有变化时，只要对 Z 轴指定移动指令，就可以重复固定循环。

6）G90 与 G94 的区别。

① G90 与 G94 的走刀轨迹相反，其切削位置不同。

② G90 主要用于轴向余量比径向余量大的情况，如轴类零件，进行轴向切削节省时间；G94 主要用于径向余量比轴向余量大的情况，如盘类零件，进行径向切削节省时间。

③ 在生产中，G90 和 G94 所用的刀具不同。在练习中如果没有专门刀具而采用普通的 90°外圆车刀，要特别注意此时刀具是用副切削刃进行切削，背吃刀量要小，否则很容易损坏刀具。

例 1-6 使用 CK6140A 数控车床加工图 1-75 所示零件，已知材料为 45 钢，毛坯尺寸为 $\phi55\text{mm} \times 1000\text{mm}$，要求所有加工面的表面粗糙度值为 $Ra3.2\mu m$，试利用 G94 指令编制该零件的粗、精加工程序。

参考程序见表 1-24。

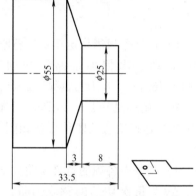

图 1-75 端面车削循环加工实例

表 1-24 图 1-75 所示零件的参考程序

程序名	O1006；	
程序段号	程序内容	说　明
N10	G97 G99 M03 S600；	主轴正转，转速为 600r/min
N20	T0101；	换 01 号刀到位
N30	M08；	打开切削液
N40	G42 G00 X56.0 Z2.0；	建立刀具半径右补偿，快速进刀至循环起点
N50	G94 X25.0 Z0.0 R-3.0 F0.25；	端面切削循环第一次，设进给量为 0.25mm/r
N60	Z-2.0；	端面切削循环第二次
N70	Z-4.0；	端面切削循环第三次
N80	Z-6.0；	端面切削循环第四次
N90	Z-8.0；	端面切削循环第五次
N100	G00 X200.0 Z100.0 G40；	快速退刀，返回换刀点，取消刀补
N110	M09；	关闭切削液
N120	T0303；	换切刀
N130	M08；	打开切削液
N140	G00 X56.0 Z-37.0 S300；	快速进刀，准备切断，设主轴转速为 300r/min
N150	G01 F0.05 X0.0；	切断
N160	G00 X200.0 Z100.0；	快速退刀，返回换刀点
N170	M30；	程序结束

1.5.3 复合固定循环指令

复合固定循环指令可将多次重复动作用一个程序段来表示，只要在程序中给出最终走刀轨迹及重复切削次数，系统便会自动重复切削，直到加工完成。

1. 外圆粗车循环指令 G71

G71 指令适用于用圆柱棒料粗车阶梯轴的外圆或内孔且需切除较多余量的情况。其指令格式为：

G71 UΔd Re;
G71 Pn_s Qn_f UΔu WΔw FΔf;

说明：

1）该指令只需指定粗加工背吃刀量、精加工余量和精加工路线，系统便可自动给出粗加工路线和加工次数，完成各外圆表面的粗加工。如图 1-76 所示，A 为刀具循环起点，执行粗车循环时，刀具从 A 点移动到 C 点，粗车循环结束后，刀具返回 A 点。G71 指令运行轨迹的四种形状如图 1-77 所示。

2）指令中各项的意义说明如下：

Δd 为每次切削的背吃刀量，即 X 轴方向的进刀，为半径值。一般 45 钢件取 $1.5 \sim 2$mm，铝件取 $1.5 \sim 3$mm。

e 为每次切削结束时的退刀量，为半径值。一般取 $0.5 \sim 1$mm。

n_s 为指定精加工路线的第一个程序段的段号。

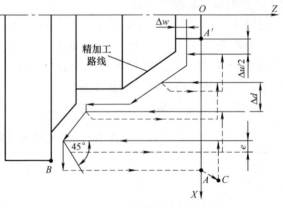

图 1-76　外圆粗车循环

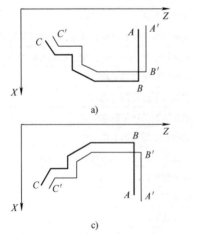

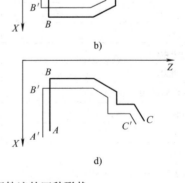

图 1-77　G71 指令运行轨迹的四种形状

a）$\Delta u < 0$，$\Delta w > 0$　b）$\Delta u < 0$，$\Delta w < 0$　c）$\Delta u > 0$，$\Delta w > 0$　d）$\Delta u > 0$，$\Delta w < 0$

n_f 为指定精加工路线的最后一个程序段的段号。

1.5.3-1 简单固定循环指令G90的使用方法及注意事项

1.5.3-2 端面固定循环指令G94的使用方法及注意事项

Δu 为 X 轴方向精加工余量，以直径值表示，一般取 0.5mm。加工内径轮廓时，为负值。

Δw 为 Z 轴方向精加工余量，一般取 $0.05 \sim 0.1$mm。

Δf 为粗车时的进给量。

1.5.3-3 复合固定循环指令 G71、G72的使用方法及注意事项

2. 端面粗车循环指令 G72

指令格式：

G72 WΔd Re;
G72 Pn_s Qn_f UΔu WΔw Ff Ss Tt;

1.5.3-4 复合固定循环指令 G73、G70的使用方法及注意事项

说明：

1）除了切削方向不同外，该循环指令和 G71 指令基本相同。

2）当采用恒切削速度控制时，在 A 点和 B 点间的运动指令指定的 G96 或 G97 无效，而在 G71 程序段或以前的程序段指定的 G96 或 G97 有效。

3）A 和 A' 之间的刀具轨迹是在包含 G00 或 G01 程序号为 n_s 的程序段中指定的，并且在这个程序段中，不能指定 X 轴的运动指令。

4）顺序号 $n_s \sim n_f$ 之间的程序段不能调用子程序。

5）顺序号 $n_s \sim n_f$ 之间的程序段不再被执行，如果要执行需要用 G70 调用。

6）其循环终点和起点重合。

7）G72 指令适用于盘类零件的加工。

8）G71 指令是 U ___ R ___，G72 指令是 W ___ R ___。

9）指令中各项的意义说明如下：

Δd 为背吃刀量，不带符号，切削方向取决于 AA' 方向。

e 为退刀量（FANUC 0i 系统中可由参数 No. 5133 设定，参数由程序指令改变）。

n_s 为指定精加工路线的第一个程序段的段号。

n_f 为指定精加工路线的最后一个程序段的段号。

Δu 为 X 轴方向精加工余量，以直径值表示。

Δw 为 Z 轴方向精加工余量。

f、s、t 分别是 F、S、T 代码所赋的值，包含在 $n_s \sim n_f$ 程序段中的任何 F、S、T 功能在循环中无效，而在 G72 程序段中的 F、S、T 功能有效。

$n_s \sim n_f$ 范围内必须符合 X 轴、Z 轴形状单调递增或单调递减的原则。循环中可以进行刀具补偿。粗车端面时，加工过程走刀路线及各参数数值如图 1-78 所示，U、W 指定值的符号如图 1-79 所示。

3. 固定形状粗车循环指令 G73

G73 指令用于零件毛坯已基本成形的铸件或锻件的加工。铸件或锻件的形状与零件轮廓相接近，这时若仍使用 G71 指令，则会产生许多无效切削而浪费加工时间。其指令格式为：

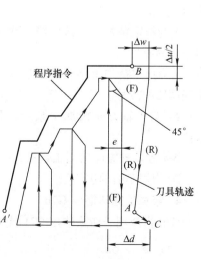

图 1-78 端面粗车循环

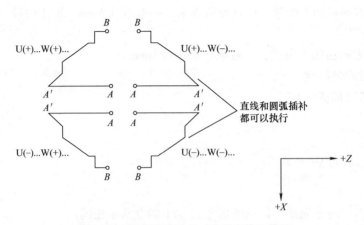

图 1-79　粗车端面时 U、W 指定值的符号

G73　UΔi　WΔk　R$\underline{d}$;
G73　P$\underline{n_s}$　Q$\underline{n_f}$　U$\underline{\Delta u}$　W$\underline{\Delta w}$　F$\underline{\Delta f}$;

说明:

1) 该指令只需指定粗加工循环次数、精加工余量和精加工路线,系统会自动算出粗加工的背吃刀量,给出粗加工路线,完成各外圆表面的粗加工,如图 1-80 所示。

2) 指令中各项的意义说明如下:

Δi 为 X 轴方向总退刀量和方向,以半径值表示,即(毛坯直径 – 加工尺寸最小值)/2。当向 + X 轴方向退刀时,该值为正,反之为负。

Δk 为 Z 轴方向总退刀量和方向,一般设定为 0,当向 + Z 轴方向退刀时,该值为正,反之为负。

n_s 为指定精加工路线的第一个程序段的段号。

n_f 为指定精加工路线的最后一个程序段的段号。

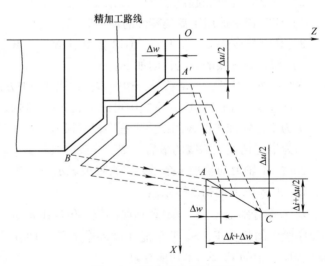

图 1-80　固定形状粗车循环

Δu 为 X 轴方向精加工余量,以直径值表示,一般取 0.5mm。加工内径轮廓时,为负值。

Δw 为 Z 轴方向精加工余量,一般取 0.05 ~ 0.1mm。

Δf 为粗车时的进给量。

4. 精加工循环指令 G70

G70 指令用于切除使用 G71 或 G73 指令粗加工后留下的加工余量。其指令格式为:

G70　P$\underline{n_s}$　Q$\underline{n_f}$;

说明：

1）n_s 为指定精加工路线的第一个程序段的段号；n_f 为指定精加工路线的最后一个程序段的段号。

2）必须先使用 G71 或 G73 指令后，才可使用 G70 指令。

3）G70 指令指定的 $n_s \sim n_f$ 间的精加工程序段中，不能调用子程序。

4）在精加工循环 G70 状态下，$n_s \sim n_f$ 程序中指定的 F、S、T 有效；当 $n_s \sim n_f$ 程序中不指定 F、S、T 时，粗加工循环（G71、G73）中指定的 F、S、T 有效。

5）精加工时的 S 也可以在 G70 指令前，在换精车刀时同时指定。

6）使用 G71、G73、G70 指令的程序必须存储于 CNC 控制器的内存中，即有复合循环指令的程序不能通过计算机以边传边加工的方式控制 CNC 机床。

例 1-7　使用 CK6140A 数控车床加工图 1-60 所示零件，已知材料为 45 钢，毛坯尺寸为 $\phi45\text{mm} \times 1000\text{mm}$，所有加工面的表面粗糙度值为 $Ra1.6\mu\text{m}$，试采用 G71、G70 指令编制该零件的粗、精加工程序。

参考程序见表 1-25。

表 1-25　图 1-60 所示零件的参考程序

程序名	O1007；	
程序段号	程序内容	说　明
N10	G97 G99 M03 S600；	主轴正转，转速为 600r/min
N20	T0101；	换 01 号刀到位
N30	M08；	打开切削液
N40	G42 G00 X46.0 Z2.0；	建立刀具右补偿，快速进刀至循环起点
N50	G71 U2.0 R0.5；	定义粗车循环，背吃刀量 2mm，退刀量 0.5mm
N60	G71 P70 Q150 U0.5 W0.05 F0.25；	精车路线由 N70～N150 指定，X 方向精车加工余量 0.5mm（直径值），Z 方向精加工余量 0.05mm，设进给量为 0.25mm/r
N70	G00 X0.0 S800；	快速进刀至轴线，设主轴转速为 800r/min
N80	G01 Z0.0 F0.1；	设进给量为 0.1mm/r
N90	X16.0；	精加工轮廓
N100	X20.0 Z-2.0；	
N110	Z-35.0；	
N120	X40.0；	
N130	Z-59.0；	
N140	X45.0；	
N150	G40 G01 X46.0；	取消刀具半径补偿
N160	G70 P70 Q150；	定义 G70 精车循环，精车各外圆表面
N170	G00 X200.0 Z100.0；	快速退刀，返回换刀点
N180	M09；	关闭切削液
N190	T0303；	换切刀
N200	M08；	打开切削液

（续）

程序段号	程序内容	说　　明
N210	G00 X46.0 Z-59.0 S300；	快速进刀，准备切左倒角，设主轴转速为300r/min
N220	G01 F0.05 X36.0；	切槽
N230	X41.0；	退刀
N240	W2.0；	移刀，准备车左倒角
N250	X40.0；	慢速进刀
N260	X36.0 W-2.0；	车左倒角
N270	X0.0；	切断
N280	G00 X200.0 Z100.0；	快速退刀，返回换刀点
N290	M30；	程序结束

例1-8 使用CK6140A数控车床加工图1-69所示零件，已知材料为45钢，毛坯已基本锻造成形，加工余量为20mm（直径值），用G73、G70指令编写零件的粗、精加工程序。设粗车循环次数为4次，精加工余量在 X 方向为0.5mm（直径值）， Z 方向为0.05mm。

参考程序见表1-26。

表1-26　图1-69所示零件的参考程序

程序名	O1008；	
程序段号	程序内容	说　　明
N10	G97 G99 M03 S600；	主轴正转，转速为600r/min
N20	T0101；	换01号刀到位
N30	M08；	打开切削液
N40	G42 G00 X60.0 Z2.0；	建立刀具半径右补偿，快速进刀至循环起点
N50	G73 U10.0 W0.0 R4.0；	定义G73粗车循环， X 方向总退刀量10mm， Z 方向总退刀量0mm，循环4次
N60	G73 P70 Q140 U0.5 W0.05 F0.25；	精车路线由N70～N140指定， X 方向精车余量0.5mm， Z 方向精车余量0.05mm，进给量0.25mm/r
N70	G00 X0.0 S800；	快速进刀至轴线，设主轴转速为800r/min
N80	G01 Z0.0 F0.1；	精加工轮廓，设精车循环的进给量为0.1mm/r
N90	X20.0；	
N100	X30.0 Z-25.0；	
N110	X40.0；	
N120	Z-44.0；	
N130	X60.0；	
N140	G40 G01 X61.0；	取消刀具半径补偿
N150	G70 P70 Q140；	定义G70精车循环，精车各外圆面
N160	G00 X200.0 Z100.0；	快速退刀，返回换刀点

（续）

程序段号	程序内容	说　明
N170	M09；	关闭切削液
N180	T0303；	换切刀
N190	M08；	打开切削液
N200	G00 X61.0 Z－44.0 S300；	快速进刀，准备切断，设主轴转速为300r/min
N210	G01 F0.05 X0.0；	切断
N220	G00 X200.0 Z100.0；	快速退刀，返回换刀点
N230	M30；	程序结束

1.5.4　槽加工技术

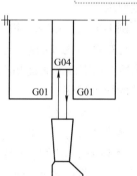

1.5.4 槽加工

1. 刀具的选择和刀位点的确定

切槽及切断时选用切刀，切刀有左右两个刀尖和位于切削中心处的三个刀位点，在编写加工程序时要采用其中之一作为刀位点，一般用左刀尖作为刀位点。在整个加工程序中应采用同一个刀位点。

2. 窄槽的加工方法

沟槽的宽度不大，采用刀头宽度等于槽宽的车刀一次车出的沟槽称为窄槽。加工窄槽时用G01指令直进切削，如图1-81所示。对窄槽进行加工且精度要求不高时，可以选择刀头宽度等于槽宽的刀具采用横向直进切削而成，如图1-82所示。槽宽精度要求较高时可采用粗车、精车二次进给完成，即第一次进给车沟槽时沟槽两壁留有余量；第二次用等宽刀修整，并采用G04指令使刀具在槽底暂停几秒钟进行无进给光整加工，以提高槽底的表面质量，如图1-83所示。

图1-81　窄槽加工方法示意图

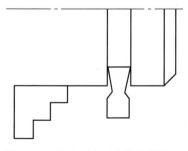

图1-82　精度要求不高的窄槽加工

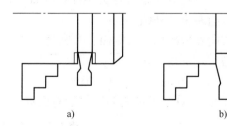

a)　　　　　　　　　　b)

图1-83　精度要求较高的沟槽加工
a) 沟槽的粗加工　b) 沟槽的精加工

3. 进给暂停指令 G04

G04指令控制系统按指定时间暂时停止执行后续程序段，暂停时间结束则继续执行。该指令为非模态指令，只在本程序段有效。其指令格式为：

G04　X＿＿;或 G04　U＿＿;或 G04　P＿＿;

说明:

1) X、U、P 为暂停时间。X、U 后面可用带小数点的数, 单位为 s; 如采用 P 值表示, P 后面不允许用带小数点的数, 单位为 ms。

例如, 要暂停 2s, 可写成如下几种格式:

G04　X2.0;
或 G04　X2000;
或 G04　U2.0;
或 G04　U2000;
或 G04　P2000;

2) 在车削沟槽或钻孔时, 为使槽底或孔底得到准确的尺寸精度和光滑的加工表面, 在加工到槽底或孔底时, 应该适当暂停一段时间, 使工件回转一周以上。

3) 使用 G96 (主轴以恒线速度回转) 车削工件轮廓后, 改用 G97 (主轴以恒转速回转) 车削螺纹时, 指令应暂停一段时间, 使主轴转速稳定后再车削螺纹, 以保证螺距加工精度要求。

例 1-9　使用 CK6140A 数控车床加工图 1-84 所示零件, 已知材料为 45 钢, 毛坯尺寸为 $\phi 45mm \times 1000mm$, 要求所有加工面的表面粗糙度值为 $Ra1.6\mu m$, 试编制该零件的加工程序。

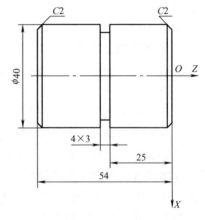

图 1-84　窄槽加工实例

(1) 工艺分析

该零件由外圆柱面、左倒角、窄槽、右倒角组成, 材料为 45 钢, 切削加工性能较好, 有较高的表面粗糙度要求, 无热处理和硬度要求。加工顺序按由粗到精、由右到左的原则, 即从右向左首先粗车外圆, 然后精车右倒角、精车外圆, 最后切槽、左倒角、切断。

(2) 确定加工路线

1) 用自定心卡盘夹住毛坯, 外伸 75mm, 找正。

2) 对刀, 设置编程原点 O 为零件右端面中心。

3) 由右向左粗车外圆。

4) 由右向左依次精车右端面、右倒角、精车外圆。

5) 切槽、左倒角、切断。

(3) 计算各点坐标

各点坐标的计算结果见表 1-27, 示意图如图 1-85 所示。

表 1-27　各点坐标值

点 坐标	O	A	B	C	D	E	F	G	H
X	0	36	40	40	34	34	40	40	36
Z	0	0	−2	−25	−25	−29	−29	−52	−54

（4）选择刀具

1）选用硬质合金93°偏刀，用于车右倒角和粗、精加工零件各面，刀尖半径 $R = 0.4mm$，刀尖方位 $T = 3$，置于T01刀位。

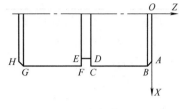

图1-85　各点坐标

2）选用硬质合金切刀（刀宽为4mm），以左刀尖为刀位点，用于切槽、左倒角、切断，置于T03刀位。

（5）确定切削用量

工序的划分与切削用量的选择见表1-28。

表1-28　图1-84所示零件的工序和切削用量

加 工 内 容	背吃刀量 a_p/mm	进给量 f/(mm·r^{-1})	主轴转速 n/(r·min^{-1})
粗车外圆	2.5	0.25	600
精车右端面、右倒角、精车外圆	0.25	0.1	800
切槽、左倒角、切断	4	0.05	300

（6）参考程序

参考程序见表1-29。

表1-29　图1-84所示零件的参考程序

程序名	O1009；	
程序段号	程序内容	说　明
N10	G97 G99 M03 S600；	主轴正转，转速为600r/min
N20	T0101；	换01号刀到位
N30	M08；	打开切削液
N40	G42 G00 X45.0 Z2.0；	建立刀具半径右补偿，快速进刀至循环起点
N50	G90 X40.5 Z-58.0 F0.25；	外圆粗车循环，设进给量为0.25mm/r
N60	G00 X0.0 S800；	快速进刀至轴线，准备精车端面，设主轴转速为800r/min
N70	G01 Z0.0 F0.1；	慢速进刀至端面，设进给量为0.1mm/r
N80	X36.0；	精车端面
N90	X40.0 Z-2.0；	车右倒角
N100	Z-58.0；	精车ϕ40mm外圆至要求尺寸
N110	X45.0；	退刀
N120	G40 G01 X46.0；	取消刀具半径补偿
N130	G00 X200.0 Z100.0；	快速退刀，返回换刀点
N140	M09；	关闭切削液
N150	T0303；	换切刀
N160	M08；	打开切削液
N170	G00 X41.0 Z-29.0 S300；	快速进刀，准备车槽，设主轴转速为300r/min
N150	G01 F0.05 X34.0；	车槽至槽底，设进给量为0.05mm/r
N160	G04 X2.0；	进给暂停2s

（续）

程序段号	程序内容	说　明
N170	G01 X41.0;	退刀
N180	G00 X46.0;	快速退刀
N190	Z-58.0;	快速移刀
N200	G01 X36.0;	车槽
N210	X41.0;	退刀
N220	G00 W2.0;	快速移刀，准备车倒角
N230	G01 X40.0;	慢速进刀
N240	X36.0 W-2.0;	车左倒角
N250	X0.0;	切断
N260	G00 X200.0 Z100.0;	快速退刀，返回换刀点
N270	M30;	程序结束

例 1-10　使用 CK6140A 数控车床加工图 1-86 所示零件，已知材料为 45 钢，毛坯尺寸为 $\phi45mm \times 1000mm$，试分析该零件的加工工艺并编写加工程序。

（1）工艺分析

该零件由外圆柱面和窄槽组成，材料为 45 钢，切削加工性能较好，有较高的表面粗糙度要求，无热处理和硬度要求。加工顺序按由粗到精、由右到左的原则，即从右向左先粗、精车外圆，然后切槽、切断。

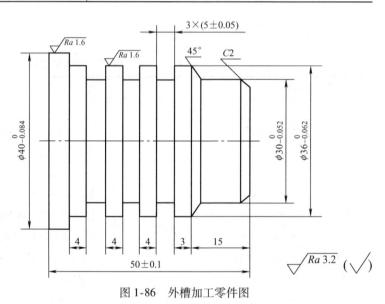

图 1-86　外槽加工零件图

（2）确定加工路线

1）用自定心卡盘夹住毛坯，外伸 70mm，找正。

2）对刀，设置编程原点 O 为零件右端面中心。

3）由右向左粗车外圆。

4）由右向左精车右端面、倒角、车外圆。

5）切槽、切断。

（3）数值计算

对具有公差的尺寸由公式"编程尺寸 = 公称尺寸 + $\dfrac{\text{上极限偏差} + \text{下极限偏差}}{2}$"，计算如下：

$\phi40$mm 外圆柱面的编程尺寸 = 39.958mm。

$\phi36$mm 外圆柱面的编程尺寸 = 35.969mm。

$\phi30$mm 外圆柱面的编程尺寸 = 29.974mm。

50mm 长度的编程尺寸 = 50mm。

（4）选择刀具

1）选用硬质合金 93°偏刀，用于粗、精加工零件各面，刀尖半径 $R = 0.4$mm，刀尖方位 $T = 3$，置于 T01 刀位。

2）选用硬质合金切刀（刀宽为 3mm），以左刀尖为刀位点，用于切槽、切断，置于 T03 刀位。

（5）确定切削用量

工序的划分与切削用量的选择见表 1-30。

表 1-30 图 1-86 所示零件的工序和切削用量

加工内容	背吃刀量 a_p/mm	进给量 f/(mm·r^{-1})	主轴转速 n/(r·min^{-1})
粗车外圆柱面	2.5	0.25	600
精车右端面、外圆柱面	0.25	0.1	800
切槽、切断	3	0.05	300

（6）参考程序

参考程序见表 1-31。

表 1-31 图 1-86 所示零件的参考程序

程序名	O1010；	
程序段号	程序内容	说明
N10	G97 G99 M03 S600；	主轴正转，转速为 600r/min
N20	T0101；	换 01 号刀到位
N30	M08；	打开切削液
N40	G00 X45.0 Z2.0 G42；	建立刀具右补偿，快速进刀至循环起点
N50	G71 U2.5 R0.5；	定义粗车循环，背吃刀量 2.5mm，退刀量 0.5mm
N60	G71 P70 Q150 U0.5 W0.05 F0.25；	精车路线由 N70~N170 指定，X 方向精车加工余量 0.5mm（直径值），Z 方向精加工余量 0.05mm，设进给量为 0.25mm/r
N70	G00 X0.0 S800；	快速进刀至轴线，设主轴转速为 800r/min
N80	G01 Z0.0 F0.1；	设进给量为 0.1mm/r
N90	X26.0；	精加工轮廓
N100	X29.974 Z-2.0；	
N110	Z-12.0；	
N120	X35.969 Z-15.0；	
N130	Z-39.0；	
N140	X39.958；	

（续）

程序段号	程 序 内 容	说　　　明
N150	Z－53.0;	
N160	X45.0;	
N170	G40 G01 X46.0;	取消刀具半径补偿
N180	G70 P70 Q170;	定义 G70 精车循环，精车各外圆表面
N190	G00 X200.0 Z100.0;	快速退刀，返回换刀点
N200	M09;	关闭切削液
N210	T0303;	换切刀
N220	M08;	打开切削液
N230	G00 X37.0 Z－21.0 S300;	快速进刀，准备车左倒角，设主轴转速为 300r/min
N240	G01 F0.05 X26.0;	切槽
N250	G04 X2.0;	暂停 2s
N260	G01 X37.0;	退刀
N270	G00 Z－28.0;	快速移刀
N280	G01 X26.0;	切槽
N290	G04 X2.0;	暂停 2s
N300	G01 X37.0;	退刀
N310	G00 Z－35.0;	快速移刀
N320	G01 X26.0;	切槽
N330	G04 X2.0;	暂停 2s
N340	G01 X37.0;	退刀
N350	G00 X46.0;	快速退刀
N360	Z－53.0;	快速移刀
N370	G01 X0.0;	切断
N380	G00 X200.0 Z100.0;	快速退刀，返回换刀点
N390	M30;	程序结束

4. 宽槽的加工方法

精度要求较高的宽槽加工可分几次进给，要求每次切削时刀具轨迹要有重叠的部分，并在沟槽两侧和底面留一定的精车余量，宽槽加工工艺路线设计如图 1-87 所示。

在切槽时，应注意合理安排切槽后的退刀路线，避免刀具与零件碰撞，造成车刀及零件的损坏。另外，切削刃宽度、切削速度和进给量都不宜太大。

例 1-11　使用 CK6140A 数控车床加工图 1-88 所示零件，已知材料为 45 钢，毛坯尺寸为 $\phi60$mm×1000mm，要求所有加工面的表面粗糙度值为 $Ra1.6\mu$m，试编制该零件的加工程序。

（1）工艺分析

该零件由外圆柱面和宽槽组成，材料为 45 钢，切削加工性能较好，有较高的表面粗糙

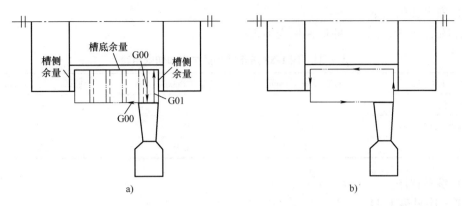

图 1-87 宽槽加工工艺路线设计

a) 宽槽的粗加工 b) 宽槽的精加工

度要求，无热处理和硬度要求。加工顺序按由粗到精、由右到左的原则，即从右向左先粗、精车外圆，然后切槽、切断。

（2）确定加工路线

1）用自定心卡盘夹住毛坯，外伸 80mm，找正。

2）对刀，设置编程原点 O 为零件右端面中心。

3）由右向左粗车外圆。

4）由右向左精车右端面、外圆。

5）切槽、切断。

（3）计算各点坐标

各点坐标的计算结果见表 1-32，示意图如图 1-89 所示。

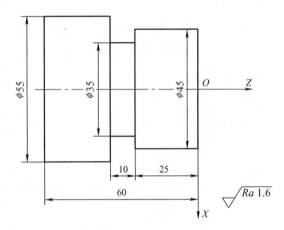

图 1-88 宽槽加工实例

表 1-32 各点坐标值

坐标 \ 点	O	A	B	C	D	E	F
X	0	45	45	35	35	55	55
Z	0	0	-25	-25	-35	-35	-60

（4）选择刀具

1）选用硬质合金 93°偏刀，用于粗、精加工零件各面，刀尖半径 $R = 0.4$mm，刀尖方位 $T = 3$，置于 T01 刀位。

2）选用硬质合金切刀（刀宽为 4mm），以左刀尖为刀位点，用于切槽、切断，置于 T03 刀位。

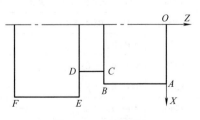

图 1-89 各点坐标

（5）确定切削用量

工序的划分与切削用量的选择见表1-33。

表1-33　图1-88所示零件的工序和切削用量

加 工 内 容	背吃刀量 a_p/mm	进给量 f/(mm·r^{-1})	主轴转速 n/(r·min^{-1})
粗车外圆柱面	2.5	0.25	600
精车右端面、外圆柱面	0.25	0.1	800
切槽、切断	4	0.05	300

（6）参考程序

参考程序见表1-34。

表1-34　图1-88所示零件的参考程序

程序名	O1011；	
程序段号	程序内容	说明
N10	G97 G99 M03 S600；	主轴正转，转速为600r/min
N20	T0101；	换01号刀到位
N30	M08；	打开切削液
N40	G00 X60.0 Z2.0；	快速进刀至循环起点
N50	G90 X55.5 Z-64.0 F0.25；	外圆粗车循环第一刀，设进给量为0.25mm/r
N60	X50.5 Z-35.0；	外圆粗车循环第二刀
N70	X45.5；	外圆粗车循环第三刀
N80	G00 X0.0 S800；	快速进刀至轴线，准备精车端面，设主轴转速为800r/min
N90	G01 Z0.0 F0.1；	慢速进刀至端面，设进给量为0.1mm/r
N100	X45.0；	精车端面
N110	Z-35.0；	精车φ45mm外圆至要求尺寸
N120	X55.0；	精车φ55mm端面
N130	Z-64.0；	精车φ55mm外圆至要求尺寸
N140	X60.0；	退刀
N150	G00 X200.0 Z100.0；	快速退刀，返回换刀点
N160	M09；	关闭切削液
N170	T0303；	换切刀
N180	M08；	打开切削液
N190	G00 X46.0 Z-29.0 S300；	快速进刀，准备车槽，设主轴转速为300r/min
N200	G01 F0.05 X35.0；	粗车槽至槽底第一刀，设进给量为0.05mm/r
N210	X46.0；	退刀
N220	G00 W-3.0；	移刀
N230	G01 X35.0；	粗车槽第二刀
N240	X46.0；	退刀

（续）

程序段号	程 序 内 容	说 明
N250	W－3.0;	移刀
N260	X35.0;	粗车槽第三刀
N270	W6.0;	精车槽底
N280	X46.0;	精车槽侧边
N290	G00 X61.0;	快速退刀
N300	Z－64.0;	快速移刀
N310	G01 X0.0;	切断
N320	G00 X200.0 Z100.0;	快速退刀，返回换刀点
N330	M30;	程序结束

1.5.5 子程序功能及应用

1.5.5 子程序功能及应用

在加工零件过程中，常会出现几何形态完全相同的加工轨迹，在程序编制中，就会有固定顺序的重复程序段出现。为使程序简化，可将有固定顺序重复出现的程序段编辑为子程序存放，再通过主程序按格式调出加工。

子程序的编号与一般程序基本相同，只是用程序结束字 M99 表示子程序结束，并返回调用子程序的主程序中。调用子程序的指令为 M98，结束子程序的指令为 M99，其编程格式为：

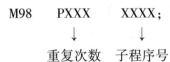

其中，P 表示子程序调用情况。P 后跟八位数，前四位为调用次数，后四位为所调用的子程序号。如 M98 P00221033 表示 1033 号子程序被调用 22 次，调用次数为 1 时可以省略，一个子程序最多可以被调用 999 次。

为进一步简化程序，可执行子程序调用另一个子程序，称为子程序的嵌套。子程序可以嵌套四级，如图 1-90 所示。

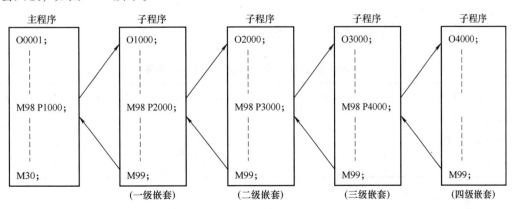

图 1-90　子程序的嵌套

例 1-12 使用 CK6140 数控车床加工图 1-91 所示零件，已知材料为 45 钢，毛坯尺寸为 $\phi45mm \times 1000mm$，所有加工面的表面粗糙度值为 $Ra1.6\mu m$。试编制该零件的加工程序。

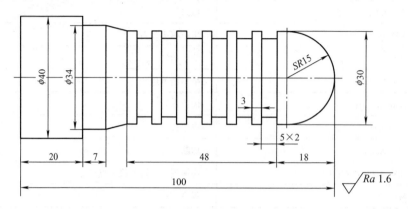

图 1-91 子程序加工零件编程实例

（1）工艺分析

该零件由凸圆弧面、外圆、圆锥面、宽槽等组成，有较高的表面粗糙度要求。零件材料为 45 钢，切削加工性能较好，无热处理和硬度要求。加工顺序按由粗到精、由右到左的原则，即先从右向左进行粗车，然后从右向左进行精车，最后切槽、切断。

（2）确定加工路线

1）用自定心卡盘夹住毛坯，外伸 120mm，找正。

2）对刀，设置编程原点 O 为零件右端面中心。

3）由右向左依次粗、精车凸圆弧、外圆。

4）切槽、切断。

（3）选择刀具

1）选用硬质合金 93°偏刀，用于粗、精加工凸圆弧、外圆，刀尖圆弧半径 $R = 0.4mm$，刀尖方位 $T = 3$，置于 T01 刀位。

2）选用硬质合金切刀（刀宽为 4mm），以左刀尖为刀位点，用于切槽、切断，置于 T03 刀位。

（4）确定切削用量

工序的划分与切削用量的选择见表 1-35。

表 1-35 图 1-91 所示零件的工序和切削用量

加 工 内 容	背吃刀量 a_p/mm	进给量 f/(mm·r^{-1})	主轴转速 n/(r·min^{-1})
粗车凸圆弧、外圆	2.5	0.2	600
精车凸圆弧、外圆	0.25	0.1	800
切槽、切断	4	0.05	300

（5）参考程序

主程序见表 1-36，子程序见表 1-37。

表 1-36 图 1-91 所示零件的参考程序（主程序）

程序名	O1012；	
程序段号	程 序 内 容	说　　　明
N10	G97 G99 M03 S600；	主轴正转，转速为 600r/min
N20	T0101；	换 01 号刀到位
N30	M08；	打开切削液
N40	G00 X45.0 Z2.0 G42；	建立刀具半径右补偿，快速进刀至循环起点
N50	G71 U2.0 R0.5；	定义粗车循环，背吃刀量 2mm，退刀量 0.5mm
N60	G71 P70 Q160 U0.5 W0.05 F0.2；	精车路线由 N70～N160 指定，X 方向精车加工余量 0.5mm（直径值），Z 方向精加工余量 0.05mm
N70	G00 X0.0 S800；	快速进刀至轴线，设主轴转速为 800r/min
N80	G01 Z0.0 F0.1；	设进给量为 0.1mm/r
N90	G03 X30.0 Z-15.0 R15.0 F0.1；	精加工轮廓
N100	G01 Z-66.0；	
N110	X34.0 Z-73.0；	
N120	Z-80.0；	
N130	X40.0；	
N140	Z-104.0；	
N150	X45.0；	
N160	G40 G01 X46.0；	取消刀具半径补偿
N170	G70 P70 Q160；	定义 G70 精车循环，精车各外圆表面
N180	G00 X200.0 Z100.0；	快速退刀，返回换刀点
N190	M09；	关闭切削液
N200	T0303；	换切刀
N210	M08；	打开切削液
N220	G00 X31.0 Z-14.0 S300；	快速进刀，设主轴转速为 300r/min，准备切槽
N230	M98 P62013；	调用 O2013 子程序 6 次
N240	G00 X46.0；	快速退刀
N250	Z-104.0；	快速移刀，准备切断
N260	G01 F0.05 X0.0；	切断，设进给量为 0.05mm/r
N270	G00 X200.0 Z100.0；	快速返回换刀点
N280	M30；	程序结束

表 1-37 图 1-91 所示零件的参考程序（子程序）

程序名	O1013；	
程序段号	程 序 内 容	说　　　明
N10	G00 W-8.0；	
N20	G01 F0.05 X26.0；	
N30	X31.0；	
N40	W-1.0；	
N50	X26.0；	
N60	W1.0；	
N70	X31.0；	
N80	M99；	

【编程与加工实例】

例 1-13 使用 CK6140A 数控车床加工图 1-92 所示零件，已知材料为 45 钢，毛坯尺寸为 $\phi45mm \times 1000mm$，所有加工面的表面粗糙度值为 $Ra1.6\mu m$。试用外圆粗车循环指令编写零件的加工程序，并在数控车床上将零件加工出来。

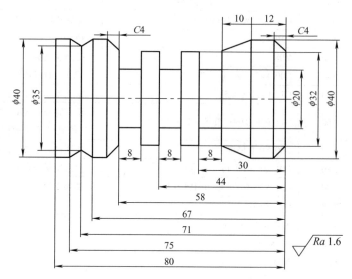

图 1-92 轴类零件

1. 编写程序

（1）工艺分析

该零件由多个圆柱面、圆锥面组成，有较高的表面粗糙度要求。零件材料为 45 钢，切削加工性能较好，无热处理和硬度要求。精加工时，提高主轴转速，减小进给量，以保证表面质量。

（2）确定加工路线

1）用自定心卡盘夹住毛坯，外伸 100mm，找正。

2）对刀，设置编程原点 O 为零件右端面中心。

3）由右向左依次粗、精车端面、外圆。

4）换刀，切宽槽、切断。

（3）计算各点坐标

各点坐标的计算结果见表 1-38，示意图如图 1-93 所示。

表 1-38 各点坐标值

坐标 \ 点	O	A	B	C	D	E	F	G	H	I	J
X	0	32	40	40	32	20	20	32	32	20	20
Z	0	0	-4	-12	-22	-22	-30	-30	-36	-36	-44

坐标 \ 点	K	L	M	N	P	Q	R	S	T	U
X	32	32	20	20	32	40	40	35	40	40
Z	-44	-50	-50	-58	-58	-62	-67	-71	-75	-80

（4）选择刀具

1）选硬质合金 93°偏刀，用于粗、精加工端面、外圆，刀尖圆弧半径 $R = 0.4mm$，刀尖方位 $T = 3$，置于 T01 刀位。

2）选硬质合金60°尖刀，用于粗、精加工外圆，刀尖圆弧半径 $R = 0.4$mm，刀尖方位 $T = 8$，置于 T02 刀位。

3）选硬质合金切刀（刀宽为4mm），以左刀尖为刀位点，用于切槽、切断，置于 T03 刀位。

数控加工刀具卡见表1-39。

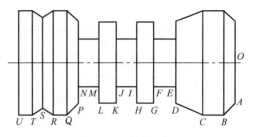

图1-93 各点坐标

表 1-39 数控加工刀具卡

产品名称或代号		典型零件		零件名称	轴	零件图号		01
序号	刀具号	刀具名称	数量	加工表面		刀尖半径 R/mm	刀尖方位 T	备注
1	T01	硬质合金93°偏刀	1	粗车、精车端面、外圆		0.4	3	
2	T02	硬质合金60°尖刀	1	粗车、精车外圆		0.4	8	
3	T03	硬质合金切刀	1	切断			8	
编制		审核		批准		共 1 页	第 1 页	

（5）确定切削用量

工序的划分与切削用量的选择见表1-40。

表 1-40 图 1-92 所示零件的工序和切削用量

加 工 内 容	背吃刀量 a_p/mm	进给量 f/(mm·r^{-1})	主轴转速 n/(r·min^{-1})
粗车端面、外圆	2.5	0.25	600
精车端面、外圆	0.25	0.1	800
切槽、切断	4	0.05	300

（6）参考程序

参考程序见表1-41。

表 1-41 图 1-92 所示零件的参考程序

程序名	O1014；	
程序段号	程 序 内 容	说　明
N10	G97 G99 M03 S600；	主轴正转，转速为 600r/min
N20	T0101；	换 01 号刀到位
N30	M08；	打开切削液
N40	G00 X45.0 Z2.0 G42；	建立刀具半径右补偿，快速进刀至循环起点

（续）

程序段号	程序内容	说　明
N50	G71 U2.5 R0.5;	定义粗车循环，背吃刀量2.5mm，退刀量0.5mm
N60	G71 P70 Q130 U0.5 W0.05 F0.25;	精车路线由N70~N130指定，X方向精车余量0.5mm（直径值），Z方向精车余量0.05mm
N70	G00 X0.0 S800;	快速进刀，设主轴转速为800r/min
N80	G01 F0.1 Z0.0;	设进给量为0.1mm/r
N90	X32.0;	精加工轮廓
N100	X40.0 Z-4.0;	
N110	Z-84.0;	
N120	X45.0;	
N130	G70 P70 Q130;	定义G70精车循环，精车各外圆表面
N140	G01 X46.0 G40;	取消刀具半径补偿
N150	G00 X200.0 Z100.0;	快速退刀，返回换刀点
N160	M09;	关闭切削液
N170	T0202;	换尖刀
N180	M08;	打开切削液
N190	G00 X42.0 Z-12.0 S600 G42;	设刀具半径补偿，快速进刀，设主轴转速为600r/min
N200	G01 X40.0;	慢速进刀，准备粗车圆锥面
N210	X36.0 Z-22.0;	粗车圆锥面
N220	Z-58.0;	粗车φ32mm圆柱面
N230	X40.0 Z-62.0;	粗车圆锥面
N240	G00 X42.0 Z-12.0;	快速进刀
N250	G01 X40.0;	慢速进刀，准备粗车圆锥面
N260	X32.5 Z-22.0;	粗车圆锥面
N270	Z-58.0;	粗车φ32mm圆柱面
N280	X40.0 Z-62.0;	粗车圆锥面
N290	G00 X42.0;	快速退刀
N300	Z-67.0;	快速进刀
N310	G01 X40.0;	慢速进刀，准备粗车圆锥面
N320	X35.5 Z-71.0;	粗车圆锥面
N330	X40.0 Z-75.0;	粗车圆锥面
N340	G00 X42.0;	快速退刀
N350	Z-12.0 S800;	快速进刀，设主轴转速为800r/min
N360	G01 F0.1 X40.0;	慢速进刀，准备精车圆锥面

（续）

程 序 段 号	程 序 内 容	说　　明
N370	X32. 0 Z − 22. 0 ;	精车圆锥面
N380	Z − 58. 0 ;	精车 ϕ32mm 圆柱面
N390	X40. 0 Z − 62. 0 ;	精车圆锥面
N400	G00 X42. 0 ;	快速退刀
N410	Z − 67. 0 ;	快速进刀
N420	G01 X40. 0 ;	慢速进刀，准备精车圆锥面
N430	X35. 0 Z − 71. 0 ;	精车圆锥面
N440	X40. 0 Z − 75. 0 ;	精车圆锥面
N450	G00 X42. 0 G40 ;	快速退刀，取消刀具半径补偿
N460	G00 X200. 0 Z100. 0 ;	快速返回换刀点
N470	M09	关闭切削液
N480	T0303 ;	换切刀
N490	M08 ;	打开切削液
N500	G00 Z − 26. 0 ;	快速进刀
N510	X34. 0 S300 ;	快速靠近加工表面，设主轴转速为 300r/min
N520	G01 F0. 05 X20. 0 ;	慢速切槽，设进给量为 0. 05mm/r
N530	X34. 0 ;	退刀
N540	G00 Z − 28. 0 ;	快速横移
N550	G01 X20. 0 ;	切槽
N560	X34. 0 ;	退刀
N570	G00 Z − 30. 0 ;	快速横移
N580	G01 X20. 0 ;	切槽
N590	Z − 26. 0 ;	精车槽底
N600	X34. 0 ;	退刀
N610	G00 Z − 40. 0 ;	快速横移，准备车削第二个槽
N620	G01 X20. 0 ;	切槽
N630	X34. 0 ;	退刀
N640	G00 Z − 42. 0 ;	快速横移
N650	G01 X20. 0 ;	切槽
N660	X34. 0 ;	退刀
N670	G00 Z − 44. 0 ;	快速横移

（续）

程序段号	程序内容	说　明
N680	G01 X20.0;	切槽
N690	Z－40.0;	精车槽底
N700	X34.0;	退刀
N710	G00 Z－54.0;	快速横移，准备车削第三个槽
N720	G01 X20.0;	切槽
N730	X34.0;	退刀
N740	G00 Z－56.0;	快速横移
N750	G01 X20.0;	切槽
N760	X34.0;	退刀
N770	G00 Z－58.0;	快速横移
N780	G01 X20.0;	切槽
N790	Z－54.0;	精车槽底
N800	X34.0;	退刀
N810	G00 X42.0;	快速退刀
N820	Z－84.0	快速进刀
N830	G01 X0.0;	切断
N840	G00 X200.0 Z100.0;	快速返回换刀点
N850	M30;	程序结束

2. 加工零件

1）开机，各坐标轴手动回机床原点。

2）将刀具依次装上刀架。根据加工要求选择93°偏刀（刀尖半径$R=0.4\text{mm}$，刀尖方位$T=3$）、60°尖刀（刀尖半径$R=0.4\text{mm}$，刀尖方位$T=8$）、切刀（刀宽为4mm）各一把，其编号分别为T01、T02、T03，刀具材料采用硬质合金。

3）用自定心卡盘装夹工件。

4）用试切法对刀，并设置好刀具参数。

5）手动输入加工程序。

6）调试加工程序。手动把刀具从工件处移开，选择自动模式，调出加工程序，按下辅助键中的机械锁定、程序空运行两键，再按下启动键预演程序，检查刀具动作和加工路径是否正确。

7）确认程序无误后，即可进行自动加工。

8）取下工件，进行检测。选择游标卡尺和千分尺检测尺寸。

9）清理加工现场。

10）关机。

3. 评分标准

评分标准见表1-42。

表1-42 评分表

班级			姓名			学号	
课题			加工轴类零件		零件编号		03

基本检查		序号	检测内容		配分	学生自评	教师评分
基本检查	编程	1	切削加工工艺制订正确		10		
基本检查	编程	2	切削用量选择合理		5		
基本检查	编程	3	程序正确、简单、规范		20		
基本检查	操作	4	设备操作、维护保养正确		5		
基本检查	操作	5	安全、文明生产		5		
基本检查	操作	6	刀具选择、安装正确、规范		5		
基本检查	操作	7	工件找正、安装正确、规范		5		
工作态度		8	行为规范，态度端正		5		

尺寸检测	序号	图样尺寸/mm	公差/mm	量具名称	规格/mm		
尺寸检测	9	长67	±0.04	千分尺	50~75	9	
尺寸检测	10	长80	±0.04	千分尺	75~100	9	
尺寸检测	11	外圆ϕ40	$0 \atop -0.062$	千分尺	25~50	9	
尺寸检测	12	外圆ϕ32	$0 \atop -0.062$	千分尺	25~50	9	
尺寸检测	13	表面粗糙度	1.6μm	粗糙度样规		4	
综合得分							

【思考与练习】

1. FANUC数控系统常用功能有哪些？它们的作用分别是什么？

2. 左倒角时，刀具的切削路线是什么？

3. 简述窄槽与宽槽的加工步骤。

4. 正圆锥面与倒圆锥面的进给路线分别有哪些？其特点分别是什么？

5. 如图1-94所示，已知毛坯尺寸为ϕ65mm×1000mm，材料为45钢，设背吃刀量不大于2.5mm，所有加工面的表面粗糙度值为Ra1.6μm。试编写该零件的粗、精加工程序。

6. 如图 1-95 所示，已知毛坯尺寸为 $\phi60\text{mm} \times 1000\text{mm}$，材料为 45 钢，设背吃刀量不大于 2.5mm，所有加工面的表面粗糙度值为 Ra1.6μm。试编写该零件的粗、精加工程序。

7. 如图 1-96 所示，已知毛坯尺寸为 $\phi20\text{mm} \times 1000\text{mm}$ 棒料，材料为 45 钢，设背吃刀量不大于 2.5mm，所有加工面的表面粗糙度值为 Ra3.2μm，试编写该零件的粗、精加工程序。

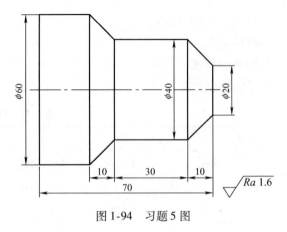

图 1-94　习题 5 图

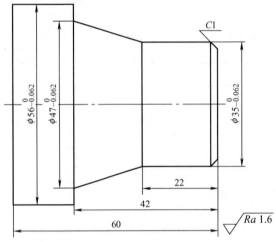

图 1-95　习题 6 图

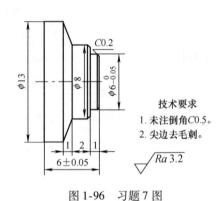

图 1-96　习题 7 图

8. 如图 1-97 所示，已知毛坯尺寸为 $\phi85\text{mm} \times 1000\text{mm}$，材料为 45 钢，设背吃刀量不大

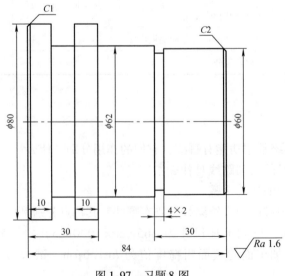

图 1-97　习题 8 图

于 2.5mm，所有加工面的表面粗糙度值为 $Ra1.6\mu m$，试编写该零件的粗、精加工程序。

9. 使用 CK6140A 数控车床加工图 1-98 所示零件，已知毛坯尺寸为 $\phi20mm \times 1000mm$，材料为 45 钢，要求所有加工面的表面粗糙度值为 $Ra3.2\mu m$，试编制该零件的加工程序。

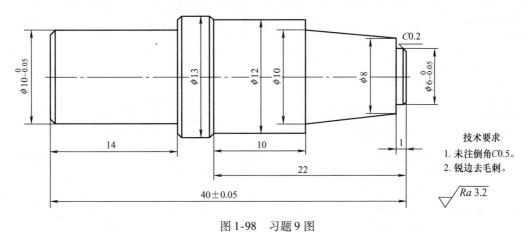

技术要求
1. 未注倒角 $C0.5$。
2. 锐边去毛刺。
$\sqrt{Ra\,3.2}$

图 1-98　习题 9 图

项目 1.6　套类零件编程与加工

【学习目标】

1) 掌握套类零件的加工方法。
2) 能熟练应用相关指令编写套类零件的加工程序。

1.6 套类零件
编程与加工1

【知识学习】

1. 孔的加工方法

孔加工在金属切削中占有很大的比重，应用广泛。孔加工的方法比较多，在数控车床上常用的方法有钻孔、扩孔、铰孔、镗孔等。

2. 孔加工时切削用量的选择

孔加工时切削用量的选择见表 1-43。

1.6 套类零件编
程与加工技术2

表 1-43　孔加工时切削用量的选择

刀具名称型号	被加工材料及硬度	切削速度 $v/(\text{m} \cdot \text{min}^{-1})$	进给量 $f/(\text{mm} \cdot \text{r}^{-1})$	背吃刀量 a_p/mm
整体硬质合金麻花钻 YZD	低碳钢 <230HBW	25~30	0.06~0.25	—
	碳钢、合金钢230~300HBW	17~22	0.06~0.25	
	高硬度钢300~350HBW	7~10	0.10~0.16	
	铸铁	25~30	0.06~0.25	
整体硬质合金阶梯钻 YJZ	取整体硬质合金麻花钻 YZD 的70%	—	—	—

（续）

刀具名称型号	被加工材料及硬度	切削速度 $v/(\text{m} \cdot \text{min}^{-1})$	进给量 $f/(\text{mm} \cdot \text{r}^{-1})$	背吃刀量 a_p/mm
整体硬质合金中心钻 YZX	钢、铸铁	8~12	0.01~0.08	—
整体硬质合金定心钻 YDZ	钢、铸铁	10~15	0.02~0.10	—
硬质合金椎柄扩孔钻 YHKZ	碳素钢 170~200HBW	25~35	0.05~0.30（mm/z）	≤2.5
	铸铁 200HBW	25~35	0.08~0.40（mm/z）	—
硬质合金强力钻 QZ	软钢、铸铁	60~90	0.20~0.40	3D（D 为钻头直径）
	合金钢、工具钢	20~40	0.15~0.25	
硬质合金椎柄机用铰刀 JDM	碳素钢 200HBW	6~10	0.10~0.25	铰削余量 0.15~0.30
	铸铁 200HBW	8~12	0.20~0.40	
硬质合金直柄机用铰刀 JDZ	碳素钢 200HBW	6~10	0.10~0.25	
	铸铁 200HBW	8~12	0.20~0.40	
可转位螺旋沟浅孔钻 QKX、QKW	碳素钢 200HBW	80~100	0.07~0.09	—
精密微调镗刀	软钢 180HBW 以下	140~160	0.05~0.15	每次吃刀量 0.05~0.8（直径方向）
	碳素钢、合金钢 180~280HBW	130~150		
	不锈钢 200HBW 以下	120~130		
	铸铁 抗拉强度 450N/mm² 以下	100~110		
	铝合金	150~170		
整体硬质合金直柄铰刀 YJD	合金钢 ≤300HBW	6~12	0.15~0.25	铰削余量 0.08~0.12
	合金钢 >300HBW	4~10	0.10~0.20	
	灰铸铁 ≤200HBW	8~15	0.15~0.25	
	灰铸铁 >200HBW	5~10	0.15~0.25	
整体硬质合金螺旋槽铰刀 YLJD	在相同条件下，切削速度可比 YJD 铰刀提高 10%~15%			
整体硬质合金小孔径镗刀 YTD	钢、铸铁 ≤300HBW	30~50	0.05~0.15	镗孔余量 0.05~0.8

3. 钻孔时的切削用量

高速钢钻头加工钢件时的切削用量见表 1-44。

表 1-44　高速钢钻头加工钢件的切削用量

钻头直径 /mm	$R_m = 520 \sim 700\text{MPa}$ (35、45 钢)		$R_m = 700 \sim 900\text{MPa}$ (15Cr、20Cr 钢)		$R_m = 1000 \sim 1100\text{MPa}$ (合金钢)	
	$v_c/(\text{m} \cdot \text{min}^{-1})$	$f/(\text{mm} \cdot \text{r}^{-1})$	$v_c/(\text{m} \cdot \text{min}^{-1})$	$f/(\text{mm} \cdot \text{r}^{-1})$	$v_c/(\text{m} \cdot \text{min}^{-1})$	$f/(\text{mm} \cdot \text{r}^{-1})$
≤6	8 ~ 25	0.05 ~ 0.1	12 ~ 30	0.05 ~ 0.1	8 ~ 15	0.03 ~ 0.08
>6 ~ 12	8 ~ 25	0.1 ~ 0.2	12 ~ 30	0.1 ~ 0.2	8 ~ 15	0.08 ~ 0.15
>12 ~ 22	8 ~ 25	0.2 ~ 0.3	12 ~ 30	0.2 ~ 0.3	8 ~ 15	0.15 ~ 0.25
>22 ~ 30	8 ~ 25	0.3 ~ 0.45	12 ~ 30	0.3 ~ 0.4	8 ~ 15	0.25 ~ 0.35

例 1-14　使用 CK6140A 数控车床加工图 1-99 所示零件，材料为 45 钢，毛坯尺寸为 $\phi45\text{mm} \times 1000\text{mm}$，要求所有加工面的表面粗糙度值为 $Ra3.2\mu\text{m}$，试分析零件加工工艺并编写加工程序。

（1）工艺分析

该零件有端面、倒角、内圆，表面的粗糙度要求较高，应分粗、精加工，无热处理和硬度要求。因内圆尺寸为 $\phi22\text{mm}$，可用钻孔、粗镗孔、精镗孔的加工方式加工，加工顺序按由粗到精、由右到左的原则，即从右向左先钻底孔，然后粗镗孔，最后精镗孔。内圆 $\phi22\text{mm}$ 有尺寸精度要求，取极限尺寸的平均值进行加工。由于棒料较长，可采用一次装夹零件完成各表面的加工。

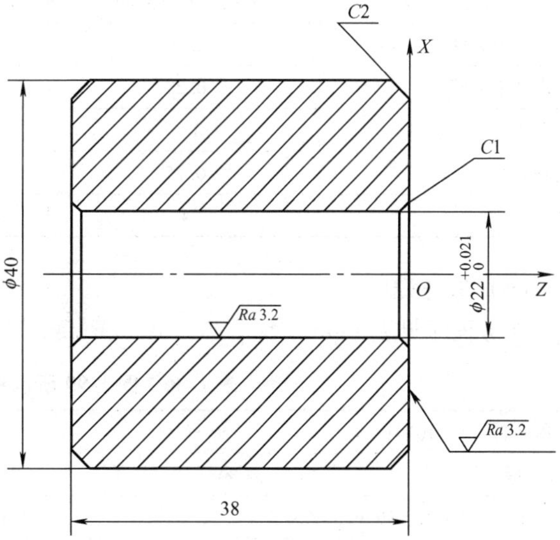

（2）确定加工路线

1）用自定心卡盘夹住毛坯，外伸 60mm，找正。

图 1-99　内圆加工零件

2）对刀，设置编程原点 O 为零件右端面中心。

3）钻中心孔。

4）用 $\phi20\text{mm}$ 钻头手动钻内孔。

5）粗、精车外圆。

6）换镗刀，粗、精镗内圆。

7）换切刀，左倒角、切断。

（3）数值计算

对具有公差的尺寸由公式"编程尺寸 = 公称尺寸 + $\dfrac{\text{上极限偏差} + \text{下极限偏差}}{2}$"，计算如下：

$\phi22\text{mm}$ 孔的编程尺寸 = 22.011mm。

（4）选择刀具

1）中心钻，选 $\phi20$mm 钻头置于尾座。

2）选用硬质合金93°偏刀，用于粗、精加工零件外圆，刀尖半径 $R=0.4$mm，刀尖方位 $T=3$，置于 T01 刀位。

3）选用硬质合金不通孔镗刀加工内圆，刀尖半径 $R=0.4$mm，刀尖方位 $T=2$，置于 T02 刀位。

4）选用硬质合金切刀（刀宽为4mm），以左刀尖为刀位点，用于左倒角、切断，置于 T03 刀位。

（5）确定切削用量

工序的划分与切削用量的选择见表1-45。

表1-45　图1-99所示零件的工序和切削用量

加 工 内 容	背吃刀量 a_p/mm	进给量 f/(mm·r^{-1})	主轴转速 n/(r·min^{-1})
粗车 $\phi40$ 外圆	2.5	0.25	600
精车 $\phi40$ 外圆	0.25	0.1	800
粗镗内孔	1.5	0.2	500
精镗内孔	0.25	0.1	800
切断	4	0.05	300

（6）参考程序

参考程序见表1-46。

表1-46　图1-99所示零件的参考程序

程序名	O1015；	
程序段号	程 序 内 容	说　　明
N10	G97 G99 M03 S600；	主轴正转，转速为600r/min
N20	T0101；	换01号刀到位
N30	M08；	打开切削液
N40	G00 X45.0 Z2.0 G42；	快速进刀至循环起点，设置刀具半径右补偿
N50	G90 X40.5 Z－42.0 F0.25；	外圆粗车循环，设进给量为0.25mm/r
N60	G00 X19.0 S800；	快速进刀，准备精车端面
N70	G01 Z0.0 F0.1；	慢速进刀至端面，设进给量为0.1mm/r
N80	X36.0；	精车端面
N90	X40.0 Z－2.0；	右倒角
N100	Z－42.0；	精车 $\phi40$mm 外圆至要求尺寸
N110	X46.0；	退刀
N120	G00 X200.0 Z100.0 G40；	快速退刀，返回换刀点，取消刀具半径补偿
N130	M09；	关闭切削液
N140	T0202；	换不通孔镗刀
N150	M08；	打开切削液

（续）

程序段号	程序内容	说明
N160	G00 X19.0 Z2.0 G41 S500；	设置刀具半径左补偿，快速进刀至粗镗内圆循环起点，准备粗镗φ22mm孔，设主轴转速为500r/min
N170	G90 X21.5 Z−42.0 F0.2；	粗镗φ22mm内圆切削循环，设进给量为0.2mm/r
N180	X24.0 S800；	快速进刀，准备精镗φ22mm内圆，设主轴转速为800r/min
N190	G01 F0.1 Z0.0；	慢速进刀至端面，准备倒角，设进给量为0.1mm/r
N200	X22.011 Z−1.0；	倒角
N210	Z−37.0；	精镗φ22mm内圆
N220	X24.0 Z−38.0；	倒角
N230	Z−42.0；	精镗内圆
N240	X21.0；	退刀
N250	G00 Z2.0；	快速退刀
N260	G00 X200.0 Z100.0 G40；	快速退刀，返回换刀点，取消刀具半径补偿
N270	M09；	关闭切削液
N280	T0303；	换切刀
N290	M08；	打开切削液
N300	G00 X46.0 Z−42.0 S300；	快速进刀，准备车左倒角，设主轴转速为300r/min
N310	G01 F0.05 X36.0；	切槽
N320	X41.0；	退刀
N330	W2.0；	移刀，准备车左倒角
N340	X40.0；	慢速进刀
N350	X36.0 W−2.0；	车左倒角
N360	X0.0；	切断
N370	G00 X200.0 Z100.0；	快速返回换刀点
N380	M30；	程序结束

例1-15 使用CK6140A数控车床加工图1-100所示零件，材料为45钢，毛坯尺寸为φ45mm×1000mm，要求所有加工面的表面粗糙度值为Ra1.6μm，试编制该零件的加工程序。

（1）工艺分析

该零件有外圆、端面、锥面台阶孔等加工表面，表面的粗糙度要求较高，应分粗、精加工，无热处理和硬度要求。因孔的最小尺寸为φ20mm，可用钻孔、粗镗孔、精镗孔的加工方式加工，加工顺序按由粗到精、由右到左的原则，即从右向左先钻底孔，然后粗镗孔，最后精镗

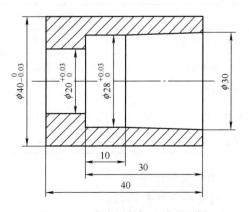

图1-100 套类零件加工编程示例

孔。其中 $\phi 20$mm、$\phi 28$mm 有尺寸精度要求，取极限尺寸的平均值进行加工。由于棒料较长，可采用一次装夹零件完成各表面的加工。

（2）确定加工路线

1）用三爪自定心卡盘夹住毛坯，外伸 60mm，找正。

2）对刀，设置编程原点 O 为零件右端面中心。

3）钻中心孔。

4）用 $\phi 18$mm 钻头手动钻内孔。

5）粗、精车外圆。

6）换镗刀，粗、精镗锥面台阶孔。

7）换切刀，切断。

（3）数值计算

对具有公差的尺寸由公式"编程尺寸 = 公称尺寸 + $\dfrac{上极限偏差 + 下极限偏差}{2}$"，计算如下：

$\phi 20$mm 孔的编程尺寸 = 20.015mm。

$\phi 28$mm 孔的编程尺寸 = 28.015mm。

$\phi 40$mm 外圆的编程尺寸 = 39.985mm。

（4）选择刀具

1）中心钻，选 $\phi 18$mm 钻头置于尾座。

2）选用硬质合金93°偏刀，用于粗、精加工零件外圆，刀尖半径 $R = 0.4$mm，刀尖方位 $T = 3$，置于 T01 刀位。

3）选用硬质合金不通孔镗刀加工锥面台阶孔，刀尖半径 $R = 0.4$mm，刀尖方位 $T = 2$，置于 T02 刀位。

4）选硬质合金切刀（刀宽为 4mm），以左刀尖为刀位点，用于切断，置于 T03 刀位。

（5）确定切削用量

工序的划分与切削用量的选择见表1-47。

表1-47 图1-100 所示零件的工序和切削用量

加工内容	背吃刀量 a_p/mm	进给量 f/(mm·r^{-1})	主轴转速 n/(r·min^{-1})
粗车 $\phi 40$ 外圆	2.5	0.25	600
精车 $\phi 40$ 外圆	0.25	0.1	800
粗镗内孔	1.5	0.2	500
精镗内孔	0.25	0.1	800
切断	4	0.05	300

（6）参考程序

参考程序见表1-48。

表1-48　图1-100所示零件的参考程序

程序名	O1016；	
程序段号	程 序 内 容	说　　明
N10	G97 G99 M03 S600；	主轴正转，转速600r/min
N20	T0101；	换01号刀到位
N30	M08；	打开切削液
N40	G00 X45.0 Z2.0；	快速进刀至循环起点
N50	G90 X40.5 Z－44.0 F0.25；	外圆粗车循环，设进给量为0.25mm/r
N60	G00 X39.985 S800；	快速进刀，准备精车外圆，设主轴转速为800r/min
N70	G01 Z－44.0 F0.1；	精车外圆，设进给量为0.1mm/r
N80	X45.0；	退刀
N90	G00 X200.0 Z100.0；	快速退刀，返回换刀点
N100	M09；	关闭切削液
N110	T0202；	换不通孔镗刀
N120	M08；	打开切削液
N130	G00 G41 X18.0 Z2.0 S500；	建立刀具半径左补偿，快速进刀至粗镗内孔循环起点，准备粗镗ϕ20mm孔，设主轴转速为500r/min
N140	G90 X19.5 Z－44.0 F0.2；	粗镗ϕ20mm孔切削循环，设进给量0.2mm/r
N150	X22.5 Z－30.0；	粗镗ϕ28mm孔切削循环第一次
N160	X25.5；	粗镗ϕ28mm孔切削循环第二次
N170	X27.5；	粗镗ϕ28mm孔切削循环第三次
N180	G00 X29.5；	快速进刀，准备粗镗ϕ30mm内锥孔
N190	G01 Z0.0；	慢速进刀至端面
N200	X27.5 Z－20.0；	粗镗内锥面
N210	G00 Z2.0；	快速退刀
N220	X30.0 S800；	快速进刀，准备精镗ϕ30mm内锥孔，设主轴转速为800r/min
N230	G01 F0.1 Z0.0；	慢速进刀至端面，设进给量为0.1mm/r
N240	X28.015 Z－20.0；	精镗ϕ30mm内锥孔
N250	Z－30.0；	精镗ϕ28mm内圆
N260	X20.015；	精镗ϕ20mm端面
N270	Z－44.0；	精镗ϕ20mm内圆
N280	X19.0；	退刀
N290	G00 Z2.0；	快速退刀
N300	G00X200.0 Z100.0 G40；	快速退刀，返回换刀点，取消刀具半径补偿
N310	M09；	关闭切削液
N320	T0303；	换切刀
N330	M08；	打开切削液
N340	G00 X46.0 Z－44.0 S300；	快速进刀，准备切断，设主轴转速为300r/min
N350	G01 F0.05 X0.0；	切断，设进给量为0.05mm/r
N360	G00 X200.0 Z100.0；	快速返回换刀点
N370	M30；	程序结束

例1-16 使用 CK6140A 数控车床加工图 1-101 所示零件，材料为 45 钢，毛坯尺寸为 $\phi45\text{mm} \times 1000\text{mm}$，要求所有加工面的表面粗糙度值为 $Ra3.2\mu\text{m}$，试分析零件加工工艺并编写加工程序。

（1）工艺分析

该零件有外圆、内圆锥面等加工表面，表面的粗糙度要求较高，应分粗、精加工，无热处理和硬度要求。因内圆锥面的尺寸为 $\phi32\text{mm} \to \phi27\text{mm}$，故可用钻孔、粗镗孔、精镗孔的加工方式加工，加工顺序按由粗到精、由右到左的原则，即从右向左先钻底孔，然后粗镗孔，最后精镗孔。其中 $\phi36\text{mm}$、$\phi42\text{mm}$、25mm 有尺寸精度要求，取极

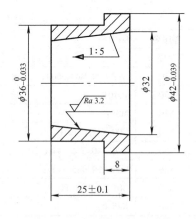

图 1-101 内圆锥面加工零件

限尺寸的平均值进行加工。由于棒料较长，可采用一次装夹零件完成各表面的加工。

（2）确定加工路线

1）用自定心卡盘夹住毛坯，外伸 45mm，找正。

2）对刀，设置编程原点 O 为零件右端面中心。

3）钻中心孔。

4）用 $\phi25\text{mm}$ 钻头手动钻内孔。

5）粗、精车图 1-102 所示外圆面。

6）换镗刀，粗、精镗内圆锥面。

7）换切刀，切断。

（3）数值计算

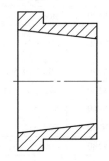

图 1-102 加工零件

对具有公差的尺寸由公式"编程尺寸 = 公称尺寸 $+ \dfrac{\text{上极限偏差} + \text{下极限偏差}}{2}$"，计算如下：

$\phi36\text{mm}$ 外圆的编程尺寸 $= 35.983\text{mm}$。

$\phi42\text{mm}$ 外圆的编程尺寸 $= 41.98\text{mm}$。

长度 25mm 的编程尺寸 $= 25\text{mm}$。

对具有锥度的尺寸由公式 $C = \dfrac{D_2 - D_1}{L}$ 计算如下：

$\because D_2 = 32\text{mm}$，$C = 1/5$，$L = 25\text{mm}$

$\therefore D_1 = D_2 - C \cdot L = （32 - 1/5 \times 25）\text{mm} = 27\text{mm}$

（4）选择刀具

1）中心钻，选 $\phi25\text{mm}$ 钻头置于尾座。

2）选用硬质合金 93°偏刀，用于粗、精加工零件外圆，刀尖半径 $R = 0.4\text{mm}$，刀尖方位 $T = 3$，置于 T01 刀位。

3）选用硬质合金不通孔镗刀加工锥面台阶孔，刀尖半径 $R = 0.4\text{mm}$，刀尖方位 $T = 2$，置于 T02 刀位。

4）选用硬质合金切刀（刀宽为 4mm），以左刀尖为刀位点，用于切断，置于 T03 刀位。

（5）确定切削用量

工序的划分与切削用量的选择见表1-49。

表1-49 图1-101所示零件的切削用量

加工内容	背吃刀量 a_p/mm	进给量 f/(mm·r^{-1})	主轴转速 n/(r·min^{-1})
粗车 $\phi 42$、$\phi 36$ 外圆	2.5	0.25	600
精车 $\phi 42$、$\phi 36$ 外圆	0.25	0.1	800
粗镗内孔	1.5	0.2	500
精镗内孔	0.25	0.1	800
切断	4	0.05	300

（6）参考程序

加工外圆面参考程序见表1-50。

表1-50 图1-101所示零件的参考程序

程序名	O1017;	
程序段号	程 序 内 容	说 明
N10	G97 G99 M03 S600;	主轴正转，转速为600r/min
N20	T0101;	换01号刀到位
N30	M08;	打开切削液
N40	G00 X46.0 Z2.0;	快速进刀至循环起点
N50	G71 U2.5 R0.5;	定义粗车循环，背吃刀量2.5mm，退刀量0.5mm
N60	G71 P70 Q140 U0.5 W0.05 F0.25;	精车路线由N70～N140指定，X方向精车加工余量0.5mm（直径值），Z方向精加工余量0.05mm，设进给量为0.25mm/r
N70	G00 X0.0 S800;	快速进刀至轴线，设主轴转速为800r/min
N80	G01 Z0.0 F0.1;	设进给量为0.1mm/r
N90	X35.983;	精加工轮廓
N100	Z-17.0;	
N110	X41.98;	
N120	Z-29.0;	
N130	X45.0;	
N140	G40 G01 X46.0;	取消刀具半径补偿
N150	G70 P70 Q140;	定义G70精车循环，精车各外圆表面
N160	G00 X200.0 Z100.0;	快速退刀，返回换刀点
N170	M09;	关闭切削液
N180	T0202;	换不通孔镗刀
N190	M08;	打开切削液
N200	G00 G41 X26.5 Z2.0 S500;	建立刀具半径左补偿，快速进刀至粗镗内圆锥面起点，准备粗镗 $\phi 27$mm孔第一次，设主轴转速为500r/min

(续)

程序段号	程 序 内 容	说　　明
N210	G01 Z0.0 F0.2;	慢速进刀至端面，设进给量为 0.2mm/r
N220	X27.0 Z−25.0;	粗镗内圆锥面第一次
N230	Z−29.0;	粗镗 φ32mm 内圆柱面第一次
N240	X25.0;	退刀
N250	G00 Z2.0;	快速退刀
N260	X26.5;	快速进刀至粗镗内圆锥面起点，准备粗镗 φ27mm 孔第二次
N270	G01 Z0.0;	慢速进刀至端面
N280	X29.0 Z−25.0;	粗镗内圆锥面第二次
N290	Z−29.0;	粗镗 φ32mm 内圆柱面第二次
N300	X25.0;	退刀
N310	G00 Z2.0;	快速退刀
N320	X26.5;	快速进刀至粗镗内圆锥面起点，准备粗镗 φ27mm 孔第三次
N330	G01 Z0.0;	慢速进刀至端面
N340	X31.5 Z−25.0;	粗镗内圆锥面第三次
N350	Z−29.0;	粗镗 φ32mm 内圆柱面第三次
N360	X25.0;	退刀
N370	G00 Z2.0;	快速退刀
N380	X27.0 S800;	快速进刀，准备精镗 φ27mm 内圆锥面，设主轴转速为 800r/min
N390	G01 F0.1 Z0.0;	慢速进刀至端面，设进给量为 0.1mm/r
N400	X32.0 Z−25.0;	精镗 φ27mm 内圆锥面
N410	Z−29.0;	精镗 φ32mm 内圆柱面
N420	X25.0;	退刀
N430	G00 Z2.0;	快速退刀
N440	G00 X200.0 Z100.0 G40;	快速退刀，返回换刀点，取消刀具半径补偿
N450	M09;	关闭切削液
N460	T0303;	换切刀
N470	M08;	打开切削液
N480	G00 X46.0 Z−29.0 S300;	快速进刀，准备切断，设主轴转速为 300r/min
N490	G01 F0.05 X0.0;	切断，设进给量为 0.05mm/r
N500	G00 X200.0 Z100.0;	快速返回换刀点
N510	M30;	程序结束

例 1-17　使用 CK6140A 数控车床加工图 1-103 所示零件，材料为 45 钢，毛坯尺寸为 φ50mm×1000mm，要求所有加工面的表面粗糙度值为 Ra3.2μm，试分析零件加工工艺并编写加工程序。

（1）工艺分析

该零件有右倒角、外圆柱面、左倒角、内槽、内圆柱面等加工表面，表面的粗糙度要求较高，应分粗、精加工，无热处理和硬度要求。因孔的尺寸为 $\phi20$mm、$\phi25$mm，可用钻孔、粗镗孔、精镗孔的加工方式加工，加工顺序按由粗到精、由右到左的原则，即从右向左先钻底孔，然后粗镗孔，最后精镗孔。其中 $\phi20$mm、$\phi25$mm、30mm、40mm、15mm 有尺寸精度要求，取极限尺寸的平均值进行加工。由于棒料较长，可采用一次装夹零件完成各表面的加工。

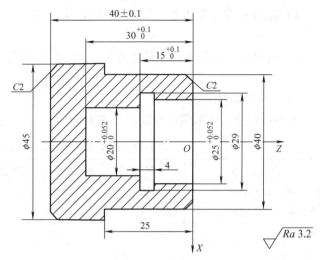

图 1-103　内圆弧面加工零件

（2）确定加工路线

1）用自定心卡盘夹住毛坯，外伸 60mm，找正。

2）对刀，设置编程原点 O 为零件右端面中心。

3）钻中心孔。

4）用 $\phi18$mm 钻头手动钻内孔。

5）粗、精车外圆。

6）换镗刀，粗、精镗内圆弧面、内圆柱面。

7）换内槽刀，车内槽。

8）换切刀，切断。

（3）数值计算

对具有公差的尺寸由公式"编程尺寸 ＝ 公称尺寸 $+ \dfrac{上极限偏差 + 下极限偏差}{2}$"，计算如下：

$\phi20$mm 内圆柱面的编程尺寸 ＝ 20.026mm。

$\phi25$mm 外圆柱面的编程尺寸 ＝ 25.026mm。

30mm 长度的编程尺寸 ＝ 30.05mm。

40mm 长度的编程尺寸 ＝ 40mm。

15mm 长度的编程尺寸 ＝ 15.05mm。

（4）选择刀具

1）中心钻，选 $\phi18$mm 钻头置于尾座。

2）选用硬质合金93°偏刀，用于粗、精加工零件外圆，刀尖半径 $R = 0.4$mm，刀尖方位 $T = 3$，置于 T01 刀位。

3）选用硬质合金不通孔镗刀加工内圆弧面、内圆柱面，刀尖半径 $R = 0.4$mm，刀尖方位 $T = 2$，置于 T02 刀位。

4）选用硬质合金内槽刀（刀宽为 4mm），以左刀尖为刀位点，用于切断，置于 T03 刀位。

5）选用硬质合金切刀（刀宽为 4mm），以左刀尖为刀位点，用于左倒角、切断，置于 T04 刀位。

（5）确定切削用量

工序的划分与切削用量的选择见表 1-51。

表 1-51　图 1-103 所示零件的工序切削用量

加 工 内 容	背吃刀量 a_p/mm	进给量 f/(mm·r^{-1})	主轴转速 n/(r·min^{-1})
粗车 ϕ40、ϕ45 外圆	2.5	0.25	600
精车 ϕ40、ϕ45 外圆	0.25	0.1	800
粗镗内圆柱面	1.5	0.2	500
精镗内圆柱面	0.25	0.1	800
内切槽	4	0.05	300
切断	4	0.05	300

（6）参考程序

参考程序见表 1-52。

表 1-52　图 1-103 所示零件的参考程序

程序名	O1018;	
程序段号	程 序 内 容	说　明
N10	G97 G99 M03 S600;	主轴正转，转速为 600r/min
N20	T0101;	换 01 号刀到位
N30	M08;	打开切削液
N40	G00 X50.0 Z2.0 G42;	快速进刀至循环起点
N50	G90 X45.5 Z-44.0 F0.25;	外圆粗车循环，设进给量为 0.25mm/r
N60	X40.5 Z-25.0;	粗车 ϕ40mm 外圆
N70	G00 X0.0 S800;	快速进刀至轴线，设主轴转速为 800r/min，准备精车
N80	G01 Z0.0 F0.1;	慢速进刀至端面，设进给量为 0.1mm/r
N90	X36.0;	精车端面
N100	X40.0 Z-2.0;	右倒角
N110	Z-25.0;	精车 ϕ40mm 外圆至要求尺寸
N120	X45.0;	精车 ϕ45mm 端面
N130	Z-44.0;	精车 ϕ45mm 外圆至要求尺寸
N140	X50.0;	退刀
N150	G01 G40 X51.0;	取消刀补
N160	G00 X200.0 Z100.0;	快速退刀，返回换刀点
N170	M09;	关闭切削液
N180	T0202;	换不通孔镗刀

（续）

程序段号	程序内容	说　明
N190	M08；	打开切削液
N200	G00 G41 X18.0 Z2.0 S500；	建立刀具半径左补偿，快速进刀至粗镗内孔循环起点，准备粗镗 ϕ20mm 孔，设主轴转速为 500r/min
N210	G71 U1.5 R0.5；	定义粗车循环，背吃刀量 1.5mm，退刀量 0.5mm
N220	G71 P230 Q310 U−0.5 W0.05 F0.2；	精车路线由 N230 ~ N310 指定，X 方向精车加工余量 0.5mm（直径值），Z 方向精加工余量 0.05mm，设进给量为 0.2mm/r
N230	G00 X0.0 S800；	快速进刀至轴线，设主轴转速为 800r/min
N240	G01 Z0.0 F0.1；	设进给量为 0.1mm/r
N250	X25.026；	精加工轮廓
N260	Z−15.05；	
N270	X20.026；	
N280	Z−30.05；	
N290	X16.0；	
N300	G00 Z2.0；	
N310	G00 X15.0 G40；	取消刀具半径补偿
N320	G70 P230 Q310；	定义 G70 精车循环，精车各内圆表面
N330	G00 X200.0 Z100.0；	快速退刀，返回换刀点
N340	M09；	关闭切削液
N350	T0303；	换内槽刀
N360	M08；	打开切削液
N370	G00 X18.0 Z2.0 S300；	快速进刀，设主轴转速为 300r/min
N380	G01 Z−15.05 F0.3；	快速进刀，准备切断
N390	F0.05 X29.0；	切槽，设进给量为 0.05mm/r
N400	G04 X2.0；	暂停 2s
N410	G01 X18.0；	退刀
N420	G00 Z2.0；	快速退刀
N430	G00 X200.0 Z100.0；	快速退刀，返回换刀点
N440	M09；	关闭切削液
N450	T0404；	换切刀
N460	M08；	打开切削液
N470	G00 X51.0 Z−44.0；	快速进刀
N480	G01 X0.0；	切断
N490	G00 X200.0 Z100.0；	快速返回换刀点
N500	M30；	程序结束

【编程与加工实例】

例 1-18 使用 CK6150 数控车床加工图 1-104 所示套管，已知材料为 45 钢，毛坯尺寸为 φ50mm×1000mm。试编写零件的加工程序，并在数控车床上加工出来。

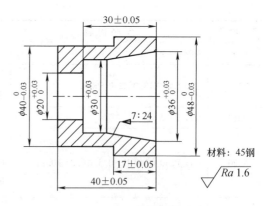

图 1-104 套管零件

1. 编写程序

（1）工艺分析

该零件有外圆、端面、锥面台阶孔等加工表面，有较高的尺寸精度和表面粗糙度要求，应分粗、精加工。零件材料为 45 钢，切削加工性能较好，无热处理和硬度要求。加工顺序按由粗到精、由右到左、由外向内的原则，即先粗、精加工外圆，然后切断，最后粗、精加工锥面台阶孔。因孔的最小尺寸为 φ20mm，可先后采用钻孔、粗镗孔、精镗孔的加工方式加工。其中 φ20mm、φ30mm、φ36mm、φ40mm、φ48mm、17mm、30mm、40mm 有尺寸精度要求，取极限尺寸的平均值进行加工。

（2）确定加工路线

1）利用自定心卡盘夹住工件右端，外伸 60mm，找正。

2）对刀，设置编程原点 O 在右端面中心。

3）由右向左依次粗车外圆。

4）由右向左依次精车外圆。

5）切断。

6）掉头，用铜皮包 φ48mm 外圆面，利用自定心卡盘装夹工件，找正。

7）对刀，设置编程原点 O 在右端面中心。

8）手动钻中心孔。

9）用 φ18mm 钻头手动钻内孔。

10）换镗刀，粗、精镗锥面台阶孔。

（3）计算各点坐标

对具有公差的尺寸由公式"编程尺寸 = 公称尺寸 + $\dfrac{上极限偏差 + 下极限偏差}{2}$"，计算如下：

φ20mm 外圆的编程尺寸 = 20.015mm。

φ30mm 外圆的编程尺寸 = 30.015mm。

φ36mm 外圆的编程尺寸 = 36.015mm。

φ40mm 外圆的编程尺寸 = 39.985mm。

φ48mm 外圆的编程尺寸 = 47.985mm。

17mm 长度的编程尺寸 = 17mm。

30mm 长度的编程尺寸 = 30mm。

40mm 长度的编程尺寸 = 40mm。

各点坐标的计算结果见表 1-53，示意图如图 1-105 所示。

表 1-53 各点坐标值

点坐标	O	A	B	C	D	E	F	G	H	I
X	0	47.985	47.985	39.985	39.985	20.015	20.015	30.015	30.015	36.015
Z	0	0	−17	−17	−40	−40	−30	−30	−20.57	0

（4）选择刀具

数控加工刀具卡见表 1-54。

1）中心钻、ϕ18mm 钻头置于尾座。

2）选用硬质合金 93° 偏刀，用于粗、精加工零件外圆，刀尖半径 $R = 0.4$mm，刀尖方位 $T = 3$，置于 T01 刀位。

3）选用硬质合金不通孔镗刀，用于粗、精加工锥面台阶孔，刀尖半径 $R = 0.4$mm，刀尖方位 $T = 2$，置于 T02 刀位。

4）选用硬质合金切刀（刀宽为 4mm），以左刀尖为刀位点，用于切断，置于 T03 刀位。

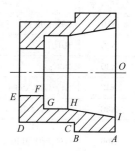

图 1-105 各点坐标

表 1-54 数控加工刀具卡

产品名称或代号		典型零件		零件名称	套管	零件图号		02	
序号	刀具号	刀具名称	数量	加工表面		刀尖半径 R/mm	刀尖方位 T	备注	
1	T01	硬质合金外圆 93° 偏刀	1	粗、精车外圆		0.4	3		
2	T02	硬质合金镗刀	1	粗、精加工锥面台阶孔		0.4	2		
3	T03	硬质合金切刀	1	切断			8		
4	尾座	中心钻、ϕ18mm 钻头	各 1	钻中心孔、钻通孔					
编制		审核		批准		共 1 页		第 1 页	

（5）确定切削用量

工序的划分与切削用量的选择见表 1-55。

表 1-55 图 1-104 所示零件的工序和切削用量

加工内容	背吃刀量 a_p/mm	进给量 f/(mm·r^{-1})	主轴转速 n/(r·min^{-1})
粗车外圆面	2.5	0.25	600
精车外圆面	0.5	0.1	800
切断	0.05	4	300
粗镗锥面台阶孔	1.5	0.2	500
精镗锥面台阶孔	0.5	0.1	800

（6）参考程序

加工外圆的参考程序见表1-56。

表 1-56　图 1-104 所示零件的参考程序（加工外圆）

程序名	O1019；	
程序段号	程 序 内 容	说　明
N10	G97 G99 M03 S600；	主轴正转，转速为 600r/min
N20	T0101；	换 01 号刀到位
N30	M08；	打开切削液
N40	G42 G00 X50.0 Z2.0；	设置刀具半径右补偿，快速进刀至循环起点
N50	G71 U2.5 R0.5；	定义粗车循环，背吃刀量 2.5mm，退刀量 0.5mm
N60	G71 P70 Q140 U0.5 W0.05 F0.25；	精车路线由 N70～N140 指定，X 方向精车余量 0.5mm（直径值），Z 方向精车余量 0.05mm，设进给量为 0.25mm/r
N70	G00 X0.0 S800；	快速进刀，设主轴转速为 800r/min
N80	G01 F0.1 Z0.0；	设进给量为 0.1mm/min
N90	X39.985；	精加工轮廓
N100	Z－23.0；	
N110	X47.985；	
N120	Z－44.0；	
N130	X50.0；	
N140	G01 X52.0 G40；	
N150	G70 P70 Q140；	定义 G70 精车循环，精车各外圆表面
N160	G00 X200.0 Z100.0；	快速返回换刀点
N170	M09；	关闭切削液
N180	T0303；	换切刀 T03 到位
N190	M08；	关闭切削液
N200	G00 X52.0 Z－44.0 S300；	快速进刀，主轴转速为 300r/min
N210	G01 F0.05 X0.0；	切断，进给量为 0.05mm/min
N220	G00 X200.0 Z100.0；	快速返回换刀点
N230	M30；	程序结束

加工锥面台阶孔的参考程序见表1-57。

表 1-57　图 1-104 所示零件的参考程序（加工锥面台阶孔）

程序名	O1020；	
程序段号	程 序 内 容	说　明
N10	G97 G99 M03 S500；	主轴正转，转速为 500r/min
N20	T0202；	换 02 号刀到位
N30	M08；	打开切削液

（续）

程序段号	程序内容	说　明
N40	G41 G00 X18.0 Z2.0；	建立刀具半径左补偿，快速进刀至循环起点
N50	G71 U2.0 R0.5；	定义粗车循环，背吃刀量 2mm，退刀量 0.5mm
N60	G71 P70 Q150 U−0.5 W0.05 F0.2；	精车路线由 N70～N150 指定，X 方向精车加工余量 0.5mm（直径值），Z 方向精加工余量 0.05mm
N70	G00 X36.015 S800；	快速进刀至循环起点，设主轴转速为 800r/min
N80	G01 Z0.0 F0.1；	进刀至端面，设进给量为 0.1mm/r
N90	X30.015 Z−20.57；	精加工轮廓
N100	Z−30.015；	
N110	X20.015；	
N120	Z−42.0；	
N130	X18.0；	
N140	G00 Z2.0；	
N150	G01 X17.0 G40；	取消刀具半径补偿
N160	G70 P70 Q150；	定义 G70 精车循环，精车循环加工内轮廓
N170	G00 X200.0 Z100.0；	快速退刀，返回换刀点
N180	M30；	程序结束

2. 加工零件

1）开机，各坐标轴手动回机床原点。

2）将刀具依次装上刀架。根据加工要求选择 93°偏刀（刀尖圆弧半径 $R=0.4$mm，刀尖方位 $T=3$）、不通孔镗刀（刀尖圆弧半径 $R=0.4$mm，刀尖方位 $T=2$）、切刀（刀宽为 4mm）各一把，其编号分别为 T01、T02、T03，刀具材料采用硬质合金。在尾座上先后安装中心钻和 ϕ18mm 钻头。

3）用自定心卡盘装夹工件。

4）用试切法对刀，并设置好刀具参数。

5）手动输入加工程序。

6）调试加工程序。手动把刀具从工件处移开，选择自动模式，调出加工程序，按下辅助键中的"机械锁定""程序空运行"两键，再按下"启动"键预演程序，检查刀具动作和加工路径是否正确。

7）确认程序无误后，即可进行自动加工。

8）取下工件，进行检测。选择游标卡尺和千分尺检测尺寸。

9）清理加工现场。

10）关机。

3. 评分标准

评分标准见表 1-58。

表1-58 评分表

班级			姓名		学号	
课题			加工套管	零件编号		03
基本检查		序号	检测内容	配分	学生自评	教师评分
基本检查	编程	1	切削加工工艺制订正确	10		
基本检查	编程	2	切削用量选择合理	5		
基本检查	编程	3	程序正确、简单、规范	20		
基本检查	操作	4	设备操作、维护保养正确	5		
基本检查	操作	5	安全、文明生产	10		
基本检查	操作	6	刀具选择、安装正确、规范	5		
基本检查	操作	7	工件找正、安装正确、规范	5		
工作态度		8	行为规范，态度端正	5		

尺寸检测	序号	图样尺寸/mm	公差/mm	量具 名称	量具 规格/mm	
尺寸检测	9	外圆 $\phi40$	0 −0.03	千分尺	25~50	4
尺寸检测	10	外圆 $\phi48$	0 −0.03	千分尺	25~50	4
尺寸检测	11	内圆 $\phi20$	+0.03 0	千分尺	0~25	4
尺寸检测	12	内圆 $\phi30$	+0.03 0	千分尺	25~50	4
尺寸检测	13	内圆 $\phi36$	+0.03 0	千分尺	25~50	4
尺寸检测	14	长 17	±0.05	千分尺	0~25	4
尺寸检测	15	长 30	±0.05	千分尺	25~50	4
尺寸检测	16	长 40	±0.05	千分尺	25~50	4
尺寸检测	17	表面粗糙度	1.6μm	粗糙度样规		3
综合得分						

【思考与练习】

1. 应如何加工套类零件?

2. 如图1-106所示，已知毛坯尺寸为 $\phi50mm \times 1000mm$，材料为45钢，设背吃刀量不大于2.5mm，所有加工面的表面粗糙度值为 $Ra1.6\mu m$，试编写该零件的粗、精加工程序。

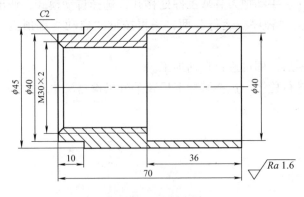

图 1-106 习题2 图

项目 1.7　成形面类零件编程与加工

【学习目标】

1）掌握凸圆弧面、凹圆弧面、内圆弧面的加工方法。

2）熟练掌握 G02、G03 指令的格式，并能正确使用以上指令编写程序。

【知识学习】

成形面加工一般分为粗加工和精加工。

圆弧加工的粗加工与一般外圆、锥面的加工不同。曲线加工的切削用量不均匀，背吃刀量过大，容易损坏刀具，在粗加工中要考虑加工路线和切削方法。其总体原则是保证背吃刀量尽可能均匀的情况下，减少走刀次数及空行程。

1.7.1 凸圆弧
面、凹圆弧面
零件加工技术

1.7.1 圆弧插补
指令G02、G03的
使用方法及
注意事项

1.7.1　凸圆弧面、凹圆弧面零件加工技术

1. 成形面加工方法

（1）粗加工凸圆弧表面　圆弧表面为凸表面时，通常有车锥法（斜线法）和车圆法（同心圆法）两种加工方法。

1）车锥法是用车圆锥的方法切除圆弧毛坯余量，如图 1-107a 所示。加工路线不能超过 A、B 两点的连线，否则会伤到圆弧的表面。车锥法一般适用于圆心角小于 90° 的圆弧。

2）车圆法是用不同的半径切除毛坯余量。此方法的车刀空行程时间较长，如图 1-107b 所示。车圆法适用于圆心角大于 90° 的圆弧粗车。

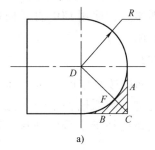
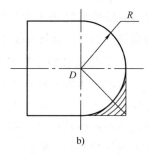

图 1-107　凸圆弧车削方式

a）车锥法　b）车圆法

（2）粗加工凹圆弧表面　当圆弧表面为凹表面时，其加工方法有等径圆弧法（等径不同心）、同心圆弧法（同心不等径）、梯形法和三角形法。等径圆弧形式的计算和编程最简单，但走刀路线较其他几种方式长，如图 1-108a 所示；同心圆弧形式的走刀路线短，且精车余量最均匀，如图 1-108b 所示；梯形形式的切削力分布合理，切削率最高，如图 1-108c 所示；三角形形式的走刀路线较同心圆弧形式长，但比梯形、等径圆弧形式短，如图 1-108d 所示。

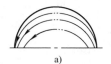
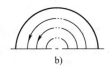
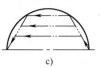
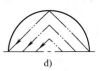

图 1-108　凹圆弧车削方法

a）等径圆弧法　b）同心圆弧法　c）梯形法　d）三角形法

2. 切削用量的选择

由于成形面在粗加工中常常出现切削不均匀的情况，背吃刀量应小于外圆及圆锥面加工的背吃刀量。一般粗加工背吃刀量取 $a_p = 1 \sim 1.5mm$，精加工背吃刀量取 $a_p = 0.2 \sim 0.5mm$，其进给速度也较低。

3. 刀具的选择

加工成形面时，所使用的刀具一般为圆弧形车刀、尖形车刀和菱形车刀，如图 1-109 所

示。圆弧形车刀用于切削内、外表面，特别适宜于车削各种光滑连接的成形面，其加工精度和表面粗糙度比尖形车刀高。圆弧形车刀的主要特征是构成主切削刃的刀刃形状为一条轮廓误差很小的圆弧，该圆弧刃每一点都是圆弧形车刀的刀尖，因此刀位点在圆弧的圆心上。在选用圆弧形车刀切削圆弧时，切削刃的圆弧半径应小于或等于零件凹形轮廓上的最小曲率半径，以免发生加工干涉。尖形车刀和菱形车刀一般用于加工精度要求不高的成形面，选用时，一定要选择合理的

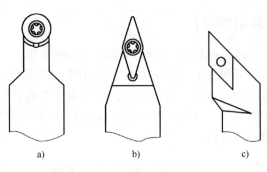

图 1-109　常用车削圆弧车刀
a）圆弧形车刀　b）尖形车刀　c）菱形车刀

副偏角，防止副切削刃与已加工圆弧面产生干涉，如图 1-110 所示。

一般加工圆弧半径较小的零件时，可选用圆弧形车刀，刀具的圆弧半径等于零件圆弧半径，使用 G01 直线插补指令用直进法加工，如图 1-111 所示。

4. 圆弧插补指令 G02 / G03

该指令使得刀具在指定平面内按给定的 F 进给速度做圆弧插补运动，用于加工圆弧轮廓。圆弧插补指令分为顺时针圆弧插补指令 G02 和逆时针圆弧插补指令 G03 两种，其指令示意图如图 1-112 所示。

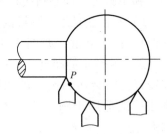

图 1-110　刀具与已加工圆弧面产生干涉

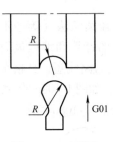

图 1-111　直进法

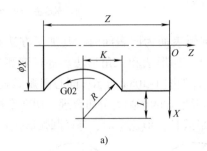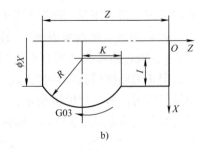

图 1-112　指令示意图
a）G02 指令示意图　b）G03 指令示意图

顺时针圆弧插补（G02）的指令格式：

```
G02 X(U)__ Z(W)__ I__ K__ F__;或G02 X(U)__ Z(W)__ R__ F__;
```

逆时针圆弧插补（G03）的指令格式：

```
G03 X(U)__ Z(W)__ I__ K__ F__;或G03 X(U)__ Z(W)__ R__ F__;
```

说明：

1）G02 为顺时针方向圆弧插补，G03 为逆时针方向圆弧插补。顺逆定义为从垂直于圆弧所在平面的坐标轴正方向往负方向看到的回转方向（即加工平面内观察者迎着 Y 轴指向 $-Y$ 轴看的回转方向）。在两个坐标轴正方向的象限内，$+X$ 轴转向 $+Z$ 轴为 G02，$+Z$ 轴转向 $+X$ 轴为 G03。当数控车床采用前置刀架时，G02 与 G03 的选择如图 1-113a 所示；当数控车床采用后置刀架时，G02 与 G03 的选择如图 1-113b 所示。

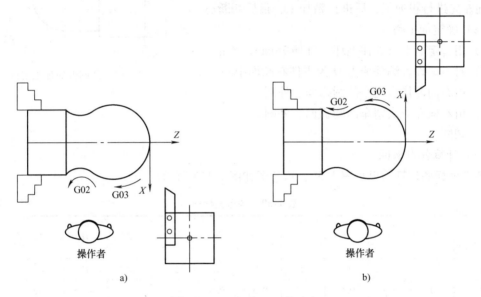

图 1-113　G02 和 G03 的确定
a）前置刀架坐标系　b）后置刀架坐标系

2）"X(U)__　Z(W)__"是目标点的坐标值，绝对坐标编程时，X、Z 是圆弧终点坐标值，直径编程时 X 为实际坐标值的 2 倍，增量编程时，U、W 是终点相对始点的距离。

3）圆心位置的指定可以用 R，也可以用 I、K。R 为圆弧半径值；I、K 为圆心在 X 轴和 Z 轴上相对于圆弧起点的坐标增量，可用下式表示：

$$I = (X_{圆心} - X_{起点})/2(X 为直径值)$$

$$K = (Z_{圆心} - Z_{起点})/2$$

I 和 K 后面的数值与 G90 和 G91 无关，I0 和 K0 可省略不写。如果地址 R 和 I、K 同时指定，则 R 有效，I 和 K 无效。

4）F 为沿圆弧切线方向的进给量或进给速度。

5）R__为圆弧半径，当用半径 R 来指定圆心位置时，由于在同一半径 R 下，从圆弧的起点到终点有两种圆弧的可能性，大于 180° 和小于 180° 两个圆弧，为区别起见，特规定圆心角 $\alpha \leqslant 180°$ 时，用 "$+R$" 表示；$\alpha > 180°$ 时，用 "$-R$" 表示。

注意：R 编程只适用于非整圆的圆弧插补情况，不适用于整圆加工，整圆加工时只能使用 I、K 编程。

例1-19 使用 CK6150 数控车床加工图 1-114 所示零件，已知材料为 45 钢，毛坯尺寸为 $\phi50\text{mm} \times 1000\text{mm}$，要求所有加工面的表面粗糙度值为 $Ra1.6\mu\text{m}$，试用车锥法编制该零件的加工程序。

（1）工艺分析

该零件由外圆、凸圆弧面组成，零件较简单。零件材料为 45 钢，切削加工性能较好，尺寸精度要求不高，各加工面的表面粗糙度要求较高，无热处理和硬度要求。加工顺序按由粗到精、由右到左的原则，即从右向左先进行粗加工，后进行精加工，最后切断。

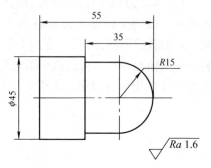

图1-114 凸圆弧面加工实例

（2）确定加工路线

1）用自定心卡盘夹住毛坯，外伸 75mm，找正。

2）对刀，设置编程原点 O 为零件右端面中心。

3）由右向左依次粗车凸圆弧面、外圆。

4）由右向左依次精车凸圆弧面、外圆。

5）切断。

（3）计算各点坐标

各点坐标的计算结果见表 1-59，示意图如图 1-115 所示。

表1-59 各点坐标值

点 坐标	O	A	B	C	D	E	F	G	H	I	J
X	0	0	19	25	31	31	31	31	31	31	0
Z	0	0.5	0.5	0.5	0.5	0.5	-2.5	-5.5	-8.5	-15	-15

（4）选择刀具

1）选用硬质合金93°偏刀，用于粗、精加工零件各面，刀尖半径 $R = 0.4\text{mm}$，刀尖方位 $T = 3$，置于 T01 刀位。

2）选用硬质合金切刀（刀宽为 4mm），以左刀尖为刀位点，用于切断，置于 T03 刀位。

（5）确定切削用量

工序的划分与切削用量的选择见表 1-60。

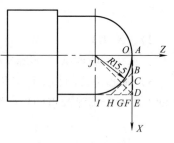

图1-115 各点坐标

表1-60 图1-114 所示零件的工序和切削用量

加工内容	背吃刀量 a_p/mm	进给量 f/(mm·r⁻¹)	主轴转速 n/(r·min⁻¹)
粗车 $\phi45\text{mm}$、$\phi30\text{mm}$ 外圆、凸圆弧面	2.5	0.25	600
精车 $\phi45\text{mm}$、$\phi30\text{mm}$ 外圆、凸圆弧面	0.5	0.1	800
切断	4	0.05	300

（6）参考程序

参考程序见表 1-61。

表 1-61　图 1-114 所示零件的参考程序

程序名	O1021；	
程序段号	程 序 内 容	说　　明
N10	G97 G99 M03 S600；	主轴正转，转速为 600r/min
N20	T0101；	换 01 号刀到位
N30	M08；	打开切削液
N40	G00 X50.0 Z2.0 G42；	建立刀具半径右补偿，快速进刀至循环起点
N50	G90 X46.0 Z-59.0 F0.25；	φ45mm 外圆切削循环
N60	X41.0　Z-35.0；	φ30mm 外圆切削循环一次
N70	X36.0；	φ30mm 外圆切削循环二次
N80	X31.0；	φ30mm 外圆切削循环三次
N90	G00 X25.0；	快速进刀
N100	G01 Z0.5；	进刀至 D 点
N110	X31.0 Z-2.5；	粗车圆弧至 F 点
N120	G00 Z2.0；	快速退刀
N130	X19.0；	快速进刀
N140	G01 Z0.5；	进刀至 C 点
N150	X31.0 Z-5.5；	粗车圆弧至 G 点
N160	G00 Z2.0；	快速退刀
N170	X13.0；	快速进刀
N180	G01 Z0.5；	进刀至 B 点
N190	X31.0 Z-8.5；	粗车圆弧至 H 点
N200	G00 Z2.0；	快速退刀
N210	X0.0；	快速进刀
N220	G01 Z0.5；	进刀至 A 点
N230	G03 X31.0 Z-15.0 R15.5 F0.25；	粗车圆弧，设进给量为 0.25mm/r
N240	G00 X32.0 Z2.0；	快速退刀
N250	X0.0 S800；	快速进刀至轴线，准备精车端面，设主轴转速为 800r/min
N260	G01 F0.1 Z0.0；	慢速进刀至端面 O 点，设进给量为 0.1mm/r
N270	G03 X30.0 Z-15.0 R15.0 F0.1；	精车圆弧，设进给量为 0.1mm/r
N280	G01 Z-35.0；	精车 φ30mm 外圆至要求尺寸
N290	X45.0；	精车 φ45mm 端面至要求尺寸
N300	Z-59.0；	精车 φ45mm 外圆至要求尺寸
N310	X50.0；	退刀
N320	G01 X51.0 G40；	取消刀具半径补偿
N330	G00 X200.0 Z100.0；	快速退刀，返回换刀点
N340	M09；	关闭切削液

（续）

程序段号	程序内容	说　明
N350	T0303;	换切刀
N360	M08;	打开切削液
N370	G00 X51.0 Z−59.0 S300;	快速进刀，准备切断，设主轴转速为300r/min
N380	G01 F0.05 X0.0;	切断，设进给量为0.05mm/r
N390	G00 X200.0 Z100.0;	快速退刀，返回换刀点
N400	M30;	程序结束

例 1-20 使用 CK6150 数控车床加工图 1-116 所示零件，已知材料为 45 钢，毛坯尺寸为 $\phi50\text{mm} \times 1000\text{mm}$，要求所有加工面的表面粗糙度值为 $Ra1.6\mu m$，试编制该零件的加工程序。

（1）工艺分析

该零件由外圆、凹圆弧面、左倒角、右倒角等组成。零件材料为 45 钢，切削加工性能较好，尺寸精度要求不高，各加工面的表面粗糙度要求较高，无热处理和硬度要求。加工顺序为粗、精加工各表面，最后切断。

（2）确定加工路线

1）用自定心卡盘装夹毛坯，外伸 80mm，找正。

2）对刀，设置编程原点 O 为零件右端面中心。

3）粗车 $\phi45\text{mm}$ 外圆、车右倒角、精车 $\phi45\text{mm}$ 外圆。

4）粗车、精车凹圆弧面。

5）车左倒角、切断。

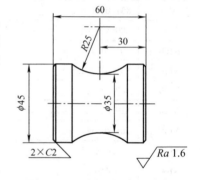

图 1-116 凹圆弧面加工实例

（3）计算各点坐标

各点坐标的计算结果见表 1-62，示意图如图 1-117 所示。

表 1-62　各点坐标值

点 坐标	O	A	B	C	D	E	F	G	H	I	J
X	0	41	45	45	45	45	45	45	45	45	41
Z	0	0	−2	−15	−15.9	−19.7	−40.3	−44.2	−45	−58	−60

（4）选择刀具

1）选用硬质合金93°偏刀，用于粗、精加工零件外圆、端面和右倒角，刀尖半径 $R = 0.4\text{mm}$，刀尖方位 $T = 3$，置于 T01 刀位。

2）选用硬质合金60°尖刀，用于加工圆弧，刀尖半径 $R = 0.4\text{mm}$，刀尖方位 $T = 8$，置于 T02 刀位。

3）选用硬质合金切刀（刀宽为 4mm），以左刀尖为刀位点，用于左倒角和切断，置于 T03 刀位。

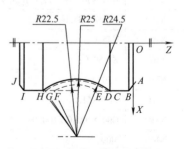

图 1-117 各点坐标示意图

（5）确定切削用量

工序的划分与切削用量的选择见表1-63。

表1-63　图1-116所示零件的工序和切削用量

加 工 内 容	背吃刀量 a_p/mm	进给量 f/(mm·r^{-1})	主轴转速 n/(r·min^{-1})
粗车 ϕ45mm 外圆	2.5	0.25	600
精车右端面、车右倒角、精车 ϕ45mm 外圆	0.5	0.1	800
粗车圆弧	2.5	0.2	500
精车圆弧	0.5	0.1	800
左倒角、切断	4	0.05	300

（6）参考程序

参考程序见表1-64。

表1-64　图1-116所示零件的参考程序

程序名	O1022；	
程序段号	程序内容	说　明
N10	G97 G99 M03 S600；	主轴正转，转速为 600r/min
N20	T0101；	换 01 号刀到位
N30	M08；	打开切削液
N40	G00 X50.0 Z2.0 G42；	建立刀具半径右补偿，快速进刀至循环起点
N50	G90 X46.0 Z-64.0 F0.25；	ϕ45mm 外圆切削循环
N60	G00 X0.0 S800；	快速进刀至轴线，准备精车端面，设主轴转速为 800r/min
N70	G01 F0.1 Z0.0；	慢速进刀至端面，设进给量为 0.1mm/r
N80	X41.0；	精车端面
N90	X45.0 Z-2.0；	倒角
N100	Z-64.0；	精车外圆
N110	X50.0；	退刀
N120	G01 X51.0 G40；	取消刀具半径补偿
N130	G00 X200.0 Z100.0；	快速退刀，返回换刀点
N140	M09；	关闭切削液
N150	T0202；	换尖刀
N160	M08；	打开切削液
N170	G00 X46.0 Z-19.7 G42 S500；	建立刀具半径右补偿，快速进刀，准备粗车圆弧，设主轴转速为 500r/min
N180	G01 F0.25 X45.0；	进刀至 E 点
N190	G02 F0.2 Z-40.3 R22.5；	粗车圆弧至 F 点
N200	G01 X46.0；	退刀
N210	G00 Z-15.9；	快速退刀
N220	G01 X45.0；	进刀至 D 点

（续）

程序段号	程序内容	说明
N230	G02 Z-44.2 R24.5;	粗车圆弧至 G 点
N240	G01 X46.0;	退刀
N250	G00 Z-15.0 S800;	快速退刀，设主轴转速为800r/min
N260	G01 X45.0;	进刀至 C 点
N270	G02 Z-45.0 R25.0 F0.1;	粗车圆弧至 H 点
N280	G01 X46.0 G40;	取消刀具半径补偿
N290	G00 X200.0 Z100.0;	快速退刀，返回换刀点
N300	M09;	关闭切削液
N310	T0303;	换切刀
N320	M08;	打开切削液
N330	G00 X51.0 Z-64.0 S300;	快速退刀，设主轴转速为300r/min
N340	G01 F0.05 X41.0;	切槽，设进给量为0.05mm/r
N350	X46.0;	退刀
N360	W2.0;	移刀
N370	X45.0;	进刀
N380	X41.0 W-2.0;	车左倒角
N390	X0.0;	切断
N400	G00 X200.0 Z100.0;	快速退刀，返回换刀点
N410	M30;	程序结束

例 1-21　使用 CK6140 数控车床加工图 1-118 所示零件，已知材料为 45 钢，毛坯尺寸为 φ45mm×1000mm，所有加工面的表面粗糙度值为 Ra1.6μm。试编写零件的加工程序，并加工出来。

（1）工艺分析

该零件由多个外圆柱面、圆锥面、凹圆弧面、凸圆弧面组成，有较高的表面粗糙度要求。零件材料为 45 钢，切削加工性能较好，无热处理和硬度要求。加工顺序按

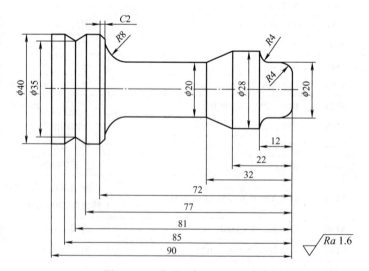

图 1-118　成形面加工编程实例

由粗到精、由右到左的原则，即先从右向左进行粗车（留 0.5mm 精车余量），然后从右向左进行精车，最后切断。

（2）确定加工路线

1）用自定心卡盘夹住毛坯，外伸110mm，找正。

2）对刀，设置编程原点 O 为零件右端面中心。

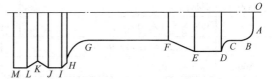

图 1-119　各点坐标

3）由右向左依次粗车、精车外圆面。

4）切断。

（3）计算各点坐标

各点坐标的计算结果见表1-65，示意图如图1-119所示。

表 1-65　各点坐标值

坐标＼点	O	A	B	C	D	E	F
X	0	12	20	20	28	28	20
Z	0	0	−4	−8	−12	−22	−32

坐标＼点	G	H	I	J	K	L	M
X	20	36	40	40	35	40	40
Z	−62	−70	−72	−77	−81	−85	−90

（4）选择刀具

1）选用硬质合金60°尖刀，用于粗加工外圆面，刀尖半径 $R = 0.8$mm，刀尖方位 $T = 8$，置于T01刀位。

2）选用硬质合金60°尖刀，用于精加工外圆面，刀尖半径 $R = 0.2$mm，刀尖方位 $T = 8$，置于T02刀位。

3）选用硬质合金切刀（刀宽为4mm），以左刀尖为刀位点，用于切断，置于T03刀位。

（5）确定切削用量

工序的划分与切削用量的选择见表1-66。

表 1-66　图 1-118 所示零件的工序和切削用量

加工内容	背吃刀量 a_p/mm	进给量 f/(mm·r⁻¹)	主轴转速 n/(r·min⁻¹)
粗车外圆面	2.5	0.25	600
精车外圆面	0.5	0.1	800
切断	4	0.05	300

（6）参考程序

参考程序见表1-67。

表 1-67　图 1-118 所示零件的参考程序

程序名	O1023；	
程序段号	程序内容	说　明
N10	G97 G99 M03 S600；	主轴正转，转速为600r/min
N20	T0101；	换01号刀到位

（续）

程序段号	程序内容	说　明
N30	M08;	打开切削液
N40	G00 X45.0 Z2.0 G42;	建立刀具半径右补偿，快速进刀至循环起点
N50	G90 F0.25 X41.0 Z-94.0;	粗车φ40mm外圆
N60	G00 X37.0;	快速进刀
N70	G01 F0.25 Z-70.0;	粗车φ28mm外圆第一刀
N80	X41.0 Z-72.0;	粗车圆锥面
N90	G00 Z2.0;	快速退刀
N100	X33.0;	快速进刀
N110	G01 Z-62.0;	粗车φ28mm外圆第二刀
N120	G02 X37.0 Z-70.0 R8.0 F0.25;	粗车凹圆弧面
N130	G00 Z2.0;	快速退刀
N140	X29.0;	快速进刀
N150	G01 Z-62.0;	粗车φ28mm外圆第三刀
N160	G02 X37.0 Z-70.0 R8.0;	粗车凹圆弧面
N170	G00 Z2.0;	快速退刀
N180	X25.0;	快速进刀
N190	G01 Z-8.0;	粗车φ20mm外圆第一刀
N200	G02 X29.0 Z-12.0 R8.0;	粗车凹圆弧面
N210	G00 Z2.0;	快速退刀
N220	X21.0;	快速进刀
N230	G01 Z-8.0;	粗车φ20mm外圆第二刀
N240	G02 X29.0 Z-12.0 R8.0;	粗车凹圆弧面
N250	G00 Z2.0;	快速退刀
N260	X12.0;	快速进刀
N270	G01 Z0.5;	慢速进刀，准备粗车凸圆弧面
N280	G03 X21.0 Z-4.0 R4.5 F0.25;	粗车凸圆弧面
N290	G00 X31.0;	快速退刀
N300	Z-22.0;	快速进刀
N310	G01 X29.0;	慢速进刀
N320	X25.0 Z-32.0;	粗车圆锥面第一刀
N330	Z-62.0;	粗车圆柱面
N340	G02 X37.0 Z-70.0 R8.0;	粗车凹圆弧面
N350	G00 X31.0 Z-22.0;	快速退刀
N360	G01 X29.0;	慢速进刀
N370	X21.0 Z-32.0;	粗车圆锥面第二刀
N380	Z-62.0;	粗车圆柱面
N390	G02 X37.0 Z-70.0 R8.0;	粗车凹圆弧面
N400	G00 X43.0;	快速退刀
N410	Z-77.0;	快速进刀
N420	G01 X41.0;	慢速进刀

（续）

程序段号	程序内容	说　明
N430	X36.0 Z-81.0;	粗车圆锥面
N440	X41.0 Z-85.0;	粗车圆锥面
N450	G00 X43.0 G40;	取消刀补
N460	G00 X200.0 Z100.0;	快速返回换刀点
N470	M09;	关闭切削液
N480	T0202;	换2号刀到位
N490	M08;	打开切削液
N500	G00 X12.0 Z2.0 S800 G42;	设主轴转速为800r/min，建立刀具半径右补偿
N510	G01 F0.1 Z0.0;	慢速进刀至精加工起点，准备精车
N520	G03 X20.0 Z-4.0 R4.0 F0.1;	精车凸圆弧面
N530	G01 Z-8.0;	精车圆柱面
N540	G02 X28.0 Z-12.0 R4.0 F0.1;	精车凹圆弧面
N550	G01 Z-22.0;	精车圆柱面
N560	X20.0 Z-32.0;	精车圆锥面
N570	Z-62.0;	精车圆柱面
N580	G02 X36.0 Z-70.0 R8.0;	精车凹圆弧面
N590	G01 X40.0 Z-72.0;	精车圆锥面
N600	Z-77.0;	精车圆柱面
N610	X35.0 Z-81.0;	精车圆锥面
N620	X40.0 Z-85.0;	精车圆锥面
N630	Z-94.0;	精车圆柱面
N640	X45.0;	退刀
N650	G00 X47.0 G40;	取消刀具半径补偿
N660	G00 X200.0 Z100.0;	快速回换刀点
N670	M09;	关闭切削液
N680	T0303;	换切刀
N690	M08;	打开切削液
N700	G00 X42.0 Z-94.0 S300;	快速进刀，设主轴转速为300r/min，准备切断
N710	G01 F0.05 X0.0;	切断，设进给量为0.05mm/r
N720	G00 X200.0 Z100.0;	快速返回换刀点
N730	M30;	程序结束

1.7.2　内圆弧面零件加工技术

例1-22　使用CK6140A数控车床加工图1-120所示零件，材料为45钢，毛坯尺寸为 $\phi55\text{mm} \times 1000\text{mm}$，要求所有加工面的表面粗糙度值为 $Ra3.2\mu\text{m}$，试分析零件加工工艺并编写加工程序。

1.7.2　内圆弧面零件加工技术

（1）工艺分析

该零件有外圆柱面、端面、内圆弧面、内圆柱面等加工表面，表面的粗糙度要求较高，应分为粗、精加工，无热处理和硬度要求。因孔的最小尺寸为 $\phi20$mm，可用钻孔、粗镗孔、精镗孔的加工方式加工，加工顺序按由粗到精、由右到左的原则，即从右向左先钻底孔，然后粗镗孔，最后精镗孔。其中 $\phi20$mm、$\phi28$mm、35mm 有尺寸精度要求，取极限尺寸的平均值进行加工。由于棒料较长，可采用一次装夹零件完成各表面的加工。

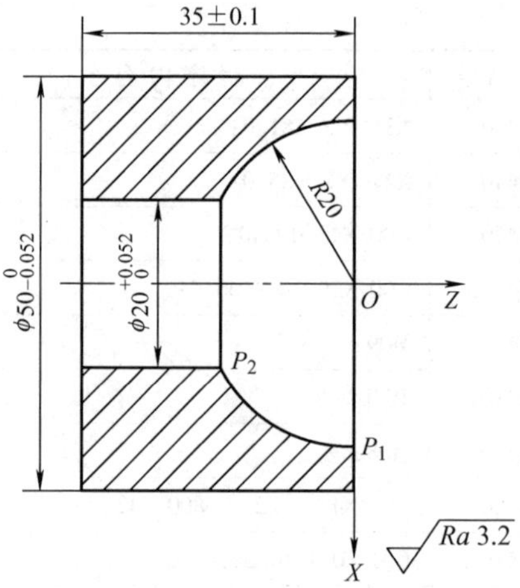

图 1-120 内圆弧面加工零件

（2）确定加工路线

1）用自定心卡盘夹住毛坯，外伸 55mm，找正。

2）对刀，设置编程原点 O 为零件右端面中心。

3）钻中心孔。

4）用 $\phi18$mm 钻头手动钻内孔。

5）粗、精车外圆。

6）换镗刀，粗、精镗内圆弧面、内圆柱面。

7）换切刀，切断。

（3）计算各点坐标

各点坐标的计算结果见表 1-68，示意图如图 1-121 所示。

表 1-68 各点坐标值

点 坐标	O	A	B	C
X	0	40	20.026	20.026
Z	0	0	−17.32	−35

（4）选择刀具

1）中心钻，选 $\phi18$mm 钻头置于尾座。

2）选用硬质合金 93°偏刀，用于粗、精加工零件外圆，刀尖半径 $R = 0.4$mm，刀尖方位 $T = 3$，置于 T01 刀位。

3）选用硬质合金不通孔镗刀加工内圆弧面、内圆柱面，刀尖半径 $R = 0.4$mm，刀尖方位 $T = 2$，置于 T02 刀位。

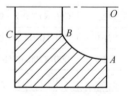

图 1-121 各点坐标值

4）选用硬质合金切刀（刀宽为 4mm），以左刀尖为刀位点，用于切断，置于 T03 刀位。

（5）确定切削用量

工序的划分与切削用量的选择见表 1-69。

表 1-69　图 1-120 所示零件的工序和切削用量

加 工 内 容	背吃刀量 a_p/mm	进给量 $f/(\text{mm} \cdot \text{r}^{-1})$	主轴转速 $n/(\text{r} \cdot \text{min}^{-1})$
粗车 $\phi50$ 外圆	2.5	0.25	600
精车 $\phi50$ 外圆	0.25	0.1	800
粗镗内圆弧面、内圆柱面	1.5	0.2	500
精镗内圆弧面、内圆柱面	0.25	0.1	800
切断	4	0.05	300

（6）参考程序

参考程序见表 1-70。

表 1-70　图 1-120 所示零件的参考程序

程序名	O1024；	
程序段号	程 序 内 容	说 明
N10	G97 G99 M03 S600；	主轴正转，转速为 600r/min
N20	T0101；	换 01 号刀到位
N30	M08；	打开切削液
N40	G00 X55.0 Z2.0；	快速进刀至循环起点
N50	G90 X50.5 Z-39.0 F0.25；	外圆粗车循环，设进给量为 0.25mm/r
N60	G00 X0.0 S800；	快速进刀至轴线，设主轴转速为 800r/min，准备精车
N70	G01 Z0.0 F0.1；	慢速进刀至端面，设进给量为 0.1mm/r
N80	X49.974；	精车端面
N90	Z-39.0；	精车 $\phi50$mm 外圆至要求尺寸
N100	X55.0；	退刀
N110	G00 X200.0 Z100.0；	快速退刀，返回换刀点
N120	M09；	关闭切削液
N130	T0202；	换不通孔镗刀
N140	M08；	打开切削液
N150	G00 G41 X18.0 Z2.0 S500；	建立刀具半径左补偿，快速进刀至粗镗内孔循环起点，准备粗镗 $\phi20$mm 孔，设主轴转速为 500r/min
N160	G71 U1.5 R0.5；	定义粗车循环，背吃刀量 1.5mm，退刀量 0.5mm
N170	G71 P180 Q250 U-0.5 W0.05 F0.2；	精车路线由 N180～N250 指定，X 方向精车加工余量 0.5mm（直径值），Z 方向精加工余量 0.05mm，设进给量为 0.2mm/r
N180	G00 X0.0 S800；	快速进刀至轴线，设主轴转速为 800r/min
N190	G01 Z0.0 F0.1；	设进给量为 0.1mm/r
N200	X40.0；	精加工轮廓
N210	G03 X20.026 Z-17.32 R20.0 F0.1；	
N220	G01 Z-39.0；	

（续）

程序段号	程序内容	说　明
N230	X16.0;	
N240	G00 Z2.0;	
N250	G00 X15.0 G40;	取消刀具半径补偿
N260	G70 P180 Q250;	定义 G70 精车循环，精车各内圆表面
N270	G00 X200.0 Z100.0;	快速退刀，返回换刀点
N280	M09;	关闭切削液
N290	T0303;	换切刀
N300	M08;	打开切削液
N310	G00 X56.0 Z-39.0 S300;	快速进刀，准备切断，设主轴转速为 300r/min
N320	G01 F0.05 X0.0;	切断，设进给量为 0.05mm/r
N330	G00 X200.0 Z100.0;	快速返回换刀点
N340	M30;	程序结束

【编程与加工实例】

例 1-23　使用 CK6140 数控车床加工图 1-122 所示零件，已知材料为 45 钢，毛坯尺寸为 $\phi50$mm×1000mm，所有加工面的表面粗糙度值为 $Ra1.6\mu$m。试编写零件的加工程序，并加工出来。

1. 编写程序

（1）工艺分析

该零件由外圆柱面、圆锥面、凹圆弧面、凸圆弧面组成，有较高的表面粗糙度要求。零件材料为 45 钢，切削加工性能较好，无热处理和硬度要求。加工顺序按由粗到精、由

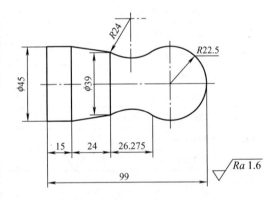

图 1-122　成形面类零件

右到左的原则，即先从右向左进行粗车（留 0.5mm 精车余量），然后从右向左进行精车，最后切断。

（2）确定加工路线

1）用自定心卡盘夹住毛坯，外伸 120mm，找正。

2）对刀，设置编程原点 O 为零件右端面中心。

3）由右向左依次粗车、精车外圆面。

4）切断。

（3）计算各点坐标

各点坐标的计算结果见表 1-71，示意图如图 1-123 所示。

表1-71 各点坐标值

坐标＼点	O	A	B	C	D
X	0	39	39	45	45
Z	0	−33.725	−60	−84	−99

（4）选择刀具

1）选硬质合金60°尖刀，用于粗、精加工外圆，刀尖圆弧半径 $R = 0.4mm$，刀尖方位 $T = 8$，置于T01刀位。

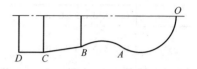

图1-123 各点坐标

2）选硬质合金切刀（刀宽为4mm），以左刀尖为刀位点，用于切断，置于T03刀位。

数控加工刀具卡见表1-72。

表1-72 数控加工刀具卡

产品名称或代号		典型零件		零件名称	成形面	零件图号		03	
序号	刀具号	刀具名称	数量	加工表面	刀尖半径 R/mm	刀尖方位 T		备注	
1	T01	硬质合金外圆60°尖刀	1	粗、精车外圆	0.4	8			
2	T03	硬质合金切刀	1	切断		8			
编制		审核		批准		共1页		第1页	

（5）确定切削用量

工序的划分与切削用量的选择见表1-73。

表1-73 图1-122 所示零件的工序和切削用量

加工内容	背吃刀量 a_p/mm	进给量 $f/(mm \cdot r^{-1})$	主轴转速 $n/(r \cdot min^{-1})$
粗车外圆面	2.5	0.25	600
精车外圆面	0.5	0.1	800
切断	4	0.05	300

（6）参考程序

参考程序见表1-74。

表 1-74 图 1-122 所示零件的参考程序

程序名	O1025;	
程序段号	程 序 内 容	说 明
N10	G97 G99 M03 S600;	主轴正转，转速为 600r/min
N20	T0101;	换 01 号刀到位
N30	M08;	打开切削液
N40	G00 X50.0 Z2.0 G42;	建立刀具半径右补偿，快速进刀至循环起点
N50	G73 U25.0 W0.0 R10.0;	定义 G73 粗车循环，X 方向总退刀量 25mm，Z 方向总退刀量 0mm，循环 10 次
N60	G73 P70 Q140 U0.5 W0.05 F0.25;	精车路线由 N70～N140 指定，X 方向精车余量 0.5mm，Z 方向精车余量 0.05mm
N70	G00 X0.0 S800;	快速进刀至轴线，设主轴转速为 800r/min
N80	G01 Z0.0 F0.1;	精加工轮廓，设精车循环的进给量为 0.1mm/r
N90	G03 X39.0 Z-33.725 R22.5 F0.1;	
N100	G02 Z-60.0 R24.0 F0.1;	
N110	G01 X45.0 Z-84.0;	
N120	Z-103.0;	
N130	X50.0;	
N140	G40 G01 X51.0;	取消刀具半径补偿
N150	G70 P70 Q140;	定义 G70 精车循环，精车各外圆面
N160	G00 X200.0 Z100.0;	快速退刀，返回换刀点
N170	M09;	关闭切削液
N180	T0303;	换切刀
N190	M08;	打开切削液
N200	G00 X51.0 Z-103.0 S300;	快速进刀，准备切断，设主轴转速为 300r/min
N210	G01 F0.05 X0.0;	切断
N220	G00 X200.0 Z100.0;	快速退刀，返回换刀点
N230	M30;	程序结束

2. 加工零件

1）开机，各坐标轴手动回机床原点。

2）将刀具依次装上刀架。根据加工要求选择 60°尖刀（刀尖半径 $R = 0.4$mm，刀尖方位 $T = 8$）、切刀（刀宽为 4mm）各一把，其编号分别为 T01、T03，刀具材料采用硬质合金。

3）用自定心卡盘装夹工件。

4）用试切法对刀，并设置好刀具参数。

5）手动输入加工程序。

6）调试加工程序。手动把刀具从工件处移开，选择自动模式，调出加工程序，按下辅助键中的"机械锁定""程序空运行"两键，再按下"启动"键预演程序，检查刀具动作和加工路径是否正确。

7）确认程序无误后，即可进行自动加工。

8）取下工件，进行检测。选择游标卡尺和千分尺检测尺寸。

9）清理加工现场。

10）关机。

3. 评分标准

此工件的评分标准见表1-75。

表1-75 数控车床课题评分表

班级				姓名		学号	
课题			加工成形面		零件编号		03
基本检查	编程	序号	检测内容		配分	学生自评	教师评分
		1	切削加工工艺制订正确		10		
		2	切削用量选择合理		5		
		3	程序正确、简单、规范		20		
	操作	4	设备操作、维护保养正确		5		
		5	安全、文明生产		5		
		6	刀具选择、安装正确、规范		5		
		7	工件找正、安装正确、规范		5		
工作态度		8	行为规范，态度端正		5		
尺寸检测	序号	图样尺寸/mm	公差/mm	量具名称	规格/mm		
	9	长22	±0.04	千分尺	0~25	9	
	10	长90	±0.04	千分尺	75~100	9	
	11	外圆 $\phi40$	$\begin{matrix}0\\-0.062\end{matrix}$	千分尺	25~50	9	
	12	外圆 $\phi20$	$\begin{matrix}0\\-0.062\end{matrix}$	千分尺	0~25	9	
	13	表面粗糙度	1.6μm	粗糙度样规		4	
综合得分							

【思考与练习】

1. 粗加工凸圆弧表面的方法有哪两种？分别应如何操作？

2. 粗加工凹圆弧表面的方法有哪四种？其特点分别是什么？

3. 如图1-124所示，已知毛坯尺寸为 $\phi35mm \times 1000mm$，材料为45钢，设背吃刀量不大于2.5mm，所有加工面的表面粗糙度值为 $Ra1.6μm$，试编写该零件的粗、精加工程序。

4. 如图1-125所示，已知毛坯尺寸为 $\phi20mm \times 1000mm$，材料为45钢，设背吃刀量不大于2.5mm，所有加工面的表面粗糙度值为 $Ra1.6μm$，试编写该零件的粗、精加工程序。

5. 如图1-126所示，已知毛坯尺寸为 $\phi20mm \times 1000mm$，材料为45钢，设背吃刀量不大于2.5mm，所有加工面的表面粗糙度值为 $Ra1.6μm$，试编写该零件的粗、精加工程序。

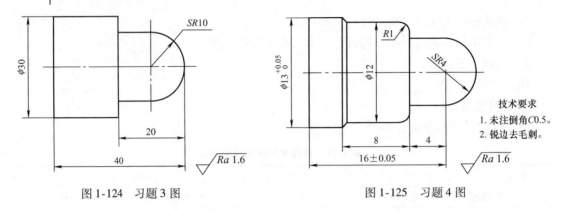

图 1-124　习题 3 图   图 1-125　习题 4 图

6. 如图 1-127 所示，已知毛坯尺寸为 $\phi45mm \times 1000mm$，材料为 45 钢，设背吃刀量不大于 2.5mm，所有加工面的表面粗糙度值为 $Ra1.6\mu m$，试编写该零件的粗、精加工程序。

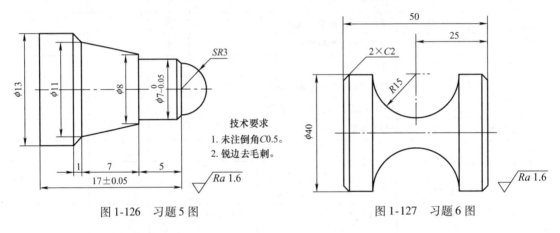

图 1-126　习题 5 图   图 1-127　习题 6 图

7. 使用 CK6140A 数控车床加工图 1-128 所示零件，已知毛坯尺寸为 $\phi55mm \times 1000mm$，材料为 45 钢，要求所有加工面的表面粗糙度值为 $Ra1.6\mu m$，试编制该零件的加工程序。

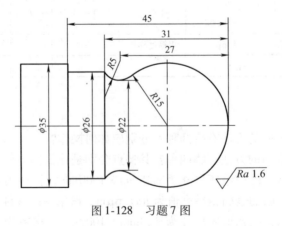

图 1-128　习题 7 图

8. 使用 CK6150 数控车床加工图 1-129 所示零件，已知材料为 45 钢，毛坯尺寸为 $\phi60mm \times 1000mm$，要求所有加工面的表面粗糙度值为 $Ra1.6\mu m$，试编制该零件的粗、精加工程序。

9. 如图 1-130 所示，已知毛坯尺寸为 $\phi50\text{mm} \times 1000\text{mm}$，材料为 45 钢，设背吃刀量不大于 2.5mm，所有加工面的表面粗糙度值为 $Ra1.6\mu\text{m}$，试编写该零件的粗、精加工程序。

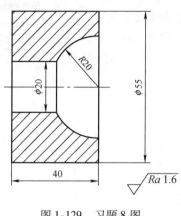

图 1-129　习题 8 图

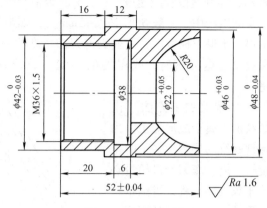

图 1-130　习题 9 图

项目 1.8　螺纹类零件编程与加工

1.8 内、外
螺纹加工分析

【学习目标】

1）掌握外螺纹、内螺纹的加工方法。

2）熟练掌握 G32、G92、G76 指令的格式，并能正确使用以上指令编写程序。

1.8 单行程
螺纹切削指令
G32 的使用方法
及注意事项

【知识学习】

螺纹是最常用的联接件和传动件，标准螺纹有很好的通用性和互换性。螺纹种类很多，按牙型可分为三角形螺纹、矩形螺纹、梯形螺纹等，其中每种螺纹又有单线和多线、左旋和右旋之分。常用的螺纹都有国家标准，普通螺纹公称尺寸可查表。

1. 外螺纹加工分析

（1）外圆柱面的直径及螺纹实际小径的确定　车削外螺纹时，需要计算实际车削时的外圆柱面直径 $d_{\text{计}}$ 和螺纹实际小径 $d_{1\text{计}}$。

车螺纹时，零件材料因受车刀挤压而使外径胀大，因此螺纹部分的零件外径应比螺纹的公称直径小 $0.2 \sim 0.4\text{mm}$，一般取 $d_{\text{计}} = d - 0.1P$。P 为螺距。

1.8 螺纹切削
循环指令 G92
的使用及注意
事项

在实际生产中，为计算方便，不考虑螺纹车刀刀尖半径 r 的影响，一般取螺纹实际牙型高度 $h_{1\text{实}} = 0.6495P$，常取 $h_{1\text{实}} = 0.65P$，螺纹实际小径 $d_{1\text{计}} = d - 2h_{1\text{实}} = d - 1.3P$。$d$ 为外螺纹的公称直径。

1.8 多重螺纹
切削循环指令
G76 的使用方法
及注意事项

（2）螺纹起点与螺纹终点轴向尺寸的确定　因为车削螺纹起始有一个

加速过程，结束前有一个减速过程，所以为了避免在加、减速过程中进行螺纹切削而影响螺距的稳定，螺纹两端必须设置足够的引入距离 δ_1 和超越距离 δ_2，即升速段和减速段。δ_1、δ_2 的数值与螺纹的螺距和精度有关。

1.8 数控车编程与加工综合应用

实际生产中，一般 δ_1 值取 $2\sim5$mm，大螺距和高精度的螺纹取大值；δ_2 值不得大于退刀槽宽度，一般为退刀槽宽度的一半左右，取 $1\sim3$mm。螺纹收尾处没有退刀槽时，收尾处的形状与数控系统有关，一般按 45°退刀收尾。

（3）螺纹加工方法　由于螺纹加工属于成形加工，为了保证螺纹的导程，加工时主轴旋转一周，车刀的进给量必须等于螺纹的导程，进给量较大；另外，螺纹车刀的强度一般较差，故螺纹牙型往往不是一次加工而成的，需要进行多次切削。

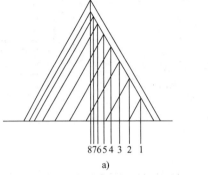 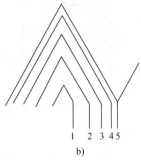

87 6 5 4 3 2 1

a)

1 2 3 4 5

b)

图 1-131　螺纹加工方法

a）斜进法　b）直进法

在数控车床上加工螺纹的方法有直进法、斜进法两种，如图 1-131 所示。直进法适合加工导程较小的螺纹，斜进法适合加工导程较大的螺纹。

2. 内螺纹加工分析

内螺纹的底孔直径 $D_{1计}$ 及内螺纹实际大径 $D_计$ 的确定。车削内螺纹时，需要计算实际车削时内螺纹的底孔直径 $D_{1计}$ 及内螺纹实际大径 $D_计$。

由于车刀切削时的挤压作用，内孔直径要缩小，所以车削内螺纹的底孔直径应大于螺纹小径。计算公式如下：

$$D_{1计} = (D - 1.0826P)^{+\delta}_{0}$$

式中　D——内螺纹的公称直径，单位为 mm；

　　　P——内螺纹的螺距，单位为 mm；

　　　δ——内螺纹的大径公差。

一般实际切削时的内螺纹底孔直径如下：

钢和塑性材料取 $D_{1计} = D - P$

铸铁和脆性材料 $D_{1计} = D - (1.05\sim1.1)P$

内螺纹实际牙型高度同外螺纹，$h_{1实} = 0.6495P$，取 $h_{1实} = 0.65P$。内螺纹实际大径 $D_计 = D$，内螺纹小径 $D_1 = D - 1.3P$。

3. 车削螺纹的步骤

1）装夹工件和刀具。

2）对刀。螺纹刀对刀的方法与外圆刀对刀方法相同，对 X 轴刀具补偿值采用试切的方法，对 Z 轴刀具补偿值时，将刀具刀尖移近工件端面与外圆的交线处，输入 Z0，单击"测量"软键即可，不必很准确，因为螺纹的长度不是由螺纹刀控制的，而是由切槽刀控制的。

3）车削螺纹底径。车外螺纹时，先按要求车出螺纹大径，并在端面倒 45°或 30°倒角。

车 1.5 ~ 3.5mm 螺距的外螺纹，其外径一般比公称直径小 0.2 ~ 0.4mm；车内螺纹，其孔径要比公称直径小一个螺距值。

4）车出退刀槽。

5）车削螺纹直至合格为止。

4. 切削用量的选用

（1）主轴转速 n　在数控车床上加工螺纹，主轴转速受数控系统、螺纹导程、刀具、零件尺寸和材料等多种因素的影响。不同的数控系统有不同的推荐主轴转速范围，操作者在仔细查阅说明书后，可根据实际情况选用。大多数经济型数控车床车削螺纹时，推荐主轴转速为：

$$n \leqslant 1200/P - K$$

式中　P——零件的螺距，单位为 mm；

　　　K——保险系数，一般取 80；

　　　n——主轴转速，单位为 r/min。

（2）背吃刀量 a_p　加工螺纹时，单边切削总深度等于螺纹实际牙型高度时，一般取 $h_{1实} = 0.65P$。车削时应遵循后一刀的背吃刀量不能超过前一刀背吃刀量的原则，即采用递减的背吃刀量分配方式，否则会因切削面积增加、切削力过大而损坏刀具。但为了提高螺纹的表面粗糙度，用硬质合金螺纹车刀时，最后一刀的背吃刀量不能小于 0.1mm。

常用螺纹加工走刀次数与分层切削余量见表 1-76。

表 1-76　常用螺纹加工走刀次数与分层切削余量

米制螺纹							
螺距	1.0	1.5	2.0	2.5	3.0	3.5	4.0
牙深	0.65	0.975	1.3	1.625	1.95	2.275	2.6
切深	1.3	1.95	2.6	3.25	3.9	4.55	5.2
走刀次数与切削余量　1 次	0.7	0.8	0.9	1.0	1.2	1.5	1.5
2 次	0.4	0.5	0.6	0.7	0.7	0.7	0.8
3 次	0.2	0.5	0.6	0.6	0.6	0.6	0.6
4 次		0.15	0.4	0.4	0.4	0.6	0.6
5 次			0.1	0.4	0.4	0.4	0.4
6 次				0.15	0.4	0.4	0.4
7 次					0.2	0.2	0.4
8 次						0.15	0.3
9 次							0.2

（3）进给量 f　单线螺纹的进给量等于螺距，即 $f = P$；多线螺纹的进给量等于导程，即 $f = L$。

在数控车床上加工双线螺纹时，进给量为一个导程，常用的方法是车削第一条螺纹后，轴向移动一个螺距（用 G01 指令），再加工第二条螺纹。

5. 单行程螺纹切削指令 G32

该指令可用于切削圆柱螺纹、圆锥螺纹及端面螺纹，其应用如图 1-132 所示。其指令格式为：

```
G32  X(U)__  Z(W)__  F __;
```

说明：

1）X、Z 为螺纹编程终点的 X、Z 向坐标，X 为直径值，单位都是 mm；U、W 为螺纹编程终点相对编程起点的 X、Z 向坐标，U 为直径值，单位都是 mm。

2）F 为螺纹导程，单位为 mm。

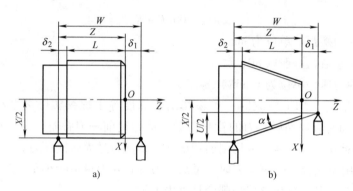

图 1-132　单行程螺纹切削指令 G32

a）圆柱螺纹　b）圆锥螺纹

3）G32 进刀方式为直进式，引入加速段和减速段距离（通常为 2～5mm），如图 1-133 所示。

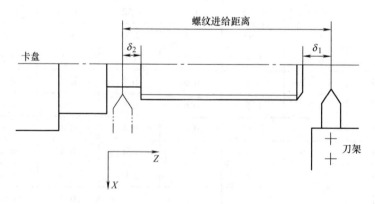

图 1-133　切螺纹时的切入、切出

4）切削螺纹时不能用 G96 指令，而应使用 G97 指令。

5）切削斜角 α 在 45°以下的圆锥螺纹时，螺纹导程以 Z 方向指定。

6）该指令的进刀路径如图 1-134 所示，A 点是螺纹加工的起点，B 点是单行程螺纹切削指令 G32 的起点，C 点是单行程螺纹切削指令 G32 的终点，D 点是 X 向退刀的终点。AB 段用 G00 进刀；BC 段用 G32 切削；CD 段用 G00 指令 X 向退刀；DA 段用 G00 指令 Z 向退刀。

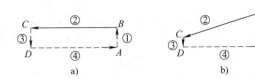

图 1-134　单行程螺纹切削指令 G32 的运动轨迹

a) 圆柱螺纹　b) 圆锥螺纹

例 1-24　如图 1-135 所示，螺纹外径已经车至 $\phi29.8mm$，$4mm \times 2mm$ 的退刀槽已经加工，零件材料为 45 钢，未注倒角为 $C2$，试用 G32 指令编制该螺纹的加工程序。

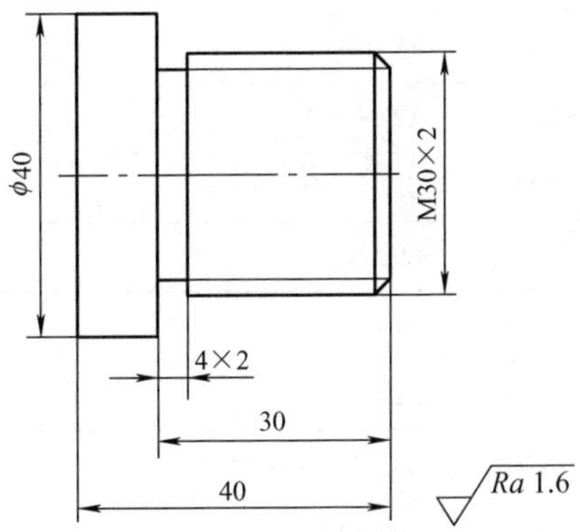

（1）螺纹加工尺寸计算

实际车削时外圆柱面的直径为

$$d_{计} = d - 0.2 = (30 - 0.2)mm = 29.8mm$$

螺纹实际牙型高度为

$$h_{1实} = 0.65P = (0.65 \times 2)mm = 1.3mm$$

螺纹实际小径为

$$d_{1计} = d - 1.3P = (30 - 1.3 \times 2)mm = 27.4mm$$

升速段和减速段分别取 $\delta_1 = 5mm$，$\delta_2 = 2mm$。

图 1-135　螺纹加工

（2）确定切削用量

查表得双边切深为 2.6mm，分五刀切削，分别为 0.9mm、0.6mm、0.6mm、0.4mm 和 0.1mm。

主轴转速 $n \leqslant 1200/P - K =$ （1200/2 − 80）r/min = 520r/min。学生实训时，一般选用较小的转速，取 $n = 400r/min$。

进给量 $f = P = 2mm$。

（3）参考程序

利用 G32 指令编程的参考程序见表 1-77。

表 1-77　图 1-135 所示零件的参考程序（利用 G32 指令编程）

程序名	O1026；	
程序段号	程序内容	说　明
N10	G97 G99 M03 S400；	主轴正转，转速为 400r/min
N20	T0404；	换螺纹刀 T04 到位
N30	M08；	打开切削液
N40	G00 X32.0 Z5.0；	快速到达螺纹加工的起点
N50	X29.1；	自螺纹大径 30mm 进第一刀，切深 0.9mm
N60	G32 Z−28.0 F2.0；	螺纹车削第一刀，螺距为 2mm
N70	G00 X32.0；	X 向退刀

（续）

程序段号	程序内容	说 明
N80	Z5.0;	Z 向退刀
N90	X28.5;	进第二刀，切深 0.6mm
N100	G32 Z-28.0 F2.0;	螺纹车削第二刀，螺距为 2mm
N110	G00 X32.0;	X 向退刀
N120	Z5.0;	Z 向退刀
N130	X27.9;	进第三刀，切深 0.6mm
N140	G32 Z-28.0 F2.0;	螺纹车削第三刀，螺距为 2mm
N150	G00 X32.0;	X 向退刀
N160	Z5.0;	Z 向退刀
N170	X27.5;	进第四刀，切深 0.4mm
N180	G32 Z-28.0 F2.0;	螺纹车削第四刀，螺距 2mm
N190	G00 X32.0;	X 向退刀
N200	Z5.0;	Z 向退刀
N210	X27.4;	进第五刀，切深 0.1mm
N220	G32 Z-28.0 F2.0;	螺纹车削第五刀，螺距为 2mm
N230	G00 X32.0;	X 向退刀
N240	Z5.0;	Z 向退刀
N250	X27.4;	光一刀，切深 0mm
N260	G32 Z-28.0 F2.0;	光一刀，螺距为 2mm
N270	G00 X200.0;	X 向快速退刀
N280	Z100.0;	Z 向快速退刀，返回换刀点
N290	M30;	程序结束

6. 螺纹切削循环指令 G92

使用 G32 加工螺纹时须多次进刀，程序较长，容易出错。为此数控车床一般均在数控系统中设置了螺纹切削循环指令 G92，直螺纹切削循环的进刀路径如图 1-136a 所示，锥螺纹切削循环的进刀路径如图 1-136b 所示。其指令格式为：

```
G92  X(U)__  Z(W)__  R__ F__;
```

说明：

1）"X(U)__ Z(W)__"中 X、Z 为螺纹编程终点的 X、Z 向坐标，X 为直径值，单位都是 mm；U、W 为螺纹编程终点相对编程起点的 X、Z 向相对坐标，U 为直径值，单位都是 mm。F 为螺纹导程，单位为 mm。R 为锥螺纹起点半径与终点半径的差值，单位为 mm。

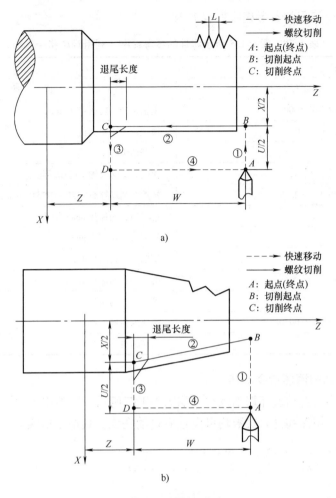

图 1-136　螺纹切削循环指令 G92

a）圆柱螺纹　b）圆锥螺纹

R 的正负判断方法与 G90 相同，圆锥螺纹终点半径大于起点半径时 R 为负值；圆锥螺纹终点半径小于起点半径时 R 为正值；切削圆柱螺纹时 R = 0，可以省略不写。

2）切削圆柱螺纹指令格式：

G92　X(U)＿　Z(W)＿　F＿;

切削圆锥螺纹指令格式：

G92　X(U)＿　Z(W)＿　R＿　F＿;

3）该指令用于单一循环加工螺纹，其循环路线与单一形状固定循环基本相同。循环路径中除车削螺纹 BC 段为进给运动外，其他运动（循环起点进刀 AB 段、螺纹切削终点 X 向退刀 CD 段，Z 向退刀 DA 段）均为快速运动。

4）该指令是切削圆柱螺纹和圆锥螺纹时使用最多的螺纹切削指令。

例 1-25　如图 1-135 所示，螺纹外径已经车至 ϕ29.8mm，4mm × 2mm 的退刀槽已经加工，零件材料为 45 钢，试用 G92 指令编制该螺纹的加工程序。

利用 G92 指令编程的参考程序见表 1-78。

表 1-78　图 1-135 所示零件的参考程序（利用 G92 指令编程）

程序名	O1027；	
程序段号	程 序 内 容	说　明
N10	G97 G99 M03 S400；	主轴正转，转速 400r/min
N20	T0404；	换螺纹刀 T04 到位
N30	M08；	打开切削液
N40	G00 X32.0 Z5.0；	快速到达螺纹加工的循环起点
N50	G92 X29.1 Z-28.0；	螺纹车削循环第一刀，切深 0.9mm，螺距 2mm
N60	X28.5；	第二刀，切深 0.6mm
N70	X27.9；	第三刀，切深 0.6mm
N80	X27.5；	第四刀，切深 0.4mm
N90	X27.4；	第五刀，切深 0.1mm
N100	X27.4；	光一刀，切深 0mm
N110	G00 X200.0 Z100.0；	快速返回换刀点
N120	M30；	程序结束

7. 多重螺纹切削循环指令 G76

该指令用于多次自动循环切削螺纹，如图 1-137 所示，经常用于加工不带退刀槽的圆柱螺纹和圆锥螺纹，切深和进刀次数均可设置后自动完成。其指令格式为：

$$G76 \quad P(m)(r)(\alpha) \quad Q(\Delta d_{min}) \quad R(d)；$$
$$G76 \quad X(U)\_ \quad Z(W)\_ \quad R(i) \quad P(k) \quad Q(\Delta d) \quad F(f)；$$

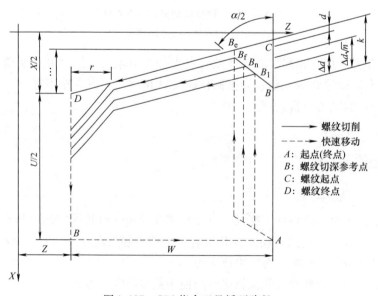

图 1-137　G76 指令刀具循环路径

其中：

m 为精加工重复次数，从 1 到 99，该参数为模态量。

r 为螺纹尾部倒角量，该值的大小可设定在 $0.0P \sim 9.9P$ 之间，系数应为 0.1 的整数倍，用 00 ~ 99 之间的两位整数来表示，其中 P 为螺距。该参数为模态量。

α 为刀尖角，可从 80°、60°、55°、30°、29° 和 0° 中选择，用两位整数来表示，常用 60°、55° 和 30° 三个角度。该参数为模态量。

m、r 和 α 用地址 P 同时指定，例如：$m = 4$，$r = 1.2L$，$\alpha = 60°$，表示为 P041260。

Δd_{min} 为最小车削深度，用半径编程指定。车削过程中每次的车削深度为 $\Delta d \cdot n^{1/2} - \Delta d \cdot (n-1)^{1/2}$，当计算结果小于这个极限值时，深度锁定为这个值。该参数为模态量。

d 为精加工余量，用半径编程指定。该参数为模态量。

X（U）、Z（W）为螺纹终点坐标。

i 为螺纹部分半径之差，即螺纹切削起点与切削终点的半径差。加工圆柱螺纹时，$i = 0$。加工圆锥螺纹时，当 X 向切削起点坐标小于切削终点坐标时，i 为负，反之为正。

k 为螺纹高度，用半径值指定（X 轴方向的半径值）。

Δd 为第一次车削深度，用半径值指定（X 轴方向的半径值）。

f 为螺距。

指令中，Q、P、R 地址后的数值一般以无小数点形式表示。实际加工三角螺纹时，以上参数一般取：$m = 2$，$r = 1.1P$，$\alpha = 60°$，表示为 P021160。$\Delta d_{min} = 0.1mm$，$d = 0.05mm$，$k = 0.65P$，Δd 根据零件材料、螺纹导程、刀具和机床刚性综合给定，建议取 $0.7 \sim 2.0mm$。其他参数由零件具体尺寸确定。

G76 指令是倾斜进刀，螺纹牙型形状不是一次成形，所以牙型的形状精度及垂直度比较难保证，但排屑性好，该指令一般用于大螺距螺纹的加工。而 G32、G92 指令是垂直进刀，螺纹牙型形状是一次成形，所以螺纹牙型形状精度及垂直度能够得到保证，但排屑性比较差，一般用于小螺距且精度要求高的螺纹加工。

例 1-26 使用 CK6140 数控车床加工图 1-138 所示外螺纹零件，已知材料为 45 钢，毛坯尺寸为 $\phi 45mm \times 1000mm$，所有加工面的表面粗糙度值为 $Ra1.6\mu m$。试编写该零件的加工程序。

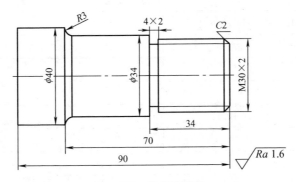

图 1-138 外螺纹零件

（1）螺纹加工尺寸计算

实际车削时外圆柱面的直径为

$$d_{计} = d - 0.2 = (30 - 0.2)\text{mm} = 29.8\text{mm}$$

螺纹实际牙型高度为

$$h_{1实} = 0.65P = (0.65 \times 2)\text{mm} = 1.3\text{mm}$$

螺纹实际小径为

$$d_{1计} = d - 1.3P = (30 - 1.3 \times 2)\text{mm} = 27.4\text{mm}$$

升速段和减速段分别取 $\delta_1 = 5\text{mm}$，$\delta_2 = 2\text{mm}$。

（2）确定切削用量

查表得双边切深为 2.6mm，分五刀切削，分别为 0.9mm、0.6mm、0.6mm、0.4mm 和 0.1mm。

主轴转速 $n \leqslant 1200/P - K = (1200/2 - 80)\text{r/min} = 520\text{r/min}$，取 $n = 400\text{r/min}$。

进给量 $f = P = 2\text{mm}$。

（3）参考程序

参考程序见表1-79。

表 1-79　图 1-138 所示零件的参考程序

程序名	O1028；	
程序段号	程 序 内 容	说　　明
N10	G97 G99 M03 S600；	主轴正转，转速为 600r/min
N20	T0101；	换 01 号刀到位
N30	M08；	打开切削液
N40	G42 G00 X45.0 Z2.0；	建立刀具半径右补偿，快速进刀至循环起点
N50	G71 U2.5 R0.5；	定义粗车循环，背吃刀量 2.5mm，退刀量 0.5mm
N60	G71 P70 Q170 U0.5 W0.05 F0.25；	精车路线由 N70～N170 指定，X 方向精车余量 0.5mm，Z 方向精车余量 0.05mm
N70	G00 X0.0 S800；	快速进刀，设主轴转速为 800r/min
N80	G01 F0.1 Z0.0；	设进给量为 0.1mm/r
N90	X26.0；	精加工轮廓
N100	X29.8 Z - 2.0；	
N110	Z - 34.0；	
N120	X34.0；	
N130	Z - 67.0；	
N140	G02 X40.0 Z - 70.0 R3.0 F0.1；	
N150	G01 Z - 94.0；	
N160	X45.0；	
N170	G01 X46.0 G40；	
N180	G70 P60 Q170；	定义 G70 精车循环，精车各外圆表面
N190	G00 X200.0 Z100.0；	快速返回换刀点

（续）

程序段号	程序内容	说　明
N200	M09；	关闭切削液
N210	T0303；	换切刀 T03 到位
N220	M08；	打开切削液
N230	G00 X35.0 Z-34.0 S300；	快速进刀，设主轴转速为 300r/min
N240	G01 F0.05 X26.0；	切削退刀槽
N250	G04 X2.0；	暂停 2s
N260	G01 X35.0；	退刀
N270	G00 X200.0 Z100.0；	快速返回换刀点
N280	M09；	关闭切削液
N290	T0404；	换螺纹刀 T04 到位
N300	M08；	打开切削液
N310	G00 X31.0 Z5.0 S400；	螺纹加工循环起点
N320	G76 P021160 Q100 R50；	螺纹车削循环第一刀，切深 0.9mm，螺距为 2mm
N330	G76 X27.4 Z-32.0 P1300 Q450 F2.0；	第二刀，切深 0.6mm
N340	G00 X200.0 Z100.0；	快速返回换刀点
N350	M09；	关闭切削液
N360	T0303；	换切刀 T03 到位
N370	M08；	打开切削液
N380	G00 X46.0 Z-94.0 S300；	快速进刀，主轴转速为 300r/min
N390	G01 F0.05 X0.0；	进给量为 0.05mm/r，切断
N400	G00 X200.0 Z100.0；	快速返回换刀点
N410	M30；	程序结束

【编程与加工实例】

例 1-27　使用 CK6150 数控车床加工图 1-139 所示外螺纹零件，已知材料为 45 钢，毛坯尺寸为 φ50mm×1000mm，所有加工面的表面粗糙度值为 Ra1.6μm。试编写零件的加工程序，并在数控车床上加工出来。

1. 编写程序

（1）工艺分析

该零件由多个外圆、锥面、凸圆弧面、螺纹面、右倒角组成，有较高的表面质量要求。零件材料为 45 钢，切削加工性能较好，无热处理和硬度要求。加工顺序按由粗到精、由右到左的原则，即先从右向左进行粗车（留 0.25mm 精车余量），后从右向左进行精车；然后切削退刀槽和螺纹；最后切断。

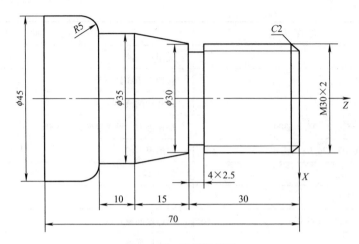

图 1-139　外螺纹零件

（2）确定加工路线

1）用自定心卡盘夹住毛坯，外伸 90mm，找正。

2）对刀，设置编程原点 O 为零件右端面中心。

3）由右向左依次粗车外圆面。

4）由右向左依次精车端面、倒角、精车外圆面。

5）换刀，车削退刀槽。

6）换刀，车削螺纹。

7）换刀，切断。

（3）计算各点坐标

实际车削时外圆柱面的直径为

$$d_{计} = d - 0.2 = (30 - 0.2)\,\mathrm{mm} = 29.8\,\mathrm{mm}$$

螺纹实际牙型高度为

$$h_{1实} = 0.65P = (0.65 \times 2)\,\mathrm{mm} = 1.3\,\mathrm{mm}$$

螺纹实际小径为

$$d_{1计} = d - 1.3P = (30 - 1.3 \times 2)\,\mathrm{mm} = 27.4\,\mathrm{mm}$$

升速进刀段和减速退刀段分别取 $\delta_1 = 5\,\mathrm{mm}$，$\delta_2 = 2\,\mathrm{mm}$。

螺纹加工切削用量的选择如下：

查表得双边切深为 2.6mm，分五刀切削，分别为 0.9mm、0.6mm、0.6mm、0.4mm 和 0.1mm。

主轴转速 $n \le 1200/P - K = (1200/2 - 80)\,\mathrm{r/min} = 520\,\mathrm{r/min}$，取 $n = 400\,\mathrm{r/min}$。

进给量 $f = P = 2\,\mathrm{mm}$。

各点坐标的计算结果见表 1-80，示意图如图 1-140 所示。

（4）选择刀具

数控加工刀具卡见表 1-81。

1）选用硬质合金93°偏刀，用于粗、精加工外圆面，刀尖圆弧半径 $R = 0.4\,\mathrm{mm}$，刀尖方位 $T = 3$，置于 T01 刀位。

表 1-80　各点坐标值

点\坐标	O	A	B	C	D	E	F	G	H	I	J
X	0	26	30	30	25	25	30	35	35	45	45
Z	0	0	-2	-26	-26	-30	-30	-45	-55	-60	-70

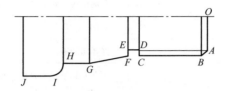

图 1-140　各点坐标

表 1-81　数控加工刀具卡

产品名称或代号				零件名称	螺纹件	零件图号		07	
序号	刀具号	刀具名称	数量	加工表面	刀尖圆弧半径 R/mm	刀尖方位 T		备注	
1	T01	硬质合金 外圆93°偏刀	1	粗、精车外圆面	0.4	3			
2	T03	硬质合金切刀	1	切槽、切断		8			
3	T04	硬质合金螺纹车刀	1	切削螺纹		8			
编制		审核		批准		共 1 页		第 1 页	

2）选用硬质合金切刀（刀宽为 4mm），以左刀尖为刀位点，用于切断，置于 T03 刀位。

3）选用硬质合金螺纹车刀，螺距为 2mm，用于切削螺纹，置于 T04 刀位。

（5）确定切削用量

工序的划分与切削用量的选择见表 1-82。

表 1-82　图 1-139 所示零件的工序和切削用量

加工内容	背吃刀量 a_p/mm	进给量 f/(mm·r^{-1})	主轴转速 n/(r·min^{-1})
粗车外圆面	2.5	0.25	600
精车端面、右倒角、精车外圆面	0.25	0.1	800
切退刀槽	0.05	4	300
切削螺纹	2.0		400
切断	4	0.05	300

（6）参考程序

参考程序见表 1-83。

表 1-83 图 1-139 所示零件的参考程序

程序名	O1029;	
程序段号	程 序 内 容	说 明
N10	G97 G99 M03 S600;	主轴正转，转速为 600r/min
N20	T0101;	换 01 号刀到位
N30	M08;	打开切削液
N40	G42 G00 X50.0 Z2.0;	建立刀具半径右补偿，快速进刀至循环起点
N50	G71 U2.5 R0.5;	定义粗车循环，背吃刀量 2.5mm，退刀量 0.5mm
N60	G71 P70 Q170 U0.5 W0.05 F0.25;	精车路线由 N70～N170 指定，X 方向精车余量 0.5mm（直径值），Z 方向精车余量 0.05mm
N70	G00 X0.0 S800;	快速进刀，设主轴转速为 800r/min
N80	G01 F0.1 Z0.0;	设进给量为 0.1mm/r
N90	X26.0;	精加工轮廓
N100	X29.8 Z-2.0;	
N110	Z-30.0;	
N120	X35.0 G-45.0;	
N130	Z-55.0;	
N140	G03 X45.0 Z-60.0 R5.0 F0.1;	
N150	G01 Z-70.0;	
N160	X50.0;	
N170	G01 X51.0 G40;	
N180	G70 P60 Q170;	定义 G70 精车循环，精车各外圆表面
N190	G00 X200.0 Z100.0;	快速返回换刀点
N200	M09;	关闭切削液
N210	T0303;	换切刀 T03 到位
N220	M08;	打开切削液
N230	G00 X31.0 Z-30.0 S300;	快速进刀，设主轴转速为 300r/min
N240	G01 F0.05 X25.0;	切削退刀槽
N250	G04 X2.0;	暂停 2s
N260	G01 X31.0;	退刀
N270	G00 X200.0 Z100.0;	快速返回换刀点
N280	M09;	关闭切削液

（续）

程序段号	程 序 内 容	说　　明
N290	T0404；	换螺纹刀 T04 到位
N300	M08；	打开切削液
N310	G00 X31.0 Z5.0 S400；	螺纹加工循环起点，设主轴转速为400r/min
N320	G92 X29.1 Z−32.0 F2.0；	螺纹车削循环第一刀，切深0.9mm，螺距2mm
N330	X28.5；	第二刀，切深0.6mm
N340	X27.9；	第三刀，切深0.6mm
N350	X27.5；	第四刀，切深0.4mm
N360	X27.4；	第五刀，切深0.1mm
N370	X27.4；	光一刀，切深0mm
N380	G00 X200.0 Z100.0；	快速返回换刀点
N390	M09；	关闭切削液
N400	T0303；	换切刀 T03 到位
N410	M08；	打开切削液
N420	G00 X51.0 Z−74.0 S300；	快速进刀，主轴转速为300r/min
N430	G01 F0.05 X0.0；	进给量为0.05mm/r，切断
N440	G00 X200.0 Z100.0；	快速返回换刀点
N450	M30；	程序结束

2. 加工零件

1）开机，各坐标轴手动回机床原点。

2）将刀具依次装上刀架。根据加工要求选择62.5°尖刀（刀尖圆弧半径 $R=0.4$mm，刀尖方位 $T=8$）、切刀（刀宽为4mm）、螺纹车刀（螺距为2mm）各一把，其编号分别为T01、T03、T04，刀具材料采用硬质合金。

3）用自定心卡盘装夹工件。

4）用试切法对刀，并设置好刀具参数。

5）手动输入加工程序。

6）调试加工程序。手动把刀具从工件处移开，选择自动模式，调出加工程序，按下辅助键中的"机械锁定""程序空运行"两键，再按下"启动"键预演程序，检查刀具动作和加工路径是否正确。

7）确认程序无误后，即可进行自动加工。

8）取下工件，进行检测。选择游标卡尺和千分尺检测尺寸，选择螺纹千分尺检测螺纹。

9）清理加工现场。

10）关机。

3. 评分标准

评分标准见表1-84。

表 1-84 评分表

班级			姓名		学号	
课题			加工螺纹件	零件编号		07
基本检查		序号	检测内容	配分	学生自评	教师评分
	编程	1	切削加工工艺制订正确	10		
		2	切削用量选择合理	5		
		3	程序正确、简单、规范	20		
	操作	4	设备操作、维护保养正确	5		
		5	安全、文明生产	5		
		6	刀具选择、安装正确、规范	5		
		7	工件找正、安装正确、规范	5		
工作态度		8	行为规范，态度端正	5		

尺寸检测	序号	图样尺寸/mm	公差/mm	量具		配分	学生自评	教师评分
				名称	规格/mm			
	9	$\phi34$	±0.04	千分尺	25~50	8		
	10	长90	±0.04	千分尺	75~100	8		
	11	外圆$\phi40$	±0.04	千分尺	25~50	8		
	12	M30×2		螺纹环规	M30×2	8		
	13	表面粗糙度	1.6μm	粗糙度样规		8		
综合得分								

【思考与练习】

1. 应如何确定外圆柱面的直径及螺纹实际小径？

2. 应如何确定内圆柱面的直径及螺纹实际小径？

3. 螺纹加工方法有哪两种？其应用分别是什么？

4. 如图 1-141 所示，已知毛坯尺寸为 $\phi55mm\times1000mm$，材料为 45 钢，设背吃刀量不大于 2.5mm，所有加工面的表面粗糙度值为 $Ra1.6\mu m$，试编写该零件的粗、精加工程序。

5. 如图 1-142 所示，已知毛坯尺寸为 $\phi40mm\times1000mm$，材料为 45 钢，所有加工面的表面粗糙度值为 $Ra1.6\mu m$，试编写该零件的粗、精加工程序。

6. 如图 1-143 所示，已知毛坯尺寸为 $\phi35mm\times1000mm$，材料为 45 钢，设背吃刀量不大于 2.5mm，所有加工面的表面粗糙度值为 $Ra1.6\mu m$，试编写该零件的粗、精加工程序。

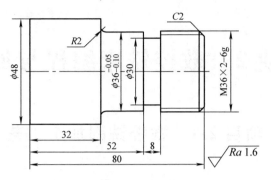

图 1-141　习题 4 图

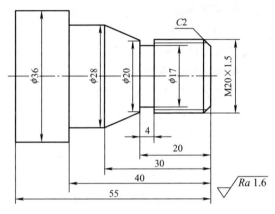

图 1-142　习题 5 图

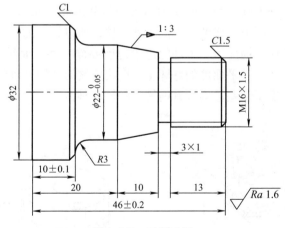

图 1-143　习题 6 图

模块 2　数控铣床编程与加工

项目 2.1　数控铣削加工工艺

【学习目标】

1）熟悉数控铣削的类型及选择方法。
2）掌握数控铣削刀具及选用。
3）掌握数控铣削常用夹具及工件装夹。
4）熟练掌握数控铣削切削用量的选择。
5）了解数控铣床的分类、组成、特点、加工对象。

【知识学习】

2.1.1　数控铣削方式

在铣床上，用铣刀圆周面上的切削刃来铣削工件的方法称为周铣，用铣刀端面上的切削刃来铣削工件的方法称为端铣。

1. 周铣

周铣是利用分布在铣刀圆柱面上的切削刃来铣削并形成平面的，如图 2-1a 所示。由于圆柱形铣刀是由若干个切削刃组成的，不同于圆柱体，所以铣出的平面有微小的波纹。要使被加工表面获得小的表面粗糙度值，工件的进给速度要慢一些，而铣刀的转速要适当加快。用周铣的方法铣出的平面，其平面度的好坏主要取决于铣刀的圆柱度误差，因此在精铣平面时，要保证铣刀的圆柱度不超差。周铣有逆铣和顺铣两种方式。

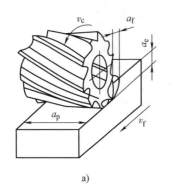
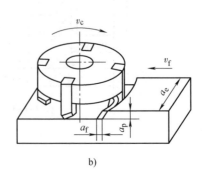

a)　　　　　　　　　　　　b)

图 2-1　周铣与端铣

a）周铣　b）端铣

（1）顺铣　在铣刀切削刃与工件已加工面的接触处，铣刀的旋转方向与工件进给方向相同的铣削方式称为顺铣，如图2-2a所示。顺铣时，铣刀切削刃作用在工件上的力F在进给方向上的分力F_f与工件的进给方向相同。

在卧式铣床上逆铣时，切削厚度由最大开始，避免了挤压、滑行现象，并且力F在进给方向上的分力F_f朝下压向工作台，有利于工件的压紧，可提高铣刀寿命和表面加工质量。顺铣加工要求工件表面没有硬皮，否则刀齿很容易磨损。

铣床工作台的纵向进给运动一般由丝杠和螺母来实现。使用顺铣法加工时，对普通铣床要求其进给机构具有消除丝杠间隙的装置，而数控铣床和加工中心采用无间隙的滚珠丝杠传动，因此数控铣床和加工中心均可采用顺铣法加工。

由于工作台丝杠和固定螺母之间一般都存在间隙，易使铣削过程中的进给不均匀，造成机床振动甚至抖动，影响已加工表面质量，甚至会发生打坏刀具现象。但顺铣时，刀齿的切削厚度从厚到薄，避免了与被加工表面的挤压、滑行，使刀齿的磨损减小，可延长刀具的寿命；铣刀对工件切削力的垂直分力F_{fN}将工件压向工作台，减少了工件振动的可能性，使铣削平稳。

（2）逆铣　在铣刀切削刃与工件已加工面的接触处，铣刀的旋转方向与工件进给方向相反的铣削方式称为逆铣，如图2-2b所示。逆铣时，铣刀切削刃作用在工件上的力F在进给方向上的分力F_f与工件进给方向相反，铣刀旋转切削刃的运动方向与工件进给方向相反。

图2-2　顺铣和逆铣

a）顺铣　b）逆铣

在卧式铣床上逆铣时，切削厚度由零逐渐增加到最大，切入瞬时切削刃钝圆半径大于瞬时切削厚度，刀齿在工件表面上要挤压和滑行一段后才能切入工件，使已加工表面产生冷硬层，加剧了刀齿的磨损，同时使加工表面粗糙不平。此外，逆铣时刀齿作用于工件的垂直进给力F_f朝上，有抬起工件的趋势，这就要求工件装夹牢靠。但是逆铣时刀齿是从切削层内部开始工作的，当工件表面有硬皮时，对刀齿没有直接影响。

逆铣的优点是铣削过程平稳，工件装夹可靠；缺点是刀具磨损较快，工件表面粗糙。

（3）顺铣与逆铣的判断方法　铣削外轮廓时顺铣、逆铣与进给的关系如图2-3所示；铣削内轮廓时顺铣、逆铣与进给的关系如图2-4所示。

（4）顺铣与逆铣的选择　当工件表面无硬皮、机床进给机构无间隙时，应选择顺铣加工方式，因为采用顺铣时，零件加工表面质量好，刀齿磨损小。精铣时，尤其是零件材料为铝镁合金、钛合金或耐热合金时，应尽量采用顺铣。当工件表面有硬皮、机床进给机构有间

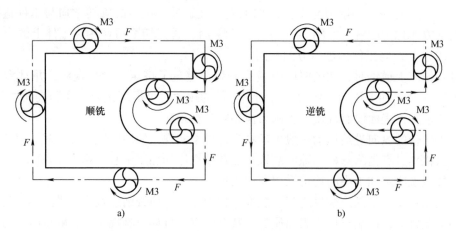

图 2-3 铣削外轮廓时顺铣、逆铣与进给的关系

a）顺铣与进给的关系 b）逆铣与进给的关系

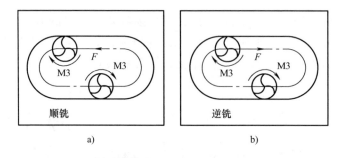

图 2-4 铣削内轮廓时顺铣、逆铣与进给的关系

a）顺铣与进给的关系 b）逆铣与进给的关系

隙时，应选择逆铣加工方式，因为逆铣时刀齿是从已加工表面切入，不会崩刃，机床进给机构的间隙不会引起振动和爬行。

2. 端铣

端铣是利用分布在铣刀端面上的刀尖来形成平面的，如图 2-1b 所示。用端铣的方法铣出的平面，也有一条条刀纹，刀纹的粗细（即表面粗糙度的大小）也与工件的进给速度和铣刀的转速高低等许多因素有关。用端铣的方法铣出的平面，其平面度的好坏主要取决于铣床主轴轴线与进给方向的垂直度。若主轴与进给方向垂直，则刀尖旋转时的轨迹为一个与进给方向平行的圆环，如图 2-5a 所示，这些圆环切割出一个平面。实际上，铣刀刀尖在工件表面会铣出网状的刀纹。若铣床主轴与进给方向不垂直，则相当于用一个倾斜的圆环在工件表面切出一个凹面来，如图 2-5b 所示，此时，铣刀刀尖在工件表面会铣出单向的弧形刀纹。

当被铣削宽度小于铣刀直径时，工件和铣刀中心位置的变化，会使铣刀在工件上出现的圆周切削力产生变化。

根据铣刀与工件之间相对位置的不同，端铣可分为对称铣削和非对称铣削两种。

（1）对称铣削 工件的中心处于铣刀中心位置时的铣削，称为对称铣削，如图 2-6 所示。铣削时，刀齿在工件的前半部分为逆铣，进给方向的铣削分力 F_f 与进给方向相反；刀齿在工件的后半部分为顺铣，F_f 与进给方向相同。对称铣削可避免铣刀切入时对工件表面的

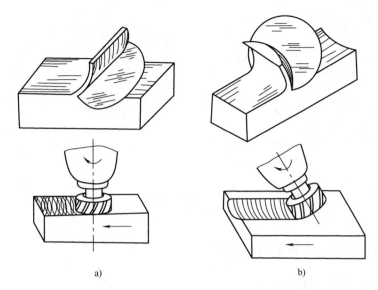

图 2-5　端铣平面

a）主轴与进给方向垂直　b）主轴与进给方向不垂直

挤压、滑行，提高铣刀的使用寿命；在精铣机床导轨面时，可保证刀齿在加工表面冷硬层下铣削，能获得较高的表面质量。对称铣削时，在铣削层宽度较窄和铣刀齿数较少的情况下，由于 F_f 在进给方向上的交替变化，导致工件和工作台容易产生窜动。另外，横向的水平分力 F_c 较大，对窄长的工件易造成变形和弯曲，所以对称铣削只有在工件宽度接近铣刀位置时才采用。

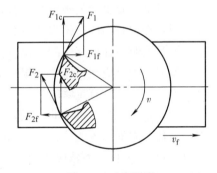

图 2-6　对称铣削

（2）非对称铣削　工件的铣削层宽度偏在铣刀一边时的铣削，亦即铣刀中心与铣削层宽度的对称线处在偏心状态下的铣削，称为非对称铣削。非对称铣削也有逆铣和顺铣两种。

1）铣削时大部分为逆铣，少部分为顺铣的非对称铣削方式称为非对称逆铣，如图 2-7a 所示。非对称逆铣时，逆铣部分占的比例大，在各个刀齿上的 F_f 之和与进给方向相反，所以不会拉动工作台。端铣时，切削刃切入工件虽由薄到厚，但不等于从零开始，切出时的切屑厚度较大，切削平稳，冲击小，可提高刀具寿命和加工表面质量，适合碳钢和低碳合金钢的加工，因此在端面铣削时，应采用非对称逆铣。

2）铣削时大部分为顺铣，少部分为逆铣的非对称铣削方式称为非对称顺铣，如图 2-7b 所示。非对称顺铣时，顺铣部分占的比例大，在各个刀齿上的 F_f 之和与进给方向相同，故易拉动工作台。所以在端铣时，一般都不采用非对称顺铣。但在铣削塑性和韧性好、加工硬化严重的材料（如不锈钢和耐热钢等）时，常采用非对称顺铣，以减少切屑黏附和提高刀具寿命。

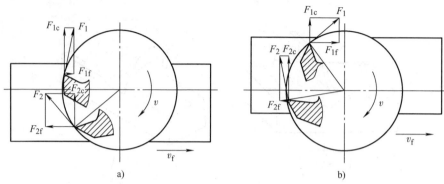

图 2-7 非对称铣削

a）非对称逆铣 b）非对称顺铣

2.1.2 数控铣削刀具的类型及其选用

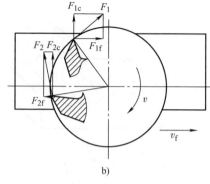

2.1.2 数控
铣削刀具的类
型及其选用1

2.1.2 数控铣
削刀具的类型
及其选用2

1. 对数控铣削刀具系统的要求

1）刀具切削部分几何参数及其切削参数须规范化、合理化。

2）刀具切削部分材料及切削参数选择必须与工件材料相匹配。

3）刀具磨损及寿命值规定必须合理。

4）刀片在刀具中的定位方式及其结构必须优化。

5）刀具安装后在机床中的定位应保持一定精度。

6）换刀后刀具应在机床中有很高的重复定位精度。

7）刀具的刀柄应有足够的强度、刚度及耐磨性。

8）刀柄及其工具对机床的重量影响应有相应的控制。

9）刀片、刀柄切入的位置、方向必须正确。

10）刀片、刀柄各参数应通用化、规格化、系列化。

11）工具系统应进一步优化。

2. 常用数控刀具刀柄

数控铣床使用的刀具通过刀柄与主轴相连，刀柄通过拉钉和主轴内的拉刀装置固定在主轴上，由刀柄夹持传递速度、扭矩，如图 2-8 所示。刀柄的强度、刚性、耐磨性、制造精度以及夹紧力等对加工有直接的影响。

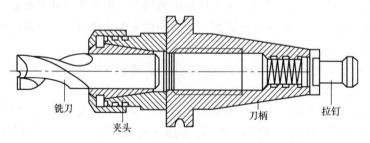

铣刀　　夹头　　　　　　　刀柄　　拉钉

图 2-8 刀具系统结构

常规数控刀具刀柄均采用 7∶24 圆锥工具柄，并采用相应形式的拉钉拉紧结构。刀柄与主轴孔的配合锥面一般采用 7∶24 的锥度，这种锥柄不自锁，换刀方便。拉钉有两种形式，如图 2-9 所示，A 型用于不带钢球的拉紧装置，B 型用于带钢球的拉紧装置。

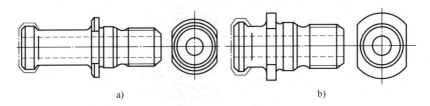

图 2-9　拉钉
a) A 型拉钉　b) B 型拉钉

（1）工具系统　镗铣类数控工具系统是镗铣床主轴到刀具之间的各种连接刀柄的总称，是数控机床工具系统的重要组成部分。其主要作用是连接主轴与刀具，使刀具达到所要求的位置与精度，传递切削所需转矩及保证刀具的快速更换。

按结构，镗铣类数控工具系统可分为整体式工具系统（TSG 工具系统）和模块式工具系统（TMG 工具系统）两大类。

整体式结构镗铣类数控工具系统中，每把工具的柄部与夹持刀具的工作部分连成一体，不同品种和规格的工作部分都必须加工出一个能与机床相连接的柄部，如图 2-10 所示，规格繁多，给生产、管理带来不便。模块式工具系统克服了整体式工具系统的不足之处，显出其经济、灵活、快速、可靠的特点，既可用于加工中心和数控镗铣床，又适用于柔性制造系统（FMS）。

整体式工具系统是专门为加工中心和镗铣类数控机床配套的工具系统，也可用于普通镗铣床，如图 2-10 所示。工具系统的型号由五个部分组成，其表示方法如下。

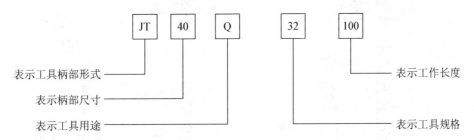

1）工具柄部形式。工具柄部一般采用 7∶24 圆锥柄。常用的工具柄部形式有 JT、BT 和 ST 三种，它们可直接与机床主轴连接。

2）柄部尺寸。柄部形式代号后面的数字为柄部尺寸。对锥柄表示相应的 ISO 锥度号，对圆柱柄表示直径。7∶24 锥柄的锥度号有 25、30、40、45、50 和 60 等，如 50 和 40 分别代表大端直径为 ϕ69.85mm 和 ϕ44.45mm 的 7∶24 锥度。大规格 50、60 号锥柄适用于重型切削机床，小规格 25、30 号锥柄适用于高速轻型切削机床。

3）工具用途。用代码表示工具的用途，如 XP 表示装削平型铣刀刀柄。

4）工具规格。工具用途代码后的数字表示工具的工作特性，其含义随工具不同而异，有些工具该数字为其轮廓尺寸 D 或 L；有些工具该数字表示应用范围。

5）工作长度。表示工具的设计工作长度（锥柄大端直径处到端面的距离）。

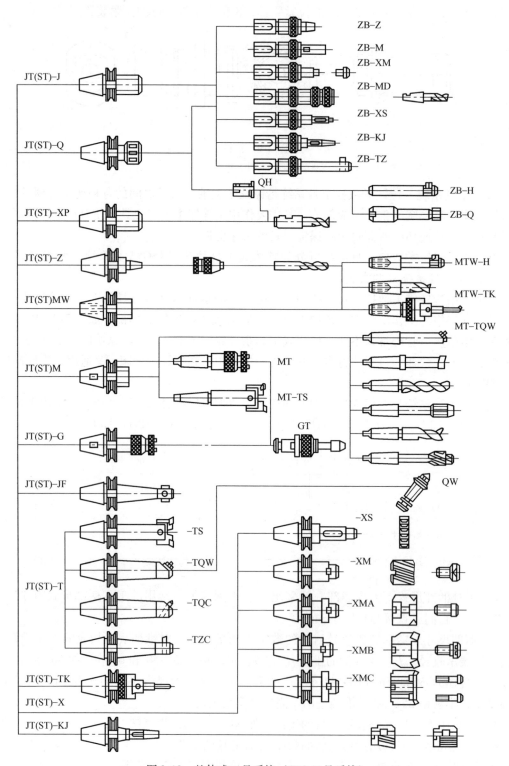

图 2-10 整体式工具系统（TSG 工具系统）

模块式工具系统就是把工具的柄部和工作部分分割开来，制成各种系列化的模块，然后经过不同规格的中间模块，组装成一套套不同用途、不同规格的模块式工具，如图 2-11 所示。

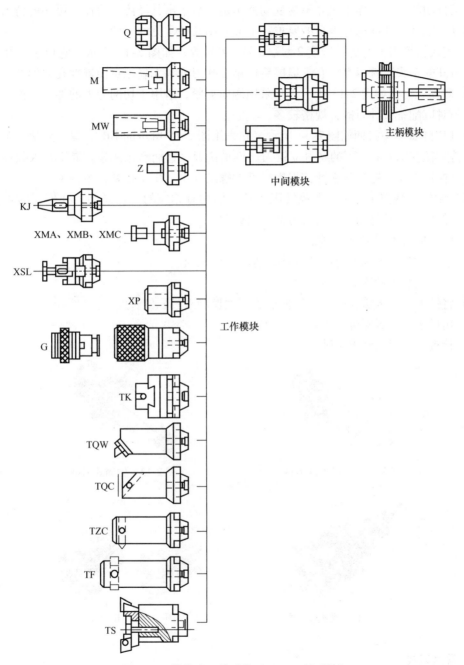

图 2-11 模块式工具系统（TMG 工具系统）

模块式工具系统都由主柄模块、中间模块、工作模块三部分组成。主柄模块是模块式工具系统中直接与机床主轴连接的工具模块；中间模块是模块式工具系统中加长工具轴向尺寸和变换连接直径的工具模块；工作模块是模块式工具系统中装卡各种切削刀具的模块。通过各种连接结构，在保证刀杆连接精度、刚性的前提下，将这三部分连接成一整体，组成模块式工具系统。使用者可根据加工零件的尺寸、精度要求、加工程序、加工工艺，利用这三部分模块，任意组合成钻、铣、镗、铰、攻螺纹的各种工具进行切削加工。模块式工具克服了整体式工具功能单一、加工尺寸不易变动的不足，显示出其经济、快速、可靠的特点，但对连接精度、刚性、强度都有很高的要求。下面介绍几种常见的刀柄。

1）莫氏锥度刀柄有莫氏锥度 2 号、3 号、4 号等，如图 2-12 所示。它可装夹相应的莫氏锥度刀杆的钻头、铣刀等，有带扁尾莫氏锥度孔刀柄和无扁尾莫氏锥度孔刀柄两种。

2）侧固式刀柄如图 2-13 所示，它采用侧向夹紧，适用于切削力大的加工，但一种尺寸的刀具须对应配备一种刀柄，规格较多。

3）ER 弹簧夹头刀柄如图 2-14 所示，它采用图 2-15 所示的 ER 卡簧，夹紧力不大，适用于夹持直径在 16mm 以下的各种立铣刀、键槽铣刀、直柄麻花钻等。卡簧装入数控刀柄前端夹持数控铣刀；拉钉拧紧在数控刀柄尾部的螺纹孔中，用于拉紧在主轴上。

（2）常用刀柄使用方法　数控铣床各种刀柄均有相应的使用说明，在使用时可仔细阅读。这里仅以最为常见的弹簧夹头刀柄举例说明。

1）将刀柄放入卸刀座并锁紧。

2）根据刀具直径选取合适的卡簧，清洁工作表面。

3）将卡簧装入锁紧螺母内。

4）将铣刀装入卡簧孔内，并根据加工深度控制刀具悬伸长度。

5）用扳手将锁紧螺母锁紧。

6）检查，将刀柄装上主轴。

图 2-12　莫氏锥度刀柄

图 2-13　侧固式刀柄

图 2-14　ER 弹簧夹头刀柄

图 2-15　ER 卡簧

3. 常用刀具

数控铣床和加工中心上使用的刀具主要为铣刀，包括面铣刀、立铣刀、球头铣刀、三面刃盘铣刀、环形铣刀等。除此之外还有各种孔加工刀具，如麻花钻、锪钻、铰刀、镗刀、丝锥等，下面只简单地介绍几种数控铣床常用的铣刀。

（1）面铣刀　主要用于立式铣床上加工平面、台阶面、沟槽等，其结构如图 2-16 所示。

面铣刀圆周表面和端面上都有切削刃，圆周表面上的切削刃为主切削刃，端部切削刃为副切削刃。面铣刀的直径较大，特别是可转位机械夹固式不重磨刀片面铣刀的切削性能好，并可方便地更换各种不同切削性能的刀片，切削效率高，加工表面质量好。面铣刀多制成套式镶齿结构，刀齿为高速钢或硬质合金，刀体为40Cr。

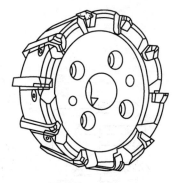

图 2-16　面铣刀

从外形上看，面铣刀有普通面铣刀、方肩面铣刀两种形式，如图 2-17 所示。普通面铣刀可用于铣削凸出平面，方肩面铣刀用于切削 90°的台阶面。

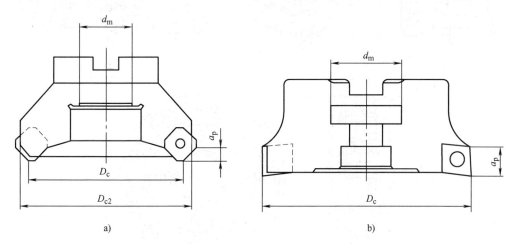

图 2-17　面铣刀的形式

a）普通面铣刀　b）方肩面铣刀

高速钢面铣刀按国家标准规定，直径 $d = 80 \sim 250$mm，螺旋角 $\beta = 10°$，刀齿数 $Z = 10 \sim 20$。

硬质合金面铣刀的铣削速度、加工效率和工件表面质量均高于高速钢铣刀，并可加工带有硬皮和淬硬层的工件，因而在数控加工中得到了广泛的应用。硬质合金面铣刀按刀片和刀齿的安装方式不同，可分为整体焊接式面铣刀、机夹-焊接式面铣刀、可转位式面铣刀等形式，如图 2-18 所示。整体焊接式和机夹-焊接式面铣刀为硬质合金刀片与合金钢刀体经焊接而成，其结构紧凑，切削效率高，制造较方便，但难于保证焊接质量，刀具寿命低，重磨较费时，目前已逐渐被可转位式面铣刀所取代。

可转位式面铣刀是将可转刀片通过夹紧元件夹固在刀体上，当刀片的一个切削刃用钝后，直接在机床上将刀片转位或更换新刀片即可。可转位面铣刀有粗齿、细齿和密齿三种。粗齿铣刀容屑空间较大，常用于粗铣钢件；粗铣带断续表面的铸件和在平稳条件下铣削钢件时，可选用细齿铣刀。密齿铣刀的每齿进给量较小，主要用于加工薄壁铸件。可转位式面铣刀要求刀片定位精度高、夹紧可靠、排屑容易、可快速更换刀片，同时要求各定位、夹紧元件通用性好，制造方便，经久耐用。因此，可转位式面铣刀在提高产品质量、加工效率，降低成本，操作使用方便等方面都具有明显的优越性，已得到广泛应用。

可转位式面铣刀的直径已经标准化，范围为 $\phi16 \sim \phi630$mm，采用公比 1.25 的标准直径（mm）系列：16、20、25、32、40、50、63、80、100、125、160、200、250、315、400、

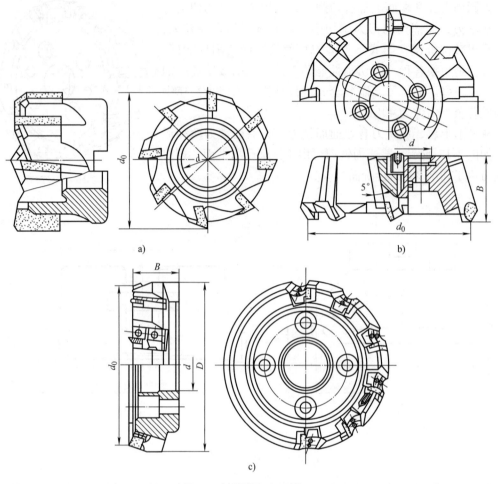

图 2-18 硬质合金面铣刀

a）整体焊接式 b）机夹-焊接式 c）可转位式

500、630。应根据工件切削宽度来选择最佳面铣刀的直径，一般是工件宽度的 1.3～1.5 倍。粗铣时，因切削力较大，为减小切削转矩，应选小直径铣刀；精铣时，铣刀直径要大些，应尽量包容工件整个加工宽度，以提高加工精度和加工效率，并减小相邻两次进给之间的接刀痕迹、保证铣刀的寿命。

面铣刀的角度标注如图 2-19 所示。前角的选择原则与车刀基本相同，只是由于铣削时有冲击，故前角数值一般比车刀略小，尤其是硬质合金面铣刀，前角数值减小得更多些。铣削强度和硬度都高的材料可选用负前角。面铣刀前角的数值主要根据工件材料和刀具材料来选择，其具体数值见表 2-1。铣刀的磨损主要发生在后刀面上，因此适当加大后角可减少铣刀磨损。常取 $\alpha_0 = 5° \sim 12°$，工件材料软时取大值，工件材料硬时取小值；粗齿铣刀取小值，细齿铣刀取大值。铣削时冲击力大，为了保护刀尖，硬质合金面铣刀的刃倾角常取 $\lambda_s = -5° \sim 15°$。只有在铣削低强度材料时，取 $\lambda_s = 5°$。主偏角 κ_r 在 45°～90°范围内选取，铣削铸铁常用 45°，铣削一般钢材常用 75°，铣削带凸肩的平面或薄壁零件时要用 90°。

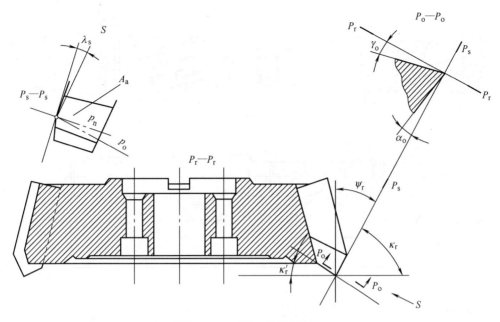

图 2-19　面铣刀的角度标注

表 2-1　面铣刀的前角数值

刀具材料 ＼ 工件材料	钢	铸铁	黄铜、青铜	铝合金
高速钢	$10° \sim 20°$	$5° \sim 15°$	$10°$	$25° \sim 30°$
硬质合金	$-15° \sim 15°$	$-5° \sim 5°$	$4° \sim 6°$	$15°$

（2）立铣刀　立铣刀是数控机床上用得最多的一种铣刀，其切削效率较低，主要用于平面轮廓零件的加工。立铣刀的结构如图 2-20a 所示，其圆柱表面和端面上都有切削刃，它们可同时进行切削，也可单独进行切削。立铣刀圆柱表面的切削刃为主切削刃，端面上的切削刃为副切削刃，主切削刃一般为螺旋齿，这样可以增加切削平稳性，提高加工精度。由于普通立铣刀端面中心处有顶尖孔，无切削刃，因此，铣削时不能沿铣刀轴向做进给运动，只能沿铣刀径向做进给运动，端面刃主要用来加工与侧面相垂直的底平面。

为了能加工较深的沟槽，并保证有足够的备磨量，立铣刀的轴向长度一般较长。为改善切屑卷曲情况，增大容屑空间，防止切屑堵塞，刀齿数比较少，容屑槽圆弧半径则较大。一般粗齿立铣刀齿数 $Z = 3 \sim 4$，细齿立铣刀齿数 $Z = 5 \sim 8$，套式结构 $Z = 10 \sim 20$，容屑槽圆弧半径 $r = 2 \sim 5mm$。当立铣刀直径较大时，可制成不等齿距结构，以增强抗振作用，使切削过程平稳。

立铣刀有粗齿和细齿两种，粗齿齿数 $3 \sim 6$ 个，适用于粗加工，细齿齿数 $5 \sim 10$ 个，适用于半精加工，套式结构齿数 $10 \sim 20$。立铣刀从结构上可分为整体式和机械夹固式。标准立铣刀的螺旋角 β 为 $40° \sim 45°$（粗齿）和 $30° \sim 35°$（细齿），套式结构立铣刀的 β 为 $15° \sim 25°$。直径较小的立铣刀一般制成带柄形式：$\phi 2 \sim \phi 7mm$ 的立铣刀制成直柄；$\phi 6 \sim \phi 63mm$ 的立铣刀制成莫氏锥柄；$\phi 25 \sim \phi 80mm$ 的立铣刀做成 $7 : 24$ 锥柄，内有螺纹孔用来拉紧刀具。为了

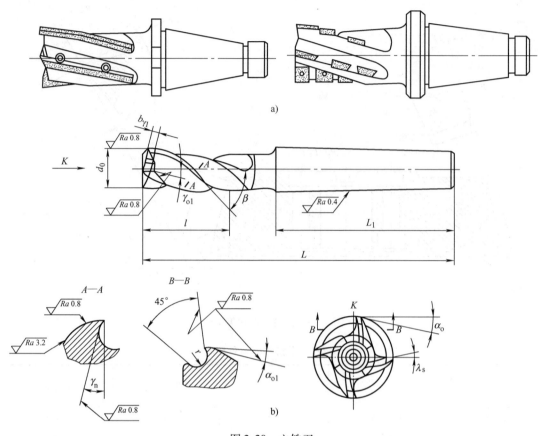

图 2-20　立铣刀

切削有拔模斜度的轮廓面，还可使用主切削刃带锥度的圆锥形立铣刀。但是由于数控机床要求铣刀能快速自动装卸，故立铣刀柄部形式也有很大不同，一般是由专业厂家按照一定的规范设计制造成统一形式、统一尺寸的刀柄。直径为 40～60mm 的立铣刀可做成套式结构。

立铣刀主切削刃的前角在法剖面内测量，后角在端剖面内测量，前、后角的标注如图 2-20b 所示。前、后角都为正值，分别根据工件材料和铣刀直径选取，其具体数值分别见表 2-2 和表 2-3。

表 2-2　立铣刀前角数值

工件材料		前　角
钢	$R_m \leqslant 0.589\,\mathrm{GPa}$	20°
	$0.589\,\mathrm{GPa} < R_m < 0.981\,\mathrm{GPa}$	15°
	$R_m \geqslant 0.981\,\mathrm{GPa}$	10°
铸铁	$R_m \leqslant 150\,\mathrm{MPa}$	15°
	$R_m > 150\,\mathrm{MPa}$	10°

表 2-3 立铣刀后角数值

铣刀直径 d_0/mm	后　角
≤10	25°
10 ~ 20	20°
>20	16°

立铣刀的尺寸参数如图 2-21 所示，推荐按下述经验数据选取。

1）刀具半径 R 应小于零件内轮廓面的最小曲率半径 ρ，一般取 $R = (0.8 \sim 0.9) \rho$。

2）零件的加工高度 $H = (1/6 \sim 1/4) R$，以保证刀具具有足够的刚度。

3）对不通孔（深槽），选取 $l = H + (5 \sim 10)$ mm（l 为刀具切削部分长度，H 为零件高度）。

4）加工外形及通槽时，选取 $l = H + r + (5 \sim 10)$ mm（r 为端刃圆角半径）。

5）粗加工内轮廓面时，如图 2-22 所示，铣刀最大直径 $D_粗$ 可按下式计算：

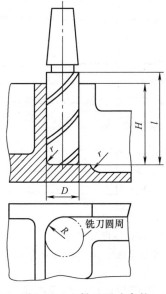

图 2-21　立铣刀尺寸参数

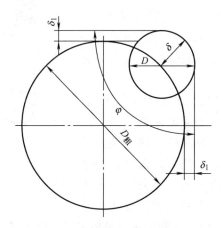

图 2-22　粗加工立铣刀直径计算

$$D_粗 = \frac{2\left(\delta\sin\frac{\varphi}{2} - \delta_1\right)}{1 - \sin\frac{\varphi}{2}} + D$$

式中　D——轮廓的最小凹圆角直径；

　　　δ——圆角邻边夹角等分线上的精加工余量；

　　　δ_1——精加工余量；

　　　φ——圆角两邻边的夹角。

6）加工肋时，刀具直径 $D = (5 \sim 10)b$（b 为肋的厚度）。

立铣刀的铣削方法有两种，一种是周刃铣削，利用分布在立铣刀圆柱面上的切削刃来铣削并形成平面，其加工的平面度好坏取决于铣刀的圆柱度，因此在精铣平面时，要保证铣刀的圆柱度；另一种铣削方法是端刃铣削，利用分布在立铣刀端面上的切削刃来铣削形成平面，端铣平面度的好坏取决于铣床主轴轴线与进给方向的垂直度。若主轴轴线与进给方向垂直，则刀尖旋转时的轨迹与进给方向平行，就能切出一个平面，刀纹呈网状。若主轴轴线与进给方向不垂直，则会切出一个弧形凹面，刀纹呈单向弧形，铣削时会发生单向拖刀现象。端铣适用于高速铣削，其工作平稳，生产效率高，加工质量好。但在相同的铣削用量条件下，周铣比端铣获得的表面粗糙度值要小。

（3）模具铣刀　模具铣刀由立铣刀发展而成，可分为圆锥形立铣刀（圆锥半角 $\alpha/2 = 3°$、$5°$、$7°$、$10°$）、圆柱形球头立铣刀和圆锥形球头立铣刀三种，其柄部有直柄、削平型直柄和莫氏锥柄。它的结构特点是球头或端面上布满了切削刃，圆周刃与球头刃圆弧连接，可以做径向和轴向进给。

模具铣刀工作部分用高速钢或硬质合金制造。国家标准规定直径 $d = 4 \sim 63mm$。图 2-23 所示为高速钢制造的模具铣刀，图 2-24 所示为用硬质合金制造的模具铣刀。小规格的硬质合金模具铣刀多制成整体结构，直径为 16mm 以上的硬质合金模具铣刀制成焊接或机夹可转位刀片结构。

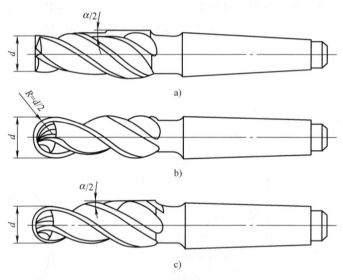

图 2-23　高速钢模具铣刀

a）圆锥形　b）圆柱形球头　c）圆锥形球头

球头铣刀的端面不是平面，而是带切削刃的球面，按刀体形状又分为圆柱形球头铣刀和圆锥形球头铣刀，也可分为整体式和机夹式。球头铣刀主要用于模具产品的曲面加工，在加工曲面时，一般采用三坐标联动，铣削时不仅能沿轴向做进给运动，也能沿铣刀径向做进给运动，而且球头与工件接触处往往为一点，这样，该铣刀在数控铣床的控制下，就能加工

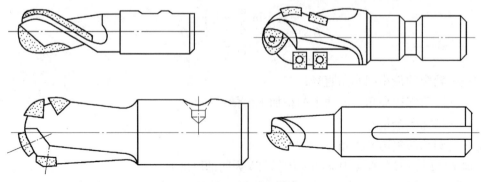

图 2-24　硬质合金模具铣刀

出各种复杂的成形表面。其运动方式具有多样性，可根据刀具性能和曲面特点选择设计。球头铣刀加工部位及运动方式见表2-4。

表 2-4　球头铣刀加工部位及运动方式

序号	加工部位	刀具运动特点	序号	加工部位	刀具运动特点
1	直槽或圆弧槽	直线运动	7	凸形曲面	三坐标联动
2	较深槽或台阶	往复直线运动	8	凹凸曲面粗加工	三坐标联动
3	斜面	空间曲线运动	9	凹凸曲面精加工	三坐标联动
4	型腔粗加工	钻式铣削	10	倒外圆及铣削型腔	二、三坐标联动
5	台阶面	上行、下行运动	11	圆槽或型腔	圆弧插补、垂直下刀
6	倒圆	直线运动	12	圆槽或型腔	螺旋运动

（4）键槽铣刀　键槽铣刀主要用于立式铣床上加工圆头封闭键槽等，其结构如图2-25所示。该铣刀外形和端面立铣刀相似，有两个刀齿，圆柱面和端面都有切削刃，但端面无顶尖孔，端面刃延至轴心，既像立铣刀又像钻头。加工键槽时，先轴向进给达到槽深，然后沿键槽方向进给，铣出键槽全长。

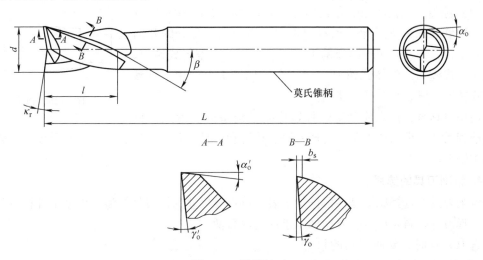

图 2-25　键槽铣刀

按国家标准规定，直柄键槽铣刀直径为 2～22mm，锥柄键槽铣刀直径为 14～50mm。键槽铣刀直径的偏差有 e8 和 d8 两种。键槽铣刀的圆周切削刃仅在靠近端面的一小段长度内发生磨损，重磨时，只需刃磨端面切削刃，因此重磨后铣刀直径不变。

（5）鼓形铣刀　图 2-26 所示为一种典型的鼓形铣刀，它的切削刃分布在半径为 R 的圆弧面上，端面无切削刃。加工时控制刀具上下位置，相应改变切削刃的切削部位，可以在工件上切出从负到正的不同斜角。R 越小，鼓形刀所能加工的斜角范围越广，但所获得的表面质量也越差。这种刀具的特点是刃磨困难，切削条件差，而且不适于加工有底的轮廓表面。

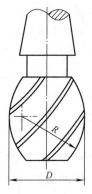

图 2-26　鼓形铣刀

（6）成形铣刀 成形铣刀一般是为特定形状的工件或加工内容专门设计制造的，如渐开线齿面、燕尾槽和T形槽等。几种常用的成形铣刀如图2-27所示。

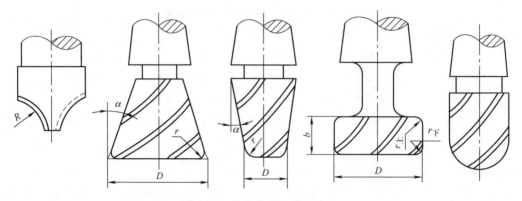

图2-27 几种常用的成形铣刀

除了上述几种类型的铣刀外，数控铣床也可使用各种通用铣刀。但因不少数控铣床的主轴内有特殊的拉刀装置，或因主轴内锥孔有别，而须配备过渡套和拉钉。

（7）镗刀 镗孔所用的刀具称为镗刀，如图2-28所示。按切削刃数量可分为单刃镗刀和双刃镗刀。镗刀切削部分的几何角度和车刀、铣刀的切削部分基本相同。常用的有整体式镗刀、机械固定式镗刀。整体式镗刀一般装在可调镗头上使用，机械固定式镗刀一般装在镗杆上使用。

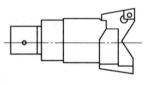

图2-28 镗刀

使用刀具时，首先应确定数控铣床要求配备的刀柄及拉钉的标准和尺寸，根据加工工艺选择刀柄、拉钉和刀具，并将它们装配好，然后装夹在数控铣床的主轴上。

4. 铣削刀具的选用

铣削刀具的选择原则是：根据加工表面特点及尺寸选择刀具类型，根据工件材料及加工要求选择刀片材料及尺寸，根据加工条件选取刀柄。

选取刀具时，要使刀具的尺寸与被加工工件的表面尺寸相适应。刀具直径的选用主要取决于设备的规格和工件的加工尺寸，还要考虑刀具所需功率应在机床功率范围之内。从刀具的结构应用方面来看，数控加工应尽可能采用镶块式机夹可转位刀片，以减少刀具磨损后的更换和预调时间。铣削加工时工件形状和刀具形状的关系如图2-29所示，铣削加工部位及所使用铣刀的类型见表2-5。

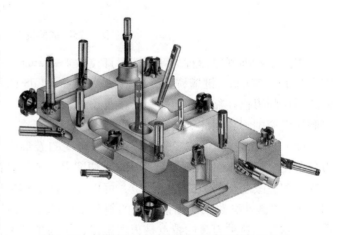

图2-29 铣削加工时工件形状和刀具形状的关系

表 2-5　铣削加工部位及所使用铣刀的类型

序号	加工部位	可使用铣刀类型	序号	加工部位	可使用铣刀类型
1	平面	机夹可转位平面铣刀	9	较大曲面	多刀片机夹可转位球头铣刀
2	带倒角的开敞槽	机夹可转位倒角平面铣刀	10	大曲面	机夹可转位圆刀片面铣刀
3	T形槽	机夹可转位 T 形槽铣刀	11	倒角	机夹可转位倒角铣刀
4	带圆角开敞深槽	加长柄机夹可转位圆刀片铣刀	12	型腔	机夹可转位圆刀片立铣刀
5	一般曲面	整体硬质合金球头铣刀	13	外形粗加工	机夹可转位玉米铣刀
6	较深曲面	加长整体硬质合金球头铣刀	14	台阶平面	机夹可转位直角平面铣刀
7	曲面	多刀片机夹可转位球头铣刀	15	直角型腔	机夹可转位立铣刀
8	曲面	单刀片机夹可转位球头铣刀			

生产中，平面零件周边轮廓的加工，常采用立铣刀；铣削平面时，应选用面铣刀；加工凸台、凹槽时，选用高速钢立铣刀；加工毛坯表面或粗加工孔时，可选取镶硬质合金刀片的玉米铣刀（镶齿立铣刀）；对一些立体型面和变斜角轮廓外形的加工，常采用球头铣刀、环形铣刀、锥形铣刀和盘形铣刀。在同样完成加工的情况下，选择相对综合成本低的方案，而不是选择最便宜的刀具。选择好的刀具虽然增加了刀具成本，但由此带来的加工质量和加工效率的提高可以使总体成本比使用普通刀具更低，带来更好的经济效益。

2.1.3　数控铣削夹具及工件装夹

数控铣床加工时，所用夹具及工件装夹方法与普通铣床加工时基本相同，主要有用平口钳装夹工件、用回转工作台装夹工件、用压板装夹工件、用专用工具装夹工件、用万能分度头装夹工件等。

2.1.3 数控铣削
夹具及工件
装夹

1. 工件装夹的基本原则

1）力求基准统一。

2）尽量减少工件的装夹次数和辅助时间。

3）充分发挥数控机床的效能。

2. 选择夹具的基本原则

1）以缩短生产准备时间、提高生产效率为前提。

2）成批生产时采用专用夹具，力求结构简单。

3）工件装卸要迅速、方便、可靠。

4）夹具定位、夹紧精度要高。

3. 工件的安装

（1）机用虎钳　机用虎钳的结构如图 2-30a 所示，适用于装夹中小尺寸和形状规则的工件，如图 2-30b 所示。当加工一般精度和夹紧力要求的零件时常用机械式虎钳，当加工精度要求高、夹紧力要求大时，可采用较高精度的液压式虎钳。

机用虎钳在数控铣床工作台上的安装要根据加工精度要求控制钳口与 X 或 Y 轴的平行度，零件夹紧时要注意控制工件变形和一端钳口上翘。机用虎钳属于通用可调夹具，适用于多品种小批量生产加工。其定位精度较高，夹紧速度快，通用性强，操作简单，是应用最广的一种机床夹具。

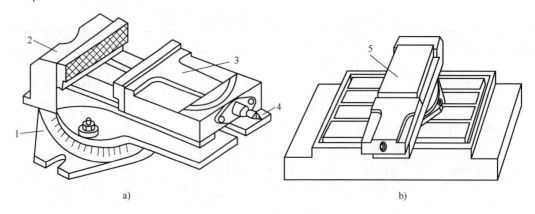

a)   b)

图 2-30 机用虎钳及其装夹工件

a) 机用虎钳 b) 机用虎钳装夹工件

1—底座 2—固定钳口 3—活动钳口 4—螺杆 5—工件

(2) 铣床用卡盘 在数控铣床上加工回转体零件时，可以采用自定心卡盘装夹，如图 2-31 所示；对于非回转零件可采用四爪单动卡盘装夹，如图 2-32 所示。铣床用卡盘的使用方法和车床卡盘相似，都是用 T 形槽螺栓将卡盘固定在机床工作台上。

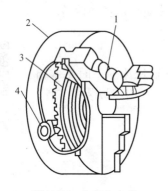

图 2-31 自定心卡盘

1—卡爪 2—卡盘体

3—锥齿端面螺纹圆盘 4—小锥齿轮

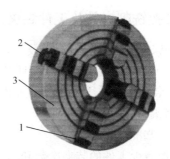

图 2-32 四爪单动卡盘

1—卡爪 2—螺杆 3—卡盘体

(3) 回转工作台 为了扩大数控机床的工艺范围，数控机床除了沿 X、Y、Z 三个坐标轴做直线进给外，往往还需要有绕 Y 或 Z 轴的圆周进给运动。数控机床的圆周进给运动一般由回转工作台实现，对于加工中心，回转工作台是一个不可缺少的部件。数控机床中常用的回转工作台有数控分度工作台和数控回转工作台。

1) 数控分度工作台。数控机床的数控分度工作台如图 2-33 所示，它是根据加工要求将工件回转至所需的角度，以达到加工不同面的目的。数控分度工作台的端齿盘为分度元件，靠气动转位分度可完成以 5° 为基准单位的整倍数垂直（或水平）回转坐标的分度。分度工作台主要有两种

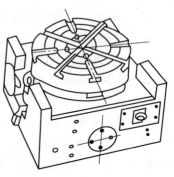

图 2-33 数控分度工作台

形式：定位销式分度工作台和鼠齿盘式分度工作台。

2）数控回转工作台。数控回转工作台如图2-34所示，其外观和分度工作台相似，但内部结构和功用却大不相同。数控回转工作台可使数控铣床增加1个或2个回转坐标，通过数控系统实现4坐标或5坐标联动，可有效扩大工艺范围，加工更为复杂的零件。数控卧式铣床一般采用方形回转工作台，实现 B 坐标运动。数控立式铣床一般采用圆形回转工作台，安装在机床工作台上，可以实现 A、B 或 C 坐标运动，但圆形回转工作台占据机床空间也较大。

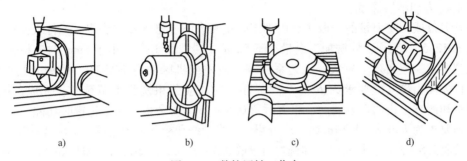

a)　　　　　　　b)　　　　　　　c)　　　　　　　d)

图2-34　数控回转工作台

数控回转工作台的主要功能有两个：一是工作台进给分度运动，即在非切削时，装有工件的工作台在整个圆周（360°范围内）进行分度旋转；二是工作台做圆周方向进给运动，即在进行切削时，与 X、Y、Z 三个坐标轴进行联动，加工复杂的空间曲面。图2-34a所示可完成四面加工；图2-34b、c所示可完成圆柱凸轮的空间成形面和平面凸轮加工；图2-34d所示为双回转台，可用于加工在表面上呈不同角度布置的孔，可完成五个方向的加工。

（4）用螺钉压板装夹工件　安装尺寸较大、较长或形状比较复杂的中大型工件时，常使用压板将工件直接夹紧在工作台的台面上，所使用的夹紧件主要是T形螺栓和螺母，根据工件形状和夹紧形式有时还使用垫铁、V形架等工具，安装方法如图2-35所示。

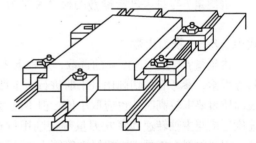

4. 工件安装的注意事项

在工件装夹时，需注意以下问题：

图2-35　用螺钉压板装夹工件

1）安装工件时，应保证工件在本次定位装夹中所有需要完成的待加工面充分暴露在外，以方便加工，同时考虑机床主轴与工作台面之间的最小距离和刀具的装夹长度，确保在主轴的行程范围内能使工件的加工内容全部完成。

2）夹具在机床工作台上的安装位置必须给刀具运动轨迹留有空间，不能和各工步刀具轨迹发生干涉。

3）夹点数量及位置不能影响刚性。

2.1.4　数控铣削切削用量

铣削加工的切削用量包括主轴转速（切削速度）、进给速度、背吃刀量和侧吃刀量，周铣与端铣的切削用量如图2-1所示。切削用量的大小对切削力、切削功率、刀具磨损、加工质量和加工成本均有显著影响。数控铣削加工中，

2.1.4　数控铣削
切削用量

切削用量的选择原则是：在保证加工质量和刀具寿命的前提下，充分发挥机床性能和刀具切削性能，使切削效率最高，加工成本最低。切削用量的选择方法是：先选择背吃刀量和侧吃刀量，其次选择进给速度，最后选择主轴转速。

1. 背吃刀量（铣削深度）a_p **与侧吃刀量**（铣削宽度）a_e

背吃刀量 a_p 与侧吃刀量 a_e 分别指铣刀在轴向和径向的切削深度。端铣时，背吃刀量 a_p 为切削层深度，侧吃刀量 a_e 为被加工表面宽度；周铣时，背吃刀量 a_p 为被加工表面宽度，侧吃刀量 a_e 为切削层深度。

背吃刀量或侧吃刀量的选取主要由加工余量和表面质量的要求决定。工件表面粗糙度值要求为 $Ra12.5 \sim 25\mu m$、周铣加工余量小于 5mm 或端铣加工余量小于 6mm 时，粗铣一次就可以达到要求，但在余量较大、工艺系统刚性较差或机床动力不足时，可多分几次进给完成。工件表面粗糙度值要求为 $Ra3.2 \sim 12.5\mu m$ 时，应分粗铣和半精铣两步完成，粗铣时，背吃刀量和侧吃刀量的选取同前，粗铣后留 $0.5 \sim 1mm$ 的余量，在半精铣时切除。工件表面粗糙度值要求为 $Ra0.8 \sim 3.2\mu m$ 时，应分粗铣、半精铣和精铣三步完成，半精铣时背吃刀量或侧吃刀量取 $1.5 \sim 2mm$；精铣时，周铣吃刀量 $0.3 \sim 0.5mm$，端铣背吃刀量取 $0.5 \sim 1mm$。

2. 进给量 f 与进给速度 v_f

进给量 f 与进给速度 v_f 是衡量切削用量的重要参数。铣削加工的进给量 f 是指刀具转一周，工件与刀具沿进给运动方向的相对位移量，其单位是 mm/r；进给速度 v_f 是指单位时间内工件与铣刀沿进给方向的相对位移量，其单位是 mm/min。二者之间的换算关系为

$$v_f = nf$$

式中　n——铣刀转速，单位为 r/min。

进给量 f 与每齿进给量 f_Z 的换算关系为

$$f = Zf_Z$$

式中　Z——铣刀齿数。

进给量 f 与进给速度 v_f 的选取，应根据零件的表面粗糙度、加工精度要求、刀具及工件材料等因素，参考有关切削用量手册进行。工件刚性差或刀具强度低时，应取小值；加工精度和表面质量要求较高时，也应取小值，但不能过小，否则会使表面粗糙度值增大。切削时的进给速度还应与主轴转速和背吃刀量等切削用量相适应。每齿进给量主要根据工件材料的力学性能、刀具材料、工件表面粗糙度等因素来选取。铣刀每齿进给量参考值见表 2-6。

表 2-6　铣刀每齿进给量参考值

工件材料	每齿进给量 f_Z/mm			
	粗　铣		精　铣	
	高速钢铣刀	硬质合金铣刀	高速钢铣刀	硬质合金铣刀
钢	0.10 ~ 0.15	0.10 ~ 0.25	0.02 ~ 0.05	0.10 ~ 0.15
铸铁	0.12 ~ 0.20	0.15 ~ 0.30		

3. 主轴转速 n

主轴的转速 n 由切削速度 v_c 和切削直径 D_c 决定。对于圆柱立铣刀 n（单位 r/min）可按以下公式计算：

$$n = v_c \times 1000/\pi D_c$$

其中，切削速度 v_c 由刀具和工件材料决定。

对于球头立铣刀或 R 角立铣刀，因为其有效切削直径和平底立铣刀不同，若要保持同样直径的球头铣刀或圆柱刀切削速度一致的话，球头铣刀的主轴转速要更大，进给速度也更大，计算公式与平底铣刀不同，在这里不做介绍。

实际应用时，计算好的主轴转速 n 要根据机床实际情况选取和理论值一致或较接近的转速，并填入程序单中。

4. 切削速度 v_c

铣削的切削速度 v_c 与刀具的使用寿命、每齿进给量、背吃刀量、侧吃刀量以及铣刀齿数成反比，而与铣刀直径成正比。铣削加工的切削速度 v_c 可参考表2-7选取，也可参考有关切削用量手册中的经验公式通过计算选取。

表 2-7 铣削加工的切削速度参考值

工 件 材 料	硬度 HBW	$v_c/(\text{m} \cdot \text{min}^{-1})$	
		高速钢铣刀	硬质合金铣刀
钢	<225	18~42	66~150
	225~325	12~36	54~120
	325~425	6~21	36~75
铸铁	<190	21~36	66~150
	190~260	9~18	45~90
	260~320	4.5~10	21~30

5. 切削参数的选择

切削参数的选择是工艺设计和程序编制时一个重要的内容，一般按照以下步骤进行：

1）根据工件材料和刀具材料查表确定切削速度，再由刀具直径得到主轴转速。

2）根据机床功率确定背吃刀量。

3）根据背吃刀量查表确定每齿进给量。

4）根据主轴转速及每齿进给量可得到切削进给速度。

相关数据可在切削手册或刀具手册中查到，也可以从实际所用刀具的切削用量手册中查到。整体硬质合金2刃立铣刀进行侧面铣削时的切削参数见表2-8。要注意的是，不同刀具企业的刀具性能不相同，实际使用的刀具性能应与刀具手册中相一致。

表 2-8 切削参数表

刀具直径 D/mm	切 削 参 数			
	切削速度 v_c /($\text{m} \cdot \text{min}^{-1}$)	主轴转速 n /($\text{r} \cdot \text{min}^{-1}$)	每齿进给量 f_Z /($\text{mm} \cdot \text{Z}^{-1}$)	进给量 f /($\text{mm} \cdot \text{min}^{-1}$)
5	35	2200	0.035	150
6	35	1850	0.04	150
8	35	1400	0.055	155
10	35	1100	0.06	130

（续）

刀具直径 D	切削参数			
	切削速度 v_c /(m·min^{-1})	主轴转速 n /(r·min^{-1})	每齿进给量 f_z /(mm·Z^{-1})	进给量 f /(mm·min^{-1})
12	35	900	0.06	110
16	35	700	0.08	110
20	35	550	0.1	110
25	35	450	0.1	90
30	35	350	0.1	70

【拓展知识】

2.1.5-1 数控铣床的分类与组成

2.1.5 认识数控铣床

数控铣床是在普通铣床的基础上发展起来的，是用计算机数字化信号控制的铣床。它能够进行外形轮廓铣削、平面或曲面铣削及三维复杂型面的铣削，如凸轮、模具、叶片、螺旋桨等。另外，数控铣床还具有孔加工的功能，通过特定的功能指令可进行一系列孔的加工，如钻孔、扩孔、铰孔、镗孔和攻螺纹等。数控铣床主要适用于板类、盘类、壳体类等复杂零件的加工，特别适用于汽车制造业和模具制造业。

1. 数控铣床的分类

数控铣床是一种功能强大，用途广泛的机床，按机床主轴的布局形式可分为立式数控铣床、卧式数控铣床和龙门式数控铣床三种。

（1）立式数控铣床　立式数控铣床的主轴轴线与工作台面垂直，是数控铣床中最常见的一种布局形式。立式数控铣床在数量上一直占据数控铣床的大多数，应用范围也最广。从机床数控系统控制的坐标数量来看，目前 3 坐标数控立铣仍占大多数；一般可进行 3 坐标联动加工，但也有部分机床只能进行 3 个坐标中任意两个坐标的联动加工（常称为 2.5 坐标加工）。此外，还有机床主轴可以绕 X、Y、Z 坐标轴中的其中一个或两个轴做数控摆角运动的 4 坐标和 5 坐标数控立铣。数控机床所控制的联动轴数越多，其加工工艺范围越广，但对数控系统的要求越高，机床的结构越复杂，编程难度越大。对于三轴以上联动加工的空间复杂曲面，手工编程计算复杂，需借助 CAD/CAM 软件进行零件造型并后置处理生成程序。

立式数控铣床各坐标的控制方式主要有以下两种。

1）工作台纵、横向移动并升降，主轴只完成主运动。目前小型数控铣床一般采用这种方式。

2）工作台纵、横向移动，主轴升降。这种方式一般运用在中型数控铣床中。

立式数控铣床结构简单，工件安装方便，加工时便于观察，但不便于排屑。

（2）卧式数控铣床　卧式数控铣床的主轴轴线与工作台面平行，主要用来加工箱体类零件。卧式数控铣床一般配有数控回转工作台以实现四轴或五轴加工，从而扩大功能和加工范围。与立式数控铣床相比，卧式数控铣床结构复杂，在加工时不便观察，但排屑顺畅。

（3）龙门式数控铣床　大型数控立式铣床多采用龙门式布局，在结构上采用对称的双立柱结构，以保证机床整体刚性、强度。主轴可在龙门架的横梁与溜板上运动，而纵向运动则由龙门架沿床身移动或由工作台移动实现，其中工作台床身特大时多采用前者。

龙门式数控铣床适合加工大型零件，主要在汽车、航空航天、机床等行业使用。

2. 数控铣床的组成

数控铣床一般由铣床主机、控制部分、驱动部分及辅助部分等组成，XK713 型立式数控铣床的外形如图 2-36 所示。

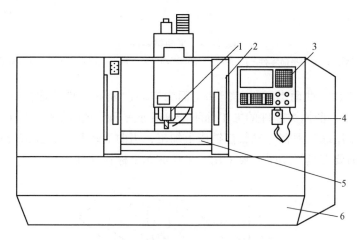

图 2-36 XK713 型立式数控铣床的外形

1—主轴 2—防护门 3—控制面板
4—手摇脉冲发生器 5—工作台 6—床身

（1）铣床主机 铣床主机是数控铣床的机械本体，包括床身、主轴箱、工作台和进给机构等。

（2）控制部分 控制部分是数控铣床的控制核心，本书讲述的 CNC 系统是 FANUC 0i‐M 系统。

（3）驱动部分 驱动部分是数控铣床执行机构的驱动部件，包括主轴电动机和进给伺服电动机等。

（4）辅助部分 辅助部分是数控铣床的一些配套部件，包括刀库、液压装置、气动装置、冷却系统、润滑系统和排屑装置等。

2.1.5-2 数控铣床的主要加工对象及技术参数

3. 数控铣床的主要加工对象

数控铣削是机械加工中最常用和最主要的数控加工方法之一，它除了能铣削普通铣床能加工的各种零件表面外，还能铣削普通铣床不能加工的需要 2~5 坐标联动的各种平面轮廓和立体轮廓。根据数控铣床的特点，从铣削加工角度考虑，适合数控铣削的主要加工对象有以下几类。

（1）平面类零件 平面类零件是指加工面平行或垂直于定位面，或加工面与水平面的夹角为定角的零件，如图 2-37 所示。目前在数控铣床上加工的大多数零件属于平面类零件。平面类零件的特点是：各个加工面为平面或可展开成平面。平面类零件的数控铣削相对比较简单，一般用 3 坐标数控铣床的 2 坐标联动（即 2.5 坐标联动）就可以加工出来。

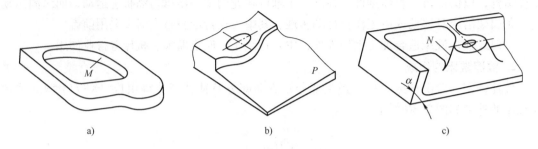

图 2-37　平面类零件

a) 带平面轮廓的平面零件　b) 带斜平面的平面零件　c) 带正圆台和斜肋的平面零件

（2）曲面类零件　曲面类零件是指加工面为空间曲面的零件，如模具、叶片、螺旋桨等，如图 2-38 所示。曲面类零件的加工面不能展开成平面。加工时，铣刀与零件表面始终为点接触，一般采用球头刀在三轴数控铣床上加工；当曲面较复杂、通道较狭窄、加工中会伤及相邻表面及需要刀具摆动时，要采用 4 坐标或 5 坐标铣床加工。

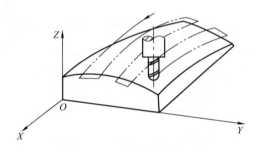

图 2-38　曲面类零件

（3）变斜角类零件　变斜角类零件是指加工面与水平面的夹角呈连续变化的零件，常见于飞机零部件，如图 2-39 所示。变斜角类零件的加工面不能展开成平面，但在加工中，加工面与铣刀圆周接触的瞬间为一条直线。最好采用 4 坐标、5 坐标数控铣床摆角加工，也可采用 3 坐标数控铣床进行 2.5 坐标近似加工。

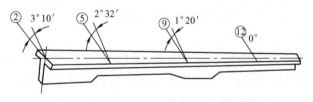

图 2-39　变斜角类零件

（4）孔及螺纹　一般数控铣都有镗、钻、铰功能，采用定尺寸刀具进行钻、扩、铰、镗及攻螺纹等。

4. 数控铣床的主要技术参数

数控铣床的主要技术参数包括工作台面积、各坐标轴行程、主轴转速范围、切削进给速度范围、定位精度、重复定位精度等，其具体内容及作用见表 2-9。

表 2-9 数控铣床的主要技术参数

类 别	主 要 内 容	作 用
尺寸参数	工作台面积（长×宽）、承重	影响加工工件的尺寸范围（重量）、编程范围及刀具、工件、机床之间的干涉
	各坐标最大行程	
	主轴套筒移动距离	
	主轴端面到工作台的距离	
接口参数	工作台T形槽数、槽宽、槽间距	影响工件及刀具安装
	主轴孔锥度、直径	
运动参数	主轴转速范围	影响加工性能及编程参数
	工作台快进速度、切削进给速度范围	
动力参数	主轴电动机功率	影响切削负荷
	伺服电动机额定转矩	
精度参数	定位精度、重复定位精度	影响加工精度及其一致性
	分度精度（回转工作台）	
其他参数	外形尺寸、重量	影响使用环境

2.1.6 数控铣削加工工艺的主要内容

概括起来，数控铣削加工工艺主要包括如下内容：

1）选择适合在数控机床上加工的零件。

2）分析被加工零件的图样，明确加工内容和技术要求。

3）确定零件的加工方案，制定数控加工工艺路线，如划分工序、安排加工顺序、处理与非数控加工工序的衔接等。

4）加工工序的设计，如确定零件的定位基准、确定夹具方案、划分工步、选取刀/辅具、确定切削用量等。

5）数控加工程序的调整。选取对刀点和换刀点，确定刀具补偿，确定加工路线。

6）分配数控加工中的公差。

7）处理数控机床上的部分工艺指令。

【思考与练习】

1. 按照常用的分类方式，数控铣床有哪些种类？

2. 简述数控铣床的组成以及加工对象。

3. 常用的铣削方式有哪几种？应如何进行选择？

4. 简述数控铣削刀具系统的要求。

5. 数控铣削刀具的分类方法及其种类分别是什么？

6. 常用刀柄的使用方法有哪些?
7. 常用铣削刀具有哪些?
8. 简述常用铣削夹具的种类及其适用环境。
9. 安装零件时应注意的事项有哪些?
10. 切削用量的选择原则和方法分别是什么?

项目 2.2 数控铣床基本操作

【学习目标】

1）熟悉数控铣床的操作步骤。
2）掌握程序的输入与编辑。
3）熟练掌握对刀的类型及方法。
4）熟悉程序运行控制。

【知识学习】

2.2.1 手动操作

2.2.1 手动操作

1. 开机与关机

开机操作基本次序:

1）打开外部空气压缩机电源开关。
2）打开机床外部电源开关。
3）打开机床电气柜开关。
4）打开操作面板开关。按下机床控制面板上的 启动电源 键，接通电源，显示屏由黑色变为有文字显示。
5）松开急停开关。按 急停 键，使该键抬起，这时系统完成上电复位。
6）MODE 模式切换到自动回零状态。
7）回机械零点。
8）切换到手动状态或点动状态。
9）将工作台移至接近中间位置。

关机次序大致与开机次序相反，具体为:

1）打扫或清理工作台的铁屑。
2）将工作台移到大致中心位置。
3）按下急停开关。
4）关闭操作面板开关。
5）关闭电气柜开关。
6）关闭外部电源开关。
7）关闭空气压缩机电源。

2. 手动回机床原点（参考点）

1）按机械回零按钮 回零 ，使机械回零指示灯亮，机床回到以机械原点为基准的机床坐标系，屏幕上显示 X、Y、Z 三轴的坐标值。

2）先回 $+Z$ 轴方向：按下 $+Z$ 键，使工作台移动，当 Z 轴的回零指示灯亮后，则可松手。若某轴坐标值大于 -20，按手轮方式按钮 手轮 ，使手轮方式指示灯亮，通过手摇"脉冲手轮"使其轴坐标值小于 -20 后，再按机械回零按钮 回零 。

3）依次回 $+Y$ 轴和 $+X$ 轴。

三轴回零后，屏幕当前所显示 X、Y、Z 轴机械坐标值为（0，0，0）。

3. 工作台的手动调整

工作台拖板的手动调整是采用方向按键，通过产生触发脉冲的形式或使用手轮通过产生手摇脉冲的方式来实施的。和手柄的粗调、微调一样，其手动调整也有两种方式。

（1）粗调 在操作面板中按下按钮 JOG 切换到手动模式 JOG 上。先选择要移动的轴，再按轴移动方向按钮，则刀具主轴相对于工作台向相应的方向连续移动。移动速度受快速倍率旋钮的控制，移动距离受按压轴方向选择钮的时间的控制，即按即动，即松即停。该方式无法进行精确的尺寸调整，当移动量大时可采用。

（2）微调 需微调机床时，可用手轮方式调节机床。在操作面板中按下按钮 手轮 切换到手轮模式上。再在手轮中选择移动轴和进给增量，按"逆正顺负"方向旋动手轮手柄，则刀具主轴相对于工作台向相应的方向移动，移动距离视进给增量档值和手轮刻度而定，手轮旋转 $360°$，相当于 100 个刻度的对应值。

2.2.2 程序的输入与编辑

1. 程序的检索

程序的检索用于查询浏览当前系统存储器内都存有哪些编号的程序。程序整理主要用于对系统内部程序进行管理，如删除一些多余的程序。

2.2.2 程序的
输入与编辑

1）将手动操作面板上的工作方式开关置 编辑 或 自动 档，按数控面板上的 PROG 键显示程序界面。

2）输入地址"O"和要检索的程序号，再按 O SRH 软键，检索到的程序号显示在屏幕的右上角。若没有找到该程序，即产生"071"的报警。再按 O SRH 软键，即检索下一个程序。在自动运行方式的程序屏幕下，按 ▶ 软键，按 FL. SDL 软键，再按目录（DIR）软键，即可列出当前存储器内已存的所有程序。

3）若要浏览某一编号程序（如 O0001）的内容，可先输入该程序编号（如 O0001），再按向下的光标键。若如此操作产生"071"的报警，则表示该程序编号为空，还没有被使用。

2. 程序输入

程序输入和修改操作同样也必须在编辑方式下进行，手工输入一个新程序时，有以下操作。

1）按下编辑 EDIT 键，进入编辑状态。

2）按 PROG 键进入程序编辑界面，出现程序画面。

3）按下软键 DIR + ，查看系统中有哪些程序。

4）根据程序编号检索的结果，选定某一还没有被使用的程序编号作为待输程序编号（如 O0012）。输入该编号 O0012 后，按 INSERT 键，则该程序编号就自动出现在程序显示区，新程序名成立，具体的程序行就可在其后输入，如图 2-40 所示。

5）将上述编程实例的程序顺次输入到机床数控装置中，每输完一个程序段，按 INSERT 键确定。键入程序的各个程序段，直至输完整个程序，可通过 CRT 监控显示该程序。注意每一程序段（行）间应用 EOB E 键分隔。

```
PROG(程序)          O0012  NO0100
 O0012:
N10  G92  X0  Y0  Z0;
N12  S1000  M03;
N14  G90  G01  X10.0  Y–5.0  F80;
N16  Z–50.0  F100;
N18  Y10.0;
N20  X–10.0;
N22  Y–10.0;
N24  X–10.0;
N26  X–10.0  Y5.0  M05;
N28  M30;
 %
   >
   EDIT  ***  ***  ***    10: 08:
[程序] [LIB] [   ] [C.A.P] [操作]
```

图 2-40 程序显示界面

3. 调入已有的程序

若要调入先前已存储在存储器内的程序进行编辑修改或运行，可进行以下操作。

1）按下编辑 EDIT 键，进入编辑状态。

2）按 PROG 键进入程序编辑界面。

3）按下软键 DIR + ，查看系统中有哪些程序。

4）按地址键 O，再输入想调用的程序号，按软键 检索 或 ↓ 键，则显示器显示找到的程序，并可将该编号的程序作为当前加工程序。

4. 从 PC、软盘或纸带中输入程序

在 PC 中，用通信软件设置好传送端口及波特速率等参数，连接好通信电缆，将欲输入的程序文件调入并做好输出准备，置机床端为"编辑"方式，按 PROG 功能键，再按下 操作 软键，按 ▶ 软键，输入欲存入的程序编号，如"O0013"；然后，再按 READ 和 EXEC 软键，程序即被读入存储器内，同时在 CRT 上显示出来。如果不指定程序号，就会使用 PC、软盘或纸带中原有的程序编号；如果机床存储器已有对应编号的程序，则将出现"073"的报警。

5. 程序的编辑

1）按光标移动键可以移动光标，按"PAGE"上下键可以上下翻页。

2）手工输入和修改程序时，所输入的地址数字等字符都是首先存放在键盘缓冲区内。此时，若要修改可用 CAN 键来进行擦除重输。当一行程序数据输入无误后，可按 INSERT 键或 ALTER 键以插入或改写的方式从缓冲区送到程序显示区（同时自动存储），这时就不能再用 CAN 键来改动了。

3）要修改局部程序，可移光标至要修改处，再输入程序字，若按 $\boxed{\text{ALTER}}$ 键则将光标处的内容替换为新输入的内容；若按 $\boxed{\text{INSERT}}$ 键则将新内容插入至光标所在程序字的后面。要删除某一程序字，则可移动光标至该程序字上再按 $\boxed{\text{DELETE}}$ 键。系统中程序的修改不能细致到某一个字符上，而是以某一个地址后跟一些数字（简称程序字）作为程序更改的最小单位。

4）若要删除某一程序行，可移光标至该程序行的开始处，再按 $\boxed{\text{EOB}_\text{E}}$ + $\boxed{\text{DELETE}}$ 键；若按 "Nxxxx" + $\boxed{\text{DELETE}}$ 键，则将删除多个程序段。

5）由于受存储器的容量限制，当存储的程序达到一定量时，必须删除一些已经加工过而不再需要的程序，以腾出足够的空间来装入新的加工程序，否则，将会在进行程序输入的中途就产生 "070" 存储空间不够的报警。删除某一程序的方法是：在确保某一程序如 "O0002" 已不再需要保留的情况下，先键入该程序编号 "O0002"，再按 $\boxed{\text{DELETE}}$ 键。注意：若输入 "O0010，O0020" 后按 $\boxed{\text{DELETE}}$ 键，则将删除程序名从 O0010 到 O0020 之间的程序；若输入 "O‑9999" 后按 $\boxed{\text{DELETE}}$ 键，则将删除已存储的所有程序，因此应小心使用。

2.2.3 MDI
（MDA）操作及
对刀1

2.2.3 MDI（MDA）操作及对刀

1. MDI 程序运行

所谓 MDI 方式是指临时从数控面板上输入一个或几个程序段的指令并立即实施的运行方式。其基本操作方法如下：

1）按下操作面板中的 $\boxed{\text{MDI}}$ 按键，选择 MDI 运行方式。

2）在 MDI 键盘上按 $\boxed{\text{PROG}}$ 键，进入编辑界面，屏幕显示如图 2‑41 所示。当前各指令模态也可在此屏中查看。

2.2.3 MDI
（MDA）操作
及对刀2

3）在输入缓冲区输入一段程序指令，并以分号（EOB）结束；然后按 $\boxed{\text{INSERT}}$ 键，程序内容即被加到编号为 O0000 的程序中。系统中 MDI 方式可输入执行最多 6 行程序指令，而且在 MDI 程序指令中可调用已经存储的子程序或宏程序。MDI 程序在运行以前可编辑修改，但不能存储，运行完后程序内容即被清空。若用 M99 作为结束，则可重新运行该 MDI 程序。

4）程序输入完成后，按 $\boxed{\text{RESET}}$ 键，光标回到程序头；按 $\boxed{\text{启动}}$ 键，即可实施 MDI 运行方式。若光标处于某程序行行首时，按 $\boxed{\text{启动}}$ 键，则程序将从当前光标所在行开始执行。

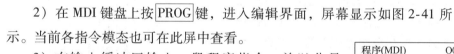

```
程序(MDI)          O0000  NO0000
 O0000
 %



 G00  G90  G94  G40  G80  G50  G54
 G17  G22  G21  G49  G98  G67  G64
                  H        M
              T        D
              F        S
>G91 X‑20 Y‑20 Z30;   0S100%L  0%
 MDI  ***  ***  ***     10: 03: 04
 [程序] [MDI] [现单节] [次单节] [操作]
```

图 2‑41　MDI 操作界面

2. 主轴的旋转与停止操作

FANUC 系统为了保证操作安全，在开机后直接使用主轴正转或反转按键无法启动主轴，必须使用 MDI 方式（也可以使用自动方式，按 循环启动 键运行程序来启动主轴，但这种方法使用较少）启动机床主轴，之后才可以使用按键启动主轴。具体步骤如下：

2.2.3 MDI（MDA）操作及对刀3

1）开机后回零（返回参考点）。

2）选 MDI 工作方式，按程序 PROG 键，输入"M03 S500"，按 INSERT 键，再按 循环启动 键，主轴即可启动。

3）按 RESET 键主轴停止旋转。

4）选择手动连续运行方式（JOG）、步进方式（INC）或手轮操作方式（Handle），主轴旋转按键即可正常工作。

3. 确定对刀点和换刀点

对于数控机床来说，在加工开始时，确定刀具与工件的相对位置是很重要的，这一相对位置是通过确定对刀点来实现的。对刀点是工件在机床上定位装夹后，设置在工件坐标系中，用于确定工件坐标系与机床坐标系空间位置关系的参考点。为保证加工的准确性，在编制程序时，应合理设置对刀点。对刀点可以设置在被加工零件上，也可以设置在夹具上与零件定位基准有一定尺寸联系的某一位置。对刀点往往就选择在零件的加工原点。其选择原则如下：

1）所选的对刀点应使程序编制简单。

2）对刀点应选择在容易找正、便于确定零件加工原点的位置。

3）对刀点应选在加工时检验方便、可靠的位置。

4）对刀点的选择应有利于提高加工精度。

例如，加工图 2-42 所示零件时，当按照图示路线来编制数控加工程序时，选择夹具定位元件圆柱销的中心线与定位平面 A 的交点作为加工的对刀点。显然，这里的对刀点也恰好是加工原点。

换刀点是为加工中心、数控车床等采用多刀进行加工的机床而设置的，因为这些机床在加工过程中要自动换刀。对于手动换刀的数控铣床，也应确定相应的换刀位置。为防止换刀时碰伤零件、刀具或夹具，换刀点常常设置在被加工零件的轮廓之外，并留有一定的安全量。

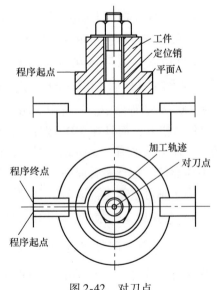

图 2-42　对刀点

4. 采用寻边器进行 X、Y 向对刀

对刀的目的是通过刀具确定工件坐标系与机床坐标系之间的空间位置关系。通过对刀过程，求出工件原点在机床坐标系中的坐标，并将此数据输入到数控系统相应的存储器中。这样，在程序中调用时，所有的值都是针对所设定工件原点给出的。对刀是数控加工中最重要的操作内容，其准确性将直接影响零件的加工精度。对于数控操作工来说，对刀过程和技巧是最基本的也是最重要的环节，也是更换刀具后产品质量的最重要保证，反映了一个操作人员水平的高低。对刀操作分为 X、Y 向对刀和 Z 向对刀，对刀的目的主要有两个：

1）建立工件坐标系。用基准刀（通常是第一把刀）确定工件的坐标系，建议使用 G54 建立工件坐标系。因为 G54 是该原点在机床坐标系的坐标值，它存储在机床内，无论停电、关机还是换班，数据都不会丢失。

2）确定加工刀具与基准刀具的几何差异（刀具长度补偿值），确定其他刀具与第一把刀具（或称为基准刀）的差异，确定其补正值。

根据现有条件和加工精度要求选择对刀方法，可采用试切法、寻边器对刀、机外对刀仪对刀、自动对刀等。其中试切法对刀精度较低，加工中常采用寻边器和 Z 轴设定器对刀，效率高，能保证对刀精度。

寻边器主要用于确定工件坐标系原点在机床坐标系中的 X、Y 值，也可以测量工件的简单尺寸，如图 2-43 所示。寻边器有偏心式和光电式等多种类型，如图 2-44 所示，其中以光电式寻边器较为常用。

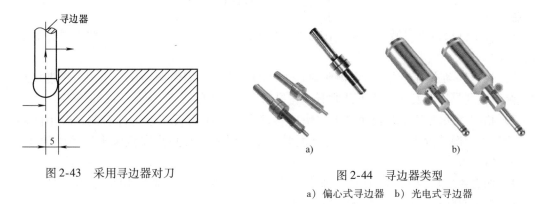

图 2-43　采用寻边器对刀

图 2-44　寻边器类型
a）偏心式寻边器　b）光电式寻边器

（1）偏心式寻边器的使用方法　偏心式寻边器是利用可偏心旋转的两部分圆柱进行工作的，当这两部分圆柱在旋转时调整到同心，此时机床主轴中心距被测表面的距离为测量圆柱的半径值。偏心式寻边器的使用方法如下：

1）将偏心式寻边器用刀柄装在主轴上。

2）启动主轴旋转，转速一般为 50r/min 左右。

3）在 X 方向手动控制机床使偏心式寻边器靠近被测表面并缓慢与之接触。

4）进一步仔细调整位置，直至偏心式寻边器上下两部分同轴。

5）此时被测表面的 X 坐标为机床当前 X 坐标值加或减圆柱半径。

6）用同样的方法可进行 Y 方向的对刀。

（2）光电式寻边器的使用方法　光电式寻边器的测头一般为 10mm 的钢球，用弹簧拉紧在光电式寻边器的测杆上，碰到工件时可以退让，并将电路导通，发出光信号。通过光电式寻边器的指示和机床坐标位置可得到被测表面的坐标位置。利用测头的对称性，还可以测量一些简单的尺寸。图 2-45 所示矩形零件的几何中心为工件坐标系原点，现需测出工件的长度和工件坐标系在机床坐标系中的位置。具体测量方法如下：

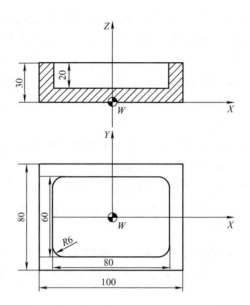

图 2-45 光电式寻边器的测量方法

1）将工件通过夹具装在机床工作台上，装夹时，工件的四个侧面都应留出寻边器的测量位置。

2）快速移动主轴，让寻边器测头靠近工件的左侧，改用微调操作，让测头慢慢接近工件左侧，直到寻边器发光。记下此时测头在机床坐标系中的 X 值，如： -358.500。

3）抬起测头至工件上表面之上，快速移动主轴，让测头靠近工件右侧，改用微调操作，让测头慢慢接近工件右侧，直到寻边器发光。记下此时测头在机床坐标系中的 X 值，如： -248.500。

4）两者差值再减去测头直径，即为工件长度。测头直径一般为 10mm，则工件的长度为 $L = -248.500\text{mm} - (-358.500)\text{mm} - 10\text{mm} = 100\text{mm}$。

5）工件坐标系原点在机床坐标系中的 X 坐标为 $X = -358.5 + 100/2 + 5 = -303.5$，将此值输入到工件坐标系中（如 G54）的 X 即可。

6）同理可测得工件坐标系原点在机床坐标系中的 Y 坐标值，并输入到 G54 的 Y 值中。

工件找正和建立工件坐标系对于数控加工来说是非常关键的，而找正的方法也有很多种，用光电式寻边器来找正工件非常方便，寻边器可以内置电池，当其找正球接触工件时，发光二极管亮，其重复定位精度在 $2.0\mu m$ 以内。

5. 利用试切法进行 X、Y 向对刀

如果对刀要求精度不高，为方便操作，可以采用用碰刀（或试切）的方法确定刀具与工件的相对位置进行对刀。其操作步骤为：

1）将所用铣刀装到主轴上。为保证对刀准确，在对刀之前要先返回参考点。

2）按下 MDI 键，输入一个转速，例如 "M03 S300"，按下 INSERT 键，再按下 启动 键，使主轴旋转。以后启动机床可以用主轴 正转 、反转 、停止 按键。

3）按下 手轮 键。手摇 "脉冲手轮" 移动铣刀沿 X（或 Y）方向靠近被测边，直到铣刀周刃轻微接触到工件表面，听到切削刃与工件的摩擦声但没有切屑，如图2-46a所示。

4）保持 X、Y 坐标不变，将铣刀沿 $+Z$ 向退离工件，如图2-46b所示。

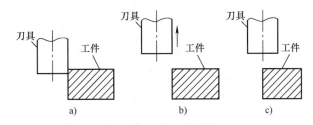

图2-46　试切对刀

5）在 X（或 Y）方向上，按 $\boxed{X}$（或 $\boxed{Y}$）键，再按软键 $\boxed{起源}$，使坐标在 X（或 Y）方向上置零，并沿 X（或 Y）轴移动刀具半径的距离，如图2-46c所示。

6）此时机床坐标的 X（或 Y）值输入系统偏置寄存器中，该值就是被测边的 X（或 Y）坐标。

7）沿 Y（或 X）方向重复以上操作，可得被测边的 Y（或 X）坐标。

8）Z 轴方向对刀是将刀具底刃轻触工件上表面，记下 Z 轴坐标值。

9）将机床坐标系值输入工件坐标系中，确定工件坐标系。首先按 MDI 面板功能键 $\boxed{OFFSET/SETTING}$，按软键 $\boxed{工件坐标系}$；然后移动光标到需要改变的坐标，选择工件坐标系 G54~G59；最后将上面所确定的中心点坐标值输入对应的 X、Y、Z 中，按 $\boxed{INPUT}$ 键。

这种方法比较简单，但会在工件表面留下痕迹，且对刀精度较低。为避免损伤工件表面，可以在刀具和工件之间加入塞尺进行对刀，这时应将塞尺的厚度减去。依此类推，还可以采用标准心轴和块规来对刀，如图2-47所示。

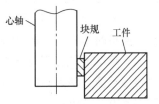

图2-47　采用标准心轴和块规对刀

6. 利用机外对刀仪进行 X、Y、Z 向对刀

在数控机床上加工复杂形状的零件时，往往要使用较多的刀具。为了实现自动换刀，迅速装刀和卸刀，以缩短辅助时间，同时也为了使刀具的实际尺寸输入数控系统实现刀具补偿，提高加工精度，一般使用对刀仪测出刀具的实际尺寸或与名义尺寸的偏差。机外对刀仪又称刀具预调仪，其结构如图2-48所示。对刀仪平台上装有刀柄夹持轴，用于安装被测刀具，通过快速移动单键按钮和微调旋钮，可调整刀柄夹持轴在对刀仪平台上的位置。当光源发射器发光，将刀具切削刃放大投影到显示屏幕上时，即可测得刀具在 X（径向尺寸）和 Z（刀柄基准面到刀尖的长度尺寸）方向的尺寸。机外对刀仪主要由以下四部分组成：

1）刀柄定位机构。机外对刀仪的刀柄定位部分与标准刀柄相对应，它是测量刀具的基准，因此要求与加工中心的主轴定位基准尽量接近，以保证测量数据与实际工作时刀具参数一致，必要时也可以根据实际情况进行补偿。刀柄定位机构包括回转精度很高的主轴、使主轴回转的传动机构、主轴锁紧机构、刀柄拉紧机构。

2）测量机构。测量机构包括测头、传动机构导轨。测头有接触式和非接触式两种。接

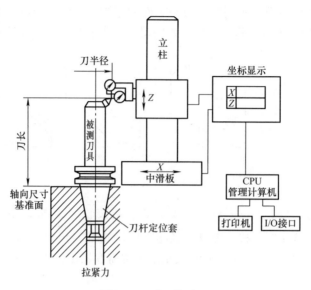

图 2-48 对刀仪对刀

触式测量头直接接触刀尖主要测量点；非接触式主要用光学投影的方法，把刀尖投影到屏幕上进行测量。测量值主要为长度与径向尺寸。

3）数值检出装置。用于检出及显示测量结果，有机械式和电子式两种显示方式。

4）数据处理及通信装置。用于对测量数据进行格式等处理，通过接口打印或输送到相关信息处理设备中，多应用于柔性生产线。

机外对刀仪主要用于测量刀具的长度、直径、形状、角度，准确记录预执行刀具的主要参数，测量时不占用数控设备。依据这些测量数据对刀具进行调整及确定加工时的补偿量，而对刀具角度的把握则有利于提高零件加工质量。如果更换新刀具，可用对刀仪测量新刀具的主要参数值，掌握与原刀具的偏差，然后通过修改刀补值确保其正常加工。利用机外对刀仪对刀的方法如下：

1）使用前要用标准对刀心轴进行校准。每台对刀仪都带有一件标准的对刀心轴，每次使用前要对 Z 轴和 X 轴尺寸进行校准和标定。

2）使用标准对刀心轴从参考点移动到工件零点时，读机床坐标系下的 X、Y、Z 坐标，把 X、Y 值输入到工件坐标系 G54 中，把 Z 值叠加心轴长度后，输入到 G54 中。

3）将其他刀具在对刀仪上测量的刀具长度值补偿到对应的刀具长度补偿号中。

7. 采用杠杆百分表（或千分表）进行 X、Y 向对刀

采用杠杆百分表（或千分表）对刀如图 2-49 所示，其步骤如下：

1）用磁性表座将杠杆百分表粘在机床主轴端面上。

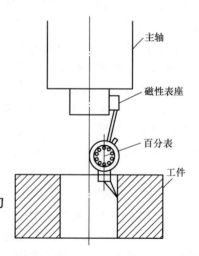

图 2-49 用杠杆百分表（或千分表）对刀

2）手动输入"M03 S100"指令，使主轴低速旋转。

3）手动操作使旋转的表头依 X、Y、Z 的顺序逐渐靠近被测表面。

4）移动 Z 轴，将表头压在被测表面约 0.1mm 处。

5）逐步降低手动脉冲发生器的移动量，使表头旋转一周时其指针的跳动量在允许的对刀误差内，如 0.02 mm，此时可认为主轴的旋转中心与被测孔的中心重合。

6）记下此时机床坐标系中的 X、Y 坐标值。

这种方法操作比较麻烦，效率较低，但对刀精度较高，对被测孔的精度要求也较高，最好是经过铰或镗加工的孔，仅粗加工后的孔（如钻孔）不宜采用。

无论采用哪种工具，都是利用机床的坐标显示确定对刀点在机床坐标系中的位置，从而确定工件坐标系在机床坐标系中的位置，即告诉机床工件在机床工作台的什么地方。

8. 利用 Z 轴设定器进行 Z 向对刀

Z 轴设定器（图2-50）主要用于确定工件坐标系原点在机床坐标系的 Z 轴坐标，即确定刀具在机床坐标系中的高度。

Z 轴设定器有光电式和指针式等类型，通过光电指示或指针判断刀具与对刀器是否接触，对刀精度一般可达 0.005mm。Z 轴设定器带有磁性表座，可以牢固地附着在工件或夹具上，其高度一般为 50mm 或 100mm，如图2-51所示。

　图2-50　Z 轴设定器

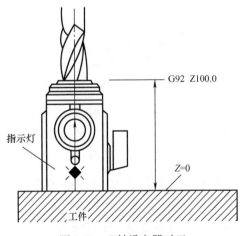　图2-51　Z 轴设定器对刀

对刀方法如下：

1）将加工所用刀具装到主轴上。

2）将 Z 轴设定器放置在工件上表面。

3）快速移动主轴，使刀具端面靠近 Z 轴设定器上表面。

4）改用微调操作，让刀具端面慢慢接触到 Z 轴设定器上表面，直到其指针指示到零位（或发光显示）为止。

5）记下此时机械坐标系中的 Z 值，如 -250.800。

6）若 Z 轴设定器的高度为 50mm，则工件坐标系原点在机械坐标系中的 Z 坐标值为（-250.800 - 50）mm = -300.800mm。将该值输入到 G54 中的 Z 值处。

9. 对刀过程中的注意事项

1）根据加工要求采用正确的对刀工具，控制对刀误差。

2）在对刀过程中，可通过改变微调进给量来提高对刀精度。

3）对刀时须小心谨慎操作，尤其要注意移动方向，避免发生碰撞危险。

4）对刀数据一定要存入与程序对应的存储地址，防止因调用错误而产生严重后果。

10. 刀补设置

刀具补偿数据的设定可通过数控操作面板的 $\boxed{\text{OFFSET/SETTING}}$ 功能进行。其操作如下：

1）置工作方式开关于 $\boxed{\text{MDI}}$ 手动数据输入方式。

2）按数控操作面板上的 $\boxed{\text{OFFSET/SETTING}}$ 功能按键后，CRT 屏幕显示如图 2-52 所示，其中 NO. 为刀具补偿地址号；若同时设置几何补偿和磨损补偿值，则刀补是它们的矢量和。

3）按光标移动键，让光标停在要修改设定的数据位置上。当欲设定的数据不在当前界面时，可按翻页键翻页。

4）输入要修改设定的数据（注意相应的取值范围与数据位数）。

5）按 $\boxed{\text{INPUT}}$ 键，则修改设定后的数据存储到相应的地址寄存器内。

图 2-52　刀补设置

11. 刀具补偿设置

（1）刀具半径补偿的输入

1）按下偏置键 $\boxed{\text{OFFSET/SETTING}}$ 。

2）按 $\boxed{\text{补正}}$ 键，显示所需要的界面。

3）使光标移向需要变更的偏置号位置，在 D（形状）这一列。

4）由数据输入键输入补偿量。

5）按输入键 $\boxed{\text{INPUT}}$ ，确认并显示补偿值。

（2）刀具长度补偿值的输入

1）按下偏置键 $\boxed{\text{OFFSET/SETTING}}$ 。

2）按 $\boxed{\text{补正}}$ 键，显示所需要的界面。

3）使光标移向需要变更的偏置号位置，在 H（形状）这一列。

4）由数据输入键输入补偿量。

5）按输入键 $\boxed{\text{INPUT}}$ ，确认并显示补偿值。

注意：若补偿的数据、符号及数据所在地址不正确，都将影响到加工，从而导致撞车危险或加工报废。

2.2.4　程序运行控制

2.2.4 程序运行控制

1. 程序的空运行调试

空运行调试的意义在于：

1）用于检验程序中有无语法错误。有相当一部分可通过报警编号来分析判断。

2）用于检验程序行走轨迹是否符合要求。从图形跟踪可查看大致轨迹形状，若要进一步检查尺寸精度，则需要结合单段执行按键以查看分析各节点的坐标数据。

3）用于检验工件的装夹位置是否合理。这主要是从工作台的行程控制上是否超界，行走轨迹中是否会产生各部件间的位置干涉重叠现象等来判断。

4）用于通过调试而合理地安排一些工艺指令，以优化和方便实际加工操作。

空运行操作方法：

1）检查机床是否回零，若未回零，先将机床回零。

2）调出数控程序或自行编写一段程序。调出程序的操作如下：

方法一：首先选择自动工作方式（MEM）；然后按下 PROG 程序键，选择程序界面；再输入要执行的程序号（O××××）；最后按 O 检索 键（或者按向下移动光标键）。

方法二：首先选择自动工作方式（MEM）；然后按下 PROG 程序键，选择程序界面；再输入要执行的程序段号（N××××）；最后按 N 检索 键（或者按向下移动光标键）。

3）将机床主轴沿 Z 轴正向抬高一个高度。

4）置工作方式为 自动 方式，按下手动操作面板上的 空运转 开关至灯亮。

5）按 启动 按钮，机床即开始以快进速度执行程序，由数控装置进行运算后送到伺服机构驱动机械工作台实施移动。

空运行时，将无视程序中的进给速度而以快进的速度移动，并可通过"快速倍率"旋钮来调整。有图形监控功能时，若需要观察图形轨迹，可按数控操作面板上的 GRAPH 功能键切换到图形显示界面。

和数控车床一样，校验程序时还可利用"机械锁定""Z 轴锁定"等开关按键的功能。机械锁定时，数控装置内部在按正常的程序进程模拟插补运算，屏幕上刀具中心的位置坐标值同样也在不停地变动，但从数控装置往机械轴方向的控制信息通路被锁住，所以，此时机械部件并没有产生实质性的移动。若同时按下"机械锁定"和"空运行"按钮，则可以暂时不用考虑出现机械轴超程和部件间的干涉等问题，同时又可快速地检验程序编写合理与否，及时地发现并修改错误，从而缩短程序调试的时间。

以上操作中，若出现报警信息都可通过按 RESET 键来解除。若出现超程报警，应先将工作方式置于 JOG 或 手轮 方式，再按压相反方向的轴移动方向按键；当轴移至有效行程范围后，按 RESET 键解除报警。若在自动运行方式下出现超程，解除报警后，程序将无法继续运行。

2. 自动/连续运行

当程序调试运行通过，工件装夹、对刀操作等准备工作完成后，即可开始正常加工。正常加工的操作方法和空运行类似，其操作方法为：

1）检查机床是否回零，若未回零，先将机床回零。

2）调出数控程序或自行编写一段程序。调出程序的操作如下：

首先选择自动工作方式（MEM）；然后按下 PROG 程序键，选择程序界面；再输入要执行的程序号（O××××）；最后按向下移动光标键。

3）将机床主轴沿 Z 轴正向抬高一个高度，再将光标移至主程序开始处，或在 编辑 方式下按 RESET 键使光标复位到程序头部。

4）置工作方式为 自动 方式，按下手动操作面板上的 空运转 开关至灯灭，以退出空运行状态。

5）按 启动 按钮，机床即开始以快进速度执行程序，由数控装置进行运算后送到伺服机构驱动机械工作台实施移动。按 停止 键即处于暂停状态，再按 启动 键即可继续加工运行。

3. 中断运行

数控程序在运行过程中可根据需要进行暂停、停止、急停或重新运行。

1）数控程序在运行中，按 暂停 键，程序暂停执行；再按 启动 键，程序从暂停位置开始执行。

2）数控程序在运行中，按 停止 键，程序停止执行；再按 启动 键，程序从头开始重新执行。

3）数控程序在运行中，按 急停 键，数控程序中断执行。继续运行时，先松开急停按钮，返回参考点后再按 启动 键，程序从开头开始重新执行。

4. 自动/单段运行

1）检查机床是否回零，若未回零，先将机床回零。

2）调出数控程序或自行编写一段程序。

3）按下操作面板上的 自动 运行键，使其指示灯亮。

4）按下操作面板上的 单节 按钮。

5）按下操作面板上的 启动 键，程序开始运行。

注意：

1）自动/单段方式执行每一行程序均需按一次 启动 键。

2）按下 单节跳过 按钮，则程序运行时跳过符号"/"有效，该行成为注释行，不执行。

3）可以通过 主轴倍率 旋钮和 进给倍率 旋钮来调节主轴旋转的速度和移动的速度。

4）按 RESET 复位键可将程序复位。

5）为了安全起见，在使用了机床锁住功能或空运行后，在正式加工前要进行回参考点操作。

【拓展知识】

2.2.5　操作面板

数控铣床的人机对话界面也由 CRT/MDI 数控操作面板（数控系统操作面板）和机床操作面板（机床控制面板）两部分组成。只要采用相同的系统，CRT/MDI 操作面板也是相同的，FANUC 0i – MB 数控系统操作面板如图 2-53 所示，其名称和用途与 FANUC 0i – T 相似。对于不同生产厂家，该系统操作面板主要在按钮或旋钮的设置方面有所不同。

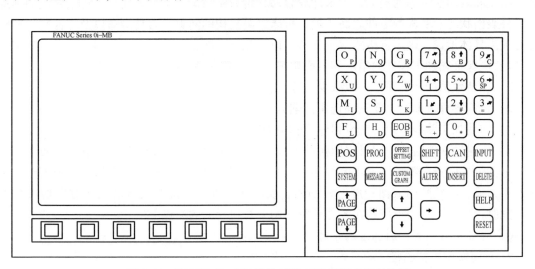

图 2-53　FANUC 0i – MB 数控系统 MDI 面板各键的位置

【思考与练习】

1. 试述数控铣床的操作步骤。
2. 为什么数控铣削中每次启动数控系统后，都要进行"回零"操作？
3. 机床的手动控制过程中要注意哪些事项？
4. 试述数控铣床试切对刀的步骤。
5. 利用手动方式换刀时的操作过程及注意事项分别是什么？
6. 在 FANUC 0i 系统中，如何对数控铣床进行 MDI 操作？
7. 程序运行控制的类型及操作分别是什么？

项目 2.3　平面图形的编程与加工

2.3.1 平面加工1

【学习目标】

1）熟练掌握数控铣削进给路线的确定原则及方法。
2）熟练掌握常用编程指令的格式，并能正确使用该指令编写程序。
3）理解并掌握平面加工的编程与操作。

2.3.1 平面加工2

【知识学习】

2.3.1 平面加工3

2.3.1　平面加工技术

1. 确定进给路线的原则

进给路线就是刀具在整个加工工序中的运动轨迹，它不但包括工步的内容，也反映出工步顺序。进给路线是编写程序的依据之一。确定进给路线时，要在保证被加工零件获得良好加工精度和表面质量的前提下，力求计算容易，走刀路线短，空刀时间少。进给路线的确定与工件表面状况、要求的零件表面质量、机床进给机构的间隙、刀具寿命以及零件轮廓形状等有关。具体地说，确定进给路线主要考虑以下几个方面：

1）应保证被加工零件的精度和表面粗糙度，且效率高。

2）应使数值的计算简单，以减少编程工作量。

3）铣削零件表面时，要正确选用铣削方式。

4）应使加工路线最短，减少程序段和空刀时间，以减少加工时间。

5）铣轮廓曲线时应使刀具以圆弧的方式切入和离开工件，可提高加工精度和质量。进刀、退刀位置应选在零件不太重要的部位，并且使刀具沿零件的切线方向进刀、退刀，以避免产生刀痕。在铣削内表面轮廓时，切入、切出无法外延，铣刀只能沿法线方向切入和切出，此时，切入、切出点应选在零件轮廓的两个几何元素的交点上。

6）先加工外轮廓，后加工内轮廓。

2. 平面铣削工艺路径

当铣削平面的宽度大于铣刀（面铣刀或立铣刀）直径时，一次进给不能完成全部平面的加工，要进行多次进给，进给路径一般有单向平行切削路径、往复平行切削路径、环切切削路径三种。

（1）单向平行切削路径　单向平行切削路径是刀具以单一的顺铣或逆铣方式切削平面，如图 2-54a 所示。该路径切削进给方向不变，刀具回退时不参与切削。其优点是能够保证铣刀切削刃在切削过程中始终是顺铣或逆铣，有利于切削。但需要增加快速退刀路线（抬刀→退刀→下刀），使得进给路线长。

（2）往复平行切削路径　往复平行切削路径如图 2-54b 所示，刀具在往返过程中均参与切削，以顺、逆铣混合方式切削平面。由于相邻进给路线的铣削方向是相反的，所以在铣削过程中顺、逆铣交替出现，不利于铣削。

（3）环切切削路径　刀具以环状走刀方式铣削平面，可使用从里向外或从外向里的方式，如图 2-54c 所示。

通常粗铣平面采用往复平行切削法，切削效果好，空刀时间少。精铣平面采用单向平行切削路径，表面质量易于保证。

3. 铣削曲面的进给路线

处理曲面轮廓的加工工艺比平面轮廓复杂得多，要根据曲面形状、刀具形状以及零件的精度要求选择合理的进给路线。加工曲面时，常用球头刀采用图 2-55 所示的三种方法进行加工。

直线行切法如图 2-55a 所示，对于直母线的翼面类零件，采用该方案较为有利。每次沿

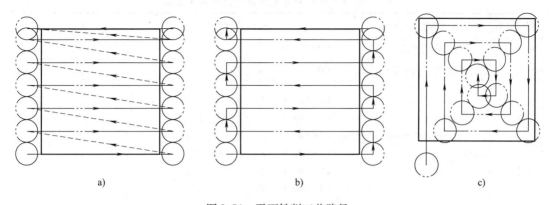

图 2-54　平面铣削工艺路径

a）单向平行切削路径　b）往复平行切削路径　c）环切切削路径

直线进给，刀位点计算简单，程序段数目少，而且加工过程符合直纹面的形成规律，可以保证母线的直线度。

曲线行切法如图 2-55b 所示，其优点是便于加工后检验零件的准确度。因此，实际生产中最好将以上两种方案结合起来。

环切法如图 2-55c 所示，该方案一般应用在型腔加工中，在型面加工中由于编程麻烦而应用较少。在加工螺旋桨叶轮一类零件时，工件刚度小，加工变形问题突出，采用从里到外的环切，刀具切削部位的四周受到毛坯刚性边框的支持，有利于减少工件在加工中的变形。

当工件的边界开敞时，为保证表面的加工质量，应从工件的边界外进刀和退刀。

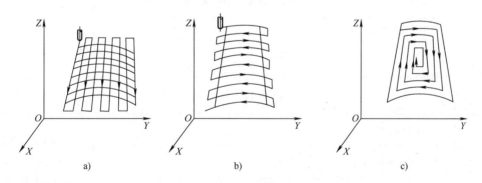

图 2-55　曲面加工的进给路线

a）直线行切法　b）曲线行切法　c）环切法

4. FANUC 数控系统常用功能

（1）准备功能　准备功能 G 代码是设立机床工作方式或控制系统工作方式的一种命令，因其地址符规定为 G，故又称为 G 功能或 G 指令。G 后面一般为两位数（00～99），G 代码可分为模态和非模态两种。目前，G 代码标准化程度不是很高，在具体编程时必须按照所用数控系统说明书的具体规定使用，切不可盲目套用。FANUC 数控系统数控铣床的常用功能见表 2-10。

表 2-10　FANUC 数控系统数控铣床常用功能

代码	组别	功　能	指 令 格 式	说　明
G00		定位（快速移动）	G00 X __ Y __ Z __;	
G01		直线插补（切削进给）	G01 X __ Y __ Z __ F __;	
G02	01	顺时针圆弧插补或顺时针螺旋插补	G17 G02 X __ Y __ R __ F __;或 G17 G02 X __ Y __ I __ J __ F __; G18 G02 X __ Z __ R __ F __;或 G18 G02 X __ Z __ I __ K __ F __; G19 G02 Y __ Z __ R __ F __;或 G19 G02 Y __ Z __ J __ K __ F __;	
G03		逆时针圆弧插补或逆时针螺旋插补	G17 G03 X __ Y __ R __ F __;或 G17 G03 X __ Y __ I __ J __ F __; G18 G03 X __ Z __ R __ F __;或 G18 G03 X __ Z __ I __ K __ F __; G19 G03 Y __ Z __ R __ F __;或 G19 G03 Y __ Z __ J __ K __ F __;	
G04	00	暂停、准确停止	G04 X __; G04 P __;	
G09		准确停止	G09 G01 X __ Y __ Z __; G09 G02 X __ Y __ Z __; G09 G03 X __ Y __ Z __;	
G15	17	极坐标指令取消	G15：取消	
G16		极坐标指令	G17 G16 X_P __ Y_P __; G18 G16 X_P __ Z_P __; G19 G16 Y_P __ Z_P __;	
G17	02	$X_P Y_P$ 平面选择	G17;	X_P：X 轴或者其平行轴 Y_P：Y 轴或者其平行轴 Z_P：Z 轴或者其平行轴
G18		$X_P Z_P$ 平面选择	G18;	
G19		$Y_P Z_P$ 平面选择	G19;	
G20	06	英制数据输入	G20;	
G21		公制数据输入	G21;	
G27	00	返回参考点检测	G27 X __ Y __ Z __;	
G28		自动返回参考点	G28 X __ Y __ Z __;	
G29		从参考点移动	G29 X __ Y __ Z __;	
G30		返回第2、第3、第4参考点	G30 X __ Y __ Z __;	

（续）

代码	组别	功　　能	指　令　格　式	说　　明
G33	01	螺纹切削	G33 X __ Y __ Z __ F __;	F 为螺距
G40	07	刀具半径补偿取消	G40;	
G41		刀具半径左补偿	G17 G41 D __; G18 G41 D __; G19 G41 D __;	调用刀具半径左补偿 D 为刀具偏置号
G42		刀具半径右补偿	G17 G42 D __; G18 G42 D __; G19 G42 D __;	调用刀具半径右补偿
G43	08	刀具长度正补偿	G43 Z __ H __; G43 H __;	H 为刀具偏置号
G44		刀具长度负补偿	G44 Z __ H __; G44 H __;	
G49		刀具长度补偿取消	G49;	
G51	09	比例缩放	G51 X __ Y __ Z __ P __; G51 X __ Y __ Z __ I __ J __ K __;	
G50		比例缩放取消	G50;	
G50.1		可编程镜像取消	G50.1;	
G51.1		可编程镜像	G51.1 X __ Y __ Z __;	
G53	00	机械坐标系选择	G53 X __ Y __ Z __;	
G54	14	工件坐标系 1 选择	G54 X __ Y __ Z __;	
G54.1		工件附加坐标系	G54.1 X __ Y __ Z __;	
G55		工件坐标系 2 选择	G55 X __ Y __ Z __;	
G56		工件坐标系 3 选择	G56 X __ Y __ Z __;	
G57		工件坐标系 4 选择	G57 X __ Y __ Z __;	
G58		工件坐标系 5 选择	G58 X __ Y __ Z __;	
G59		工件坐标系 6 选择	G59 X __ Y __ Z __;	
G68	16	坐标旋转方式 ON	G68 G17 X __ Y __ Rα; G68 G18 X __ Z __ Rα; G68 G19 Y __ Z __ Rα;	
G69		坐标旋转方式 OFF	G69;	

（续）

代码	组别	功　能	指　令　格　式	说　　明
G73		高速深孔钻削循环	G73 X__ Y__ Z__ P__ Q__ R__ F__ K__ ;	
G74		攻左旋螺纹循环	G74 X__ Y__ Z__ P__ Q__ R__ F__ K__ ;	
G76		精镗孔循环	G76 X__ Y__ Z__ P__ Q__ R__ F__ K__ ;	
G80		固定循环取消	G80;	
G81		钻孔循环	G81 X__ Y__ Z__ P__ Q__ R__ F__ K__ ;	
G82		带暂停的钻孔循环	G82 X__ Y__ Z__ P__ Q__ R__ F__ K__ ;	
G83	09	深孔钻削循环	G83 X__ Y__ Z__ P__ Q__ R__ F__ K__ ;	
G84		攻右螺纹循环	G84 X__ Y__ Z__ P__ Q__ R__ F__ K__ ;	
G85		镗孔循环	G85 X__ Y__ Z__ P__ Q__ R__ F__ K__ ;	
G86		粗镗孔循环	G86 X__ Y__ Z__ P__ Q__ R__ F__ K__ ;	
G87		反镗孔循环	G87 X__ Y__ Z__ P__ Q__ R__ F__ K__ ;	
G88		粗镗孔循环	G88 X__ Y__ Z__ P__ Q__ R__ F__ K__ ;	
G89		粗镗孔循环	G89 X__ Y__ Z__ P__ Q__ R__ F__ K__ ;	
G90	03	绝对指令	G90 __ ;	后跟绝对指令
G91		增量指令	G91 __ ;	后跟增量指令
G92	00	工件坐标系的设定/主轴最高转速的钳制	G92 X__ Y__ Z__ ; G92 S__ ;	改变工件坐标系 最大主轴速度限制
G94	4	每分钟进给	G94 F__ ;	
G95		每转进给	G95 F__ ;	
G98	11	固定循环返回初始平面	G98 __ ;	
G99		固定循环返回 R 点平面	G99 __ ;	

（2）辅助功能　数控铣床辅助功能也称为 M 功能或 M 指令，它是指定机床做一些辅助动作的代码。辅助功能有两类型，辅助功能 M 代码用于指定主轴起动、主轴停止、程序结束等，而第二辅助功能 B 代码，用于指定分度工作台定位。数控铣床所用的辅助功能指令与数控车床基本相同，这里不再介绍。

5. 选择工件坐标系（零点偏移）指令 G54～G59

批量加工工件时，通常使用与机床参考点位置固定的绝对工件坐标系，分别通过坐标系偏置 G54～G59 这6个指令来选择调用对应的工件坐标系。这6个工件坐标系是通过运行程序前输入每个工件坐标系的原点到机床参考点的偏置值而建立的。

说明：

1）如果在工作台上同时加工多个相同零件或不同零件，在编程过程中，有时为了避免尺寸计算，可以建立6个工件坐标系，其坐标原点设在便于编程的固定点上，当加工某个零件时，只要选择相应的工件坐标系编制加工程序即可。

2）G54～G59 和 G92 指令都是设定工件坐标系的，但 G92 指令所设定的工件原点与当前刀具所处的位置有关。G54～G59 设定的工件原点在机床坐标系中的位置是不变的，在系统断电后也不破坏，再次开机后仍有效，并与刀具的当前位置无关。

3）利用 G92 指令建立工件坐标系，需要在加工零件前，由操作者在程序段中给出预置寄存的坐标数据；而利用 G54～G59 指令建立工件坐标系，是通过 CRT/MDI 操作面板在设置参数下设定实现的。操作者在安装工件后，测量工件原点相对于机床原点的偏移量，并把工件坐标系在各轴方向上相对于机床坐标系的位置偏移量写入工件坐标偏置储存器中，在执行程序时，机床就可以按工件坐标系中的坐标值来运动了。

4）使用 G54～G59 指令设置工件坐标系时，就不能再用 G92 指令，否则原来的坐标系和加工坐标系将平移。

编程示例：如图 2-56 所示，用 CRT/MDI 在参数设置方式下设置了两个加工坐标系：

```
X-50.0 Y-50.0 Z-10.0;(G54)
X-100.0 Y-100.0 Z-20.0;(G55)
```

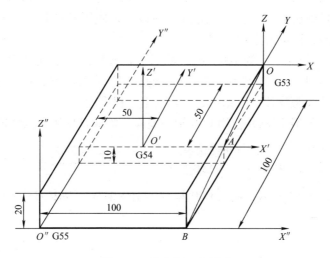

图 2-56 设定加工坐标系

6. 绝对值编程指令 G90 和增量值编程指令 G91

控制刀具运动的方法有两种：绝对值编程和增量值编程，可以通过 G90 和 G91 这对指令来选择使用绝对值编程或增量值编程。

绝对值编程指定运动终点在当前坐标系中的坐标值，是根据预先设定的编程原点计算出绝对值坐标尺寸进行编程的一种方法。采用绝对值编程时，首先要指出编程原点的位置。绝对编程指令 G90 编入程序时，其后所有编入的坐标值均以编程原点为基准。在编程时一般采用绝对值编程，其编程指令为：

```
G90;
```

增量值编程指定各轴运动的距离和方向，是根据前一个位置的坐标值增量来表示位置的一种编程方法，即程序中的终点坐标是相对于起点坐标而言的。增量编程指令 G91 编入程序时，其后所有编入的坐标值均以前一个坐标位置作为起始点来计算运动的位置矢量。其编程指令为：

```
G91;
```

7. 快速点定位指令 G00

G00 指令使刀具以点位控制方式从刀具所在点快速移动到目标位置，无运动轨迹要求，不需要特别规定进给速度。G00 指令是模态指令，其指令格式为：

G00 X __ Y __ Z __;

说明：

1)"X __ Y __ Z __"代表目标点的坐标值。用绝对值指令 G90 时，是终点在工件坐标系中的坐标值；用增量值指令 G91 时，是刀具移动的距离。";"代表一个程序段的结束。

2)该指令就是使刀具以高速率移动到"X __ Y __ Z __"指定的位置，被控制的各轴之间运动互不相关，也就是说刀具移动的轨迹不一定是一条直线。如图 2-51 所示，当 X 轴和 Y 轴的快进速度相同时，从 A 点到 B 点的快速定位路线为 A→C→B，而不是 A→B，即刀具实际以折线的方式到达 B 点，而不是直线。所以，在使用 G00 指令时要注意刀具是否和工件及夹具发生干涉，以免发生意外。

3)G00 指令下，快速倍率为 100% 时，X、Y、Z 各轴的运动速度均为 15m/min（一般值，因机床设置而不同），该速度不受当前 F 值的控制。当各轴到达运动终点并发出位置到达信号后，CNC 认为该程序段已经结束，并转向下一程序段。

编程示例：如图 2-57 所示，使用 G00 指令编程，要求刀具从 A 点快速移动到 B 点。

G90 G00 X100.0 Y55.0;（采用 G90 指令编程）
G91 G00 X75.0 Y35.0;（采用 G91 指令编程）

编程示例：如图 2-58 所示，使用 G90 和 G91 指令编程。要求刀具由原点按顺序移动到 1、2、3 点。

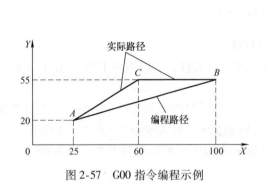

图 2-57　G00 指令编程示例

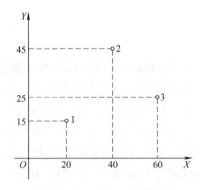

图 2-58　G90、G91 编程示例

1)G90 方式编程：

N10 M03 S650;（启动主轴正转,转速 650r/min）
N20 G54 G90 G00 X20.0 Y15.0;（建立工件坐标系,采用绝对编程,快速定位到 1 点）
N30 X40.0 Y45.0;（快速移动到 2 点）
N40 X60.0 Y25.0;（快速移动到 3 点）
N50 M30;（程序结束）

2）G91 指令编程：

N10 M03 S650;(启动主轴正转,转速 650r/min)

N20 G54 G91 G00 X20.0 Y15.0;(建立工件坐标系,采用增量编程,快速定位到 1 点)

N30 X20.0 Y30.0;(快速移动到 2 点)

N40 X20.0 Y-20.0;(快速移动到 3 点)

N50 M30;(程序结束)

8. 直线插补指令 G01

G01 指令是使刀具在两坐标间以插补联动方式按指定的 F 进给速度做任意斜率的直线运动，也就是，该指令可使数控铣床（加工中心）刀具沿 X 轴、Y 轴、Z 轴方向以 F 指定的进给速度执行单轴运动，也可以沿 X、Y、Z 三维空间范围内任意斜率的直线运动。G01 指令是模态指令，其指令格式为：

G01 X __ Y __ Z __ F __;

说明：

1）G01 指令使刀具按地址 F 下编程的进给速度从当前位置移动到程序段指令的终点。

2）"X __ Y __ Z __"代表目标点的坐标值。用绝对值指令 G90 时，是终点在工件坐标系中的坐标值；用增量值 G91 编程时，是刀具移动的距离。

3）"F __"为合成进给速度（进给量），其单位是 mm/min（毫米每分）或 mm/r（毫米每转）。用 F 指定的进给速度是刀具沿着直线运动的速度，当两个坐标轴同时移动时，为两轴的合成速度。F 指令后数值的单位也可以由指令来控制，当程序中使用指令 G94 时，进给速度的单位为 mm/min；使用指令 G95 时，进给速度的单位是 mm/r。

编程示例：如图 2-59 所示，使用 G01 指令编程，要求刀具从 A 点线性进给到 B 点。

采用绝对坐标指令编程：

G90 G01 X100.0 Y55.0 F100;

采用增量坐标指令编程：

G91 G01 X75.0 Y35.0 F100;

编程示例：如图 2-60 所示路径，要求用 G01 编程，坐标系原点 O 是程序起始点，要求刀具中心由 O 点快速移动到 A 点，然后沿 AB、BC、CD、DA 实现直线插补，再由 A 点快速返回程序起始点 O，请用 G01 指令编写相应的程序段。

1）按绝对坐标指令 G90 编程：

N10 M03 S600;(启动主轴正转,转速 600r/min)

N20 G90 G54 G00 X10.0 Y12.0;(建立工件坐标系,采用绝对值编程,快速定位到 A 点)

N30 G01 Y28.0 F100;(直线插补到 B 点)

N40 X42.0;(直线插补到 C 点)

N50 Y12.0;(直线插补到 D 点)

N60 X10.0;(直线插补到 A 点)

N70 G00 X0 Y0;(快速返回 O 点)

N80 M30;(程序结束)

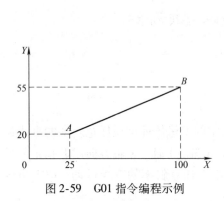

图 2-59 G01 指令编程示例

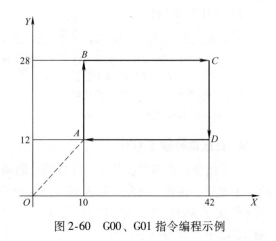

图 2-60 G00、G01 指令编程示例

2）按增量坐标指令 G91 编程：

N10 S600 M03;（启动主轴正转,转速 600r/min）
N20 G91 G54 G00 X10.0 Y12.0;（建立工件坐标系,采用绝对值编程,快速定位到 A 点）
N30 G01 Y16.0 F100;（直线插补到 B 点）
N40 X32.0;（直线插补到 C 点）
N50 Y-16.0;（直线插补到 D 点）
N60 X-32.0;（直线插补到 A 点）
N70 G00 X-10.0 Y-12.0;（快速返回 O 点）
N80 M30;（程序结束）

例 2-1 采用 ϕ16mm 立铣刀加工图 2-61 所示零件，已知毛坯为 55mm × 45mm × 15mm 六方体，材料为硬铝。要求在数控铣床上加工 3 个台阶面，编写数控加工程序。

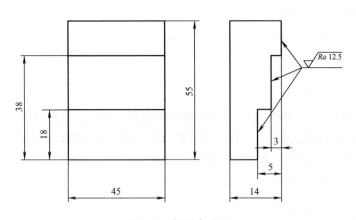

图 2-61 铣削台阶面

1. 工艺分析

1）加工路线为：铣上表面去掉 1mm 余量→铣第二个台阶→铣第三个台阶。

2）该零件要加工的部位为中小平面，采用 ϕ16mm 立铣刀加工。由于硬铝切削性能良好，3 个台阶面精度要求不高，故主轴转速取 400r/min，进给速度取 200mm/min，切削深度从上到下依次取 1mm、3mm、2mm。毛坯为规则六方体，采用平口钳装夹，走刀切削进给方向为 X 方向往复切削，使进给方向垂直于钳口。将零件装到平口钳上时，应在毛坯下垫两块等高平行垫铁，并使毛坯高出钳口 7 ~ 9mm。

2. 计算各基点坐标

图 2-62 所示各基点的坐标值见表 2-11。

3. 编制程序

参考程序见表 2-12。

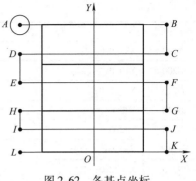

图 2-62　各基点坐标

表 2-11　各基点坐标值

坐标＼点	A	B	C	D	E	F	G	H	I	J	K	L
X	-32	32	32	-32	-32	32	32	-32	-32	32	32	-32
Y	55	55	43	43	30	30	20	20	10	10	0	0

表 2-12　图 2-61 所示零件的参考程序

程序名	O2001；	
程序段号	程　序	说　明
N010	M03 S400；	主轴正转，转速为 400r/min
N020	M08；	打开切削液
N030	G90 G54 G00 X0.0 Y0.0 Z100.0；	采用绝对尺寸编程方式，选择第一工件坐标系，迅速到达对刀点上方
N040	Z5.0；	Z 轴迅速到达工件坐标系 5mm 的安全高度位置
N050	X-32.0 Y55.0；	迅速到达切入点 A 上方
N060	G01 Z0.0 F50；	Z 轴直线切削，下刀至深度 0mm，速度 50mm/min
N070	X32.0 F200；	直线切削到 B 点，速度 200mm/min
N080	Y43.0；	直线切削到 C 点
N090	X-32.0；	直线切削到 D 点
N100	Y30.0；	直线切削到 E 点
N110	X32.0；	直线切削到 F 点
N120	Y20.0；	直线切削到 G 点
N130	X-32.0；	直线切削到 H 点
N140	Y10.0；	直线切削到 I 点
N150	X32.0；	直线切削到 J 点
N160	Y0.0；	直线切削到 K 点
N170	X-32.0；	直线切削到 L 点
N180	Z-2.0 F50；	Z 轴直线切削，下刀至深度 -2mm，速度 50mm/min

（续）

程序段号	程 序	说 明
N190	X32.0 F200；	直线切削到 K 点，速度 200mm/min
N200	Y10.0；	直线切削到 J 点
N210	X−32.0；	直线切削到 I 点
N220	Y20.0；	直线切削到 H 点
N230	X32.0；	直线切削到 G 点
N240	Y30.0；	直线切削到 F 点
N250	X−32.0；	直线切削到 E 点
N260	Y0.0；	直线切削到 L 点
N270	Z−5.0 F50；	Z 轴直线切削，下刀至深度 −5mm，速度 50mm/min
N280	X32.0 F200；	直线切削到 K 点，速度 200mm/min
N290	Y10.0；	直线切削到 J 点
N300	X−32.0；	直线切削到 I 点
N310	Z5.0；	向上提刀至 Z 轴 5mm 的安全高度
N320	G00 X0.0 Y0.0；	迅速到达对刀点上方
N330	G49 G00 Z100.0；	取消刀补，迅速向上提刀至 Z 轴 100mm 的返回高度
N340	M30；	程序结束

2.3.2 直线图形编程

2.3.2 直线图形编程1

1. 选择机床坐标系指令 G53

机床坐标系是机床固有的坐标系，在机床调整后，此坐标系一般不允许变动。当刀具要移动到机床坐标系的某一点时，则使用该指令。其指令格式为：

2.3.2 直线图形编程2

G90 G53 X＿ Y＿ Z＿；

例如：G90 G53 X−50.0 Y−50.0 Z−20.0；

表示将刀具快速移动到坐标系中坐标为（−50，−50，−20）的点上。

说明：

1）G53 是非模态指令，它仅在指定机床坐标系的程序段有效。

2）G53 在绝对坐标指令 G90 模态下有效，在增量坐标指令 G91 模态下无效。

3）X、Y、Z 为刀具在机床坐标系中的坐标值。

编程举例：

G90 G53 X−100.0 Y−100.0 Z−20.0；

执行完该程序段指令之后，刀具在机床坐标系中的位置如图 2-63 所示。

2. 建立工件坐标系指令 G92

在编程中，一般要选择工件或夹具上的某一点作为编程原点，并以这一点为原点，建立一个坐标系，这个坐标

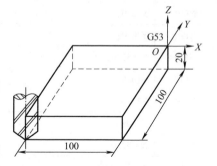

图 2-63 G53 指令图

系就是工件坐标系。这个坐标系的原点与机床坐标系的原点（机床原点）之间的距离用 G92（EIA 代码中用 G50）指令进行设定，即确定起刀点与工件坐标系原点的相对距离，也就是确定刀具起始点的坐标值，并把这个设定值存于程序存储器中，作为零件所有加工尺寸的基准点。G92指令执行前的刀具必须放在程序所要求的位置上，如果刀具在不同的位置，所设定的工件坐标系坐标原点位置也会不同。其指令格式为：

```
G92  X__  Y__  Z__;
```

如图 2-64a 所示，坐标系设置指令为：

```
G92  X_a_  Y_b_  Z_c_;
```

其确立的加工原点在距离刀具起始点 $X = -a$，$Y = -b$，$Z = -c$ 的位置上。

说明：

1）G92 指令的作用是将工件坐标系原点设定在相对于刀具起始点的某一空间点上，X、Y、Z 指令后的坐标值实质上就是当前刀具在所设定的工件坐标系中的坐标值。

2）G92 指令与数控车床坐标系设定指令 G50 相同，工件坐标系原点的位置与刀具起始点的位置相互关联，当刀具起始点的位置发生变化时，工件坐标系原点的位置也会随之发生变化。

3）工件坐标系建立后，一般不能将机床锁定以测试运行程序。

4）用 G92 指令建立工件坐标系后，如果关机，建立的工件坐标系将丢失，重新开机后必须再次对刀以建立工件坐标系。

编程示例：

加工开始前，把刀具置于一个合适的起始点，其程序为：

```
G92 X20.0 Y10.0 Z10.0;
```

则建立了图 2-64b 所示的工件坐标系。

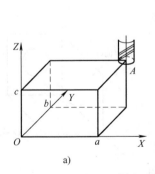 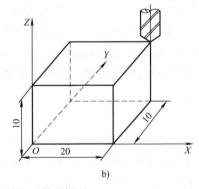

图 2-64 G92 指令设定工件坐标系

3. 局部坐标系指令 G52

在工件坐标系中编制程序时，为方便编程，可以在工件坐标系中设置子坐标系。坐标系又称为局部坐标系。其编程格式为：

```
G52  X__  Y__  Z__;（设定局部坐标系）
…
G52  X0  Y0  Z0;（取消局部坐标系）
```

说明：

1）用 G52 X ＿ Y ＿ Z ＿指令可以在工件坐标系 G54~G59 中设定局部坐标系。X、Y、Z 为局部坐标系原点在工件坐标系中的坐标值。G52 中没有指定的坐标原点不变，例如指令中仅指定了 X 值，没有指定 Y、Z 值，则 Y、Z 坐标原点不变。

2）在局部坐标系设定后，以绝对值方式（G90）编程的坐标值是在此局部坐标系中的坐标值，系统界面显示的绝对坐标值也是局部坐标系中的坐标值。

3）G52 指令为非模态指令，但其设定的局部坐标系在被取代或注销前一直有效。G52 暂时清除刀具半径补偿中的偏置。

4）机床坐标系（机械坐标系）是一切坐标系的基础，工件坐标系是局部坐标系的基础。设定局部坐标系后，工件坐标系和机床坐标系保持不变。在工件坐标系中指定局部坐标系新的零点，可以改变局部坐标系。指定新的局部坐标系时不需要取消原来的局部坐标系，但在指定新的坐标系时，其指令 G52 X ＿ Y ＿ Z ＿中的 X ＿ Y ＿ Z ＿值是原来工件坐标系下的坐标值，而不是上一个局部坐标系下的坐标值。

5）为了取消局部坐标系并在工件坐标系中指定坐标值，应使用局部坐标系取消指令，使局部坐标系零点与工件坐标系零点一致。当一个轴用手动返回参考点功能返回参考点时，该轴的局部坐标系零点与工件坐标系零点一致（局部坐标取消）。

4. 尺寸单位选择指令 G20 和 G21

编程指令：

```
G20(G21);
```

说明：

1）G20 指令为英制输入；G21 指令为公制输入，接通电源时，默认为公制输入。

2）G20、G21 可以互相注销。

5. 坐标平面的选择指令 G17、G18、G19

在圆弧插补、刀具半径补偿及刀具长度补偿时，必须首先确定一个平面，即确定一个由两个坐标轴构成的坐标平面。对于 3 轴坐标系来说，常用这三个指令确定机床在哪个平面内进行插补运动。其指令格式为：

```
G17(G18,G19);
```

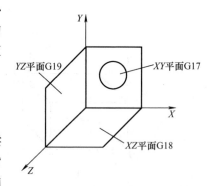

图 2-65　坐标平面的选择

说明：

1）该组指令用来选择进行圆弧插补或刀具半径补偿所在的平面。其中，G17 指令表示选择 XY 平面，G18 指令表示选择 XZ 平面，G19 指令表示选择 YZ 平面，如图 2-65 所示，具体选择见表 2-13。

表 2-13　坐标平面的选择

G 功能	平面（横坐标/纵坐标）	垂直坐标轴
G17	XY	Z
G18	XZ	Y
G19	YZ	X

2）G17、G18、G19 指令为模态指令，可相互注销，G17 指令是系统默认指令。

6. 刀具长度补偿指令 G43、G44、G49

在数控机床上加工零件时，不同工序往往采用不同的刀具，刀具的直径、长度等会发生变化；另外，由于刀具的磨损，也会造成刀具长度的变化。为此，在数控系统中设置了刀具长度补偿功能，以简化编程，提高工作效率。

刀具长度补偿功能，是指当使用不同规格的刀具或刀具磨损后，可通过刀具长度补偿指令补偿刀具长度尺寸的变化，而不必修改程序或重新对刀，达到加工要求。使用刀具长度补偿指令可以将 Z 轴运动的终点向正向或负向偏移一段距离，这段距离等于 H 指令的补偿号中存储的补偿值。刀具长度补偿指令 G43、G44、G49 的指令格式为：

```
G01(G00) G43  Z __  H __;(刀具长度正补偿)
G01(G00) G44  Z __  H __;(刀具长度负补偿)
G01(G00) G49  Z __;(取消刀具长度补偿)
```

说明：

1）G43 为刀具正向长度补偿，即刀具长度补偿 + ，也就是说 Z 轴到达的实际位置为指令值与 H 代码指定的刀具长度补偿值相加的位置：

$$Z 轴的实际坐标值 = Z 轴的指令坐标 + 长度补偿值$$

G44 为刀具负向长度补偿，即刀具长度补偿 − ，也就是说 Z 轴到达的实际位置为指令值减去 H 代码指定的刀具长度补偿值的位置：

$$Z 轴的实际坐标值 = Z 轴的指令坐标 − 长度补偿值$$

Z 为程序中的指令值；H 为偏置号，H 代码为刀具长度偏移量的存储器地址，后面带两位数字表示补偿号，H00 ～ H99 共 100 个，其中 H00 表示取消刀具长度补偿值，偏移量用 MDI 方式输入，偏移量与偏置号一一对应；G49 为取消刀具长度补偿。不管选择的是绝对坐标值还是增量值，补偿后的坐标值都表示补偿后的终点位置坐标。

2）在 G17 指令情况下，刀具补偿 G43 和 G44 是指用于 Z 轴的补偿。同理，在 G18 指令情况下，对 Y 轴补偿；在 G19 情况下，对 X 轴补偿。

3）在设置补偿值时，使用（ +/ − ）号。如果改变了（ +/ − ）号，G43 和 G44 在执行时会反向操作。如果设定长度补偿值 H __ 为正值，则 G43、G44 的补偿效果如图 2-66 所示；如果设定长度补偿值 H __ 为负值，则 G43、G44 的补偿效果相反。

4）G43、G44 是模态指令，它们一直有效，直到指定同组的 G 代码为止。G43、G44、G49 指令本身不能产生运动，刀具长度补偿值不能生效。长度补偿的建立与取消必须与 G00（或 G01）指令同时使用，且在 Z 轴方向上的位移量不为零。

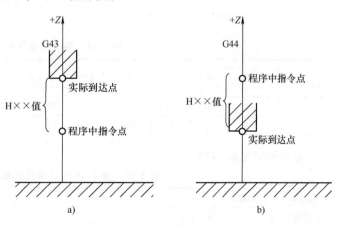

图 2-66　刀具长度补偿指令
a) G43 指令　b) G44 指令

5）输入刀具长度补偿时，按偏置键 OFFSET/SETTING ，调出刀具补偿界面，输入到相应位置。补偿值的确定一般有两种情况：一是有机外对刀仪时，以主轴轴端中心为对刀基准点，以刀具伸出轴端的长度作为 H 中的偏置量，如图 2-67 所示；二是无机外对刀仪时，若以标准刀的刀位点作为对刀基准，则刀具与标准刀的长度差值作为其偏置量。该值可以为正，也可以为负。

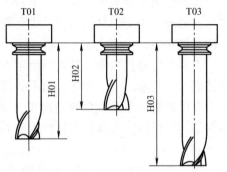

图 2-67　刀具长度补偿

6）有了刀具长度偏置功能，当加工中刀具因磨损、重磨、换新刀而长度发生变化时，不必修改程序中的坐标值，只需修改存放在寄存器中的刀具长度偏置值。仅用一把刀加工时，可以不用刀具长度补偿，刀具的长度都在 G54 的 Z 值里体现出来；若加工一个零件需用几把刀，各刀的长度不同，编程时不必考虑刀具长短对坐标值的影响，只要把其中一把刀设为标准刀，其余各刀相对标准刀设置长度偏置值即可。

例 2-2　用 $\phi 6mm$ 的铣刀铣削图 2-68 所示的 "X""Y""Z" 三个字母，深度为 1mm，已知所用刀具比标准对刀柄短 10mm，试编写加工程序。

图 2-69 所示各基点的坐标值见表 2-14。

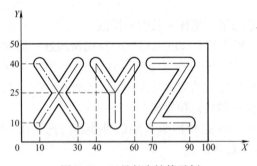

图 2-68　刀具长度补偿示例

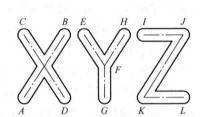

图 2-69　各基点坐标

表 2-14　各基点坐标值

点 坐标	A	B	C	D	E	F	G	H	I	J	K	L
X	10	30	10	30	40	50	50	60	70	90	70	90
Y	10	40	40	10	40	25	10	40	40	40	10	10

参考程序见表 2-15。

表 2-15　图 2-68 所示零件的参考程序

程序名	O2002；	
程序段号	程　序	说　明
N010	M03 S1000；	主轴正转，转速为 1000r/min
N020	M08；	打开切削液
N030	G90 G54 G00 X0.0 Y0.0 Z100.0；	采用绝对尺寸编程方式，选择第一工件坐标系，迅速到达对刀点上方

（续）

程序段号	程　　序	说　　明
N040	G43 H01 G00 Z5.0；	Z轴迅速到达工件坐标系5mm的安全高度位置，调用刀具长度补偿，H01 = − 10mm
N050	X10.0 Y10.0；	迅速到达切入点 A 上方
N060	G01 Z − 1.0 F50；	Z轴直线切削，下刀到深度1mm，速度50mm/min
N070	X30.0 Y40.0 F150；	直线切削到 B 点
N080	Z2.0；	向上提刀至 Z 轴 2mm 的安全高度
N090	G00 X10.0；	迅速移刀到 C 点
N100	G01 Z − 1.0 F50.0；	Z轴直线切削，下刀至深度1mm，速度50mm/min
N110	X30.0 Y10.0 F150.0；	直线切削到 D 点
N120	Z2.0；	向上提刀至 Z 轴 2mm 的安全高度
N130	G00 X40.0 Y40.0；	迅速移刀到 E 点
N140	G01 Z − 1.0 F50.0；	Z轴直线切削，下刀到深度1mm，速度50mm/min
N150	X50.0 Y25.0 F150.0；	直线切削到 F 点
N160	Y10.0；	直线切削到 G 点
N170	Z2.0；	向上提刀至 Z 轴 2mm 的安全高度
N180	G00 Y25.0；	迅速移刀到 F 点
N190	G01 Z − 1.0 F50.0；	Z轴直线切削，下刀到深度1mm，速度50mm/min
N200	X60.0 Y40.0 F150.0；	直线切削到 H 点
N210	Z2.0；	向上提刀至 Z 轴 2mm 的安全高度
N220	G00 X70.0；	迅速移刀到 I 点
N230	G01 Z − 1.0 F50.0；	Z轴直线切削，下刀至深度1mm，速度50mm/min
N240	X90.0 F150.0；	直线切削到 J 点
N250	X70.0 Y10.0；	直线切削到 K 点
N260	X90.0；	直线切削到 L 点
N270	Z5.0；	向上提刀至 Z 轴 5mm 的安全高度
N280	G00 X0.0 Y0.0；	迅速到达对刀点上方
N290	G49 G00 Z100.0；	取消刀补，迅速向上提刀至 Z 轴 100mm 的返回高度
N300	M30；	程序结束

2.3.3　圆弧图形编程

1. 返回参考点检查指令 G27

该指令用于检查机床是否能准确返回参考点，其指令格式为：

G27 X __ Y __ Z __；

说明：

1）数控机床通常长时间连续工作，为了提高加工的可靠性及保证零件的加工精度，可用 G27 指令来检查工件原点的正确性。执行完 G27 指令以后，如果机床准确地返回参考点，则面板上的参考点返回指示灯亮，否则，机床将出现报警。

2.3.3 圆弧
图形编程1

2.3.3 圆弧图形编程2

2）执行 G27 指令的前提是机床在通电后必须返回过一次参考点（手动返回或用 G28 指令返回）。当执行 G27 指令后，返回各轴参考点指示灯分别点亮。当使用刀具补偿功能（G41、G42 或 G43、G44）时，指示灯不亮，所以在取消刀具补偿功能（用 G40 或 G49）后，才能使用 G27 指令。

3）若不要求每次执行程序时都执行返回参考点的操作，则应在该指令前加上"/"（程序跳转），以便在不需要检查时，跳过该程序段。

4）若希望执行该程序段后让程序停止，则应在该程序段后加上 M00 或 M01 指令，否则程序将不停止而继续执行后面的程序段。

5）X、Y、Z 分别代表参考点在工件坐标系中的坐标值。

2. 返回参考点指令 G28

该指令可使指令轴从当前点位置以快速定位方式经过 "X ＿ Y ＿ Z ＿" 指定的中间点返回机床参考点，如图 2-70 所示。当返回参考点完成时，表示返回完成的指示灯亮。其指令格式为：

```
G28 X __  Y __  Z __;
```

说明：

1）X、Y、Z 坐标设定值为回参考点时经过的中间点（不是机床参考点），此中间点不能超过参考点，指定该点可以用绝对值（G90）方式，也可以用增量值（G91）方式，取决于当前的模态。在 G90 时为中间点在工件坐标系中的坐标；在 G91 时为中间点相对于起点的位移量。指定中间点的目的是使刀具沿着一条安全的路径返回参考点。

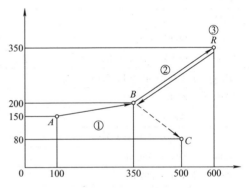

图 2-70 G28、G29 指令应用

2）系统在执行 "G28 X ＿ Y ＿ Z ＿;" 时，先使所有的编程轴都快速定位到中间点，然后再从中间点到达参考点。

3）G28 指令一般用于自动换刀或者消除机械误差，所以使用 G28 指令时，应取消刀具半径补偿和刀具长度补偿。该指令也用于整个程序加工结束后使工件移出加工区，以便卸下加工完毕的工件并装夹待加工零件。由于 G28 指令运行时按照 G00 快速点定位方式运动，即各轴均快速运动，有可能发生碰撞，故这个中间点的坐标一般应设在当前刀具的上方，可以编写 "G91 G28 Z100.0;" 程序段，一般不会有问题。

4）在 G28 的程序段中不仅产生坐标轴移动指令，而且记忆了中间点坐标值，以供 G29 使用。

5）G28 指令仅在其被规定的程序段中有效（非模态）。

6）在加工中心换刀之前，通常将主轴从当前位置返回参考点，实现定点换刀。此时可用 G28 指令，其程序如下：

```
G91 G28 Z0;
G28 X0 Y0;
…;
```

3. 从参考点返回指令 G29

该指令可使指定轴从参考点以快速定位方式经过"X __ Y __ Z __"指定的中间点返回指定点，如图 2-70 所示。其指令格式为：

```
G29 X __ Y __ Z __;
```

说明：

1）该指令可使所有编程轴以快速进给速度经过由 G28 指令定义的中间点，然后到达指定点。通常该指令紧跟在 G28 指令之后。其动作顺序是刀具从参考点快速到达 G28 指令设定的中间点，再从中间点快速移动到 G29 指令设定的返回点。当用 G00 或 G01 指令直接返回参考点，不用 G29 指令返回参考点时，则不经过 G28 设置的中间点，而是直接运动到返回点。

2）X、Y、Z 坐标值为返回的定位终点，可以用绝对值（G90）的方式写入，也可以用增量值（G91）的方式写入。G90 时为定位终点在工件坐标系中的坐标；G91 时为定位终点相对于 G28 中间点的位移量。

3）该指令一般紧跟在 G28 或 G30 指令后使用，指令中的 X、Y、Z 坐标值是执行完 G29 后刀具应到达的坐标点。G29 指令仅在其被规定的程序段中有效。

编程示例：如图 2-70 所示，加工后刀具已定位到 A 点，取 B 点为中间点，C 点为执行 G29 指令时应到达的点，试编写刀具运动程序。

```
…
N40 G91 G28 X100.0 Y20.0;(从 A 点按增量移动到 B 点,最后到达 R 点)
N50 M06;(换刀)
N60 G29 X50.0 Y-40.0;(从参考点经过 B 点,到达 C 点)
…
```

执行此程序时，刀具首先从 A 点出发，以快速点定位的方式经 B 点到达参考点，换刀后执行 G29 指令，刀具从参考点先运动到 B 点再到达 C 点，B 点至 C 点的增量坐标为"X50.0 Y-40.0"。

4. 从第 2、3、4 参考点返回指令 G30

该指令可使刀具由所在位置经过中间点回到参考点，与 G28 类似，差别在于 G28 是回归第一参考点（机床原点），而 G30 是返回第 2、3、4 参考点。其指令格式为：

```
G30 P2 X __ Y __ Z __;(第 2 参考点返回,P2 可省略)
G30 P3 X __ Y __ Z __;(第 3 参考点返回)
G30 P4 X __ Y __ Z __;(第 4 参考点返回)
```

说明：

1）第 2、3、4 参考点返回中的 X、Y、Z 含义与 G28 中相同。

2）P2、P3、P4 即选择第 2、3、4 参考点，其后所跟坐标值是指中间点位置。

3）第 2、3、4 参考点的坐标位置在参数中设定，其值为机床原点到参考点的向量值。

5. 圆弧插补指令 G02/G03

圆弧插补指令 G02/G03 使刀具按给定进给速度沿圆弧方向进行切削加工，它们指令是模态指令，其指令格式如下。

1）圆弧半径编程方式：

$$
\begin{Bmatrix} G17 \\ G18 \\ G19 \end{Bmatrix} \begin{Bmatrix} G02 \\ G03 \end{Bmatrix} \begin{Bmatrix} X\_Y\_R\_ \\ X\_Z\_R\_ \\ Y\_Z\_R\_ \end{Bmatrix} F\_
$$

2）圆心位置编程方式：

$$
\begin{Bmatrix} G17 \\ G18 \\ G19 \end{Bmatrix} \begin{Bmatrix} G02 \\ G03 \end{Bmatrix} \begin{Bmatrix} X\_Y\_I\_J\_ \\ X\_Z\_I\_K\_ \\ Y\_Z\_J\_K\_ \end{Bmatrix} F\_
$$

说明：

1）G02 为顺时针圆弧插补指令，G03 为逆时针圆弧插补指令。圆弧的终点由地址 X、Y、Z 来决定，在绝对值编程（G90）中，地址 X、Y、Z 为圆弧终点在工件坐标系中的坐标值；在增量值编程（G91）中，地址 X、Y、Z 为在各坐标轴方向上，当前刀具所在点到终点的距离及方向（正或负），也就是终点坐标减去起点坐标。F 为进给速度。

2）G02/G03 指定刀具以联动的方式，按地址 F 规定的合成进给速度，在 G17/G18/G19 规定的平面内，从当前位置按顺/逆时针圆弧路线（联动轴的合成轨迹为圆弧）移动到程序段指令的终点，如图 2-71 所示。

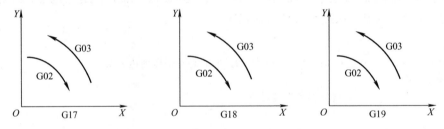

图 2-71 不同平面 G02 与 G03 的选择

3）圆心位置编程方式是用圆心相对于起点的位置进行编程，I、J、K 分别为圆心相对于圆弧起点的增量，即圆心的坐标减去圆弧起点的坐标，在 G90、G91 时都是以增量方式来指定的。I 为圆心相对于起点的坐标在 X 轴上的分量，即 $I = X_{圆心} - X_{起点}$；J 为圆心相对于起点的坐标在 Y 轴上的分量，即 $J = Y_{圆心} - Y_{起点}$；K 为圆心相对于起点的坐标在 Z 轴上的分量，即 $K = Z_{圆心} - Z_{起点}$，如图 2-72 所示。根据所选择加工平面的不同，可选择 I、J、K 中的两个使用，值为零时可省略。整圆编程时只能采用这种格式。

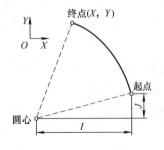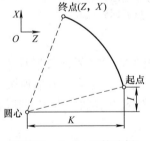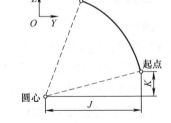

图 2-72 I、J、K 的选择

圆弧半径编程方式是用圆弧半径 R 进行编程,当圆弧圆心角小于180°时,R 为正值;当圆弧圆心角大于180°时,R 为负值;当圆弧圆心角等于180°时,R 正负均可,如图2-73所示。由于用 R 编程不需要考虑圆心位置来计算 I、J、K,比较方便,所以应用较多。

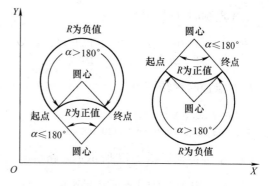

图2-73 圆弧半径正负号的确定

4)G02/G03 指令方向的判别,从垂直于圆弧平面的坐标轴正方向往负方向看,顺时针用 G02 指令,逆时针用 G03 指令,它们在各坐标平面内的方向判断如图2-74所示。在 XY 平面内,由 Z 轴正方向往 Z 轴负方向看,圆弧方向为顺时针方向用 G02,逆时针方向用 G03;同样,在 XZ 或 YZ 平面内,观察的方向则应该从 Y 轴或 X 轴正方向往负方向看,圆弧方向为顺时针方向用 G02,逆时针方向用 G03。

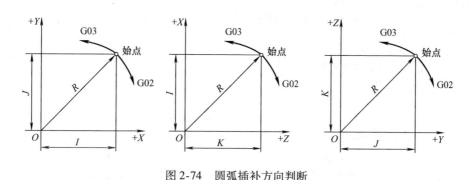

图2-74 圆弧插补方向判断

5)圆弧插补是按照切削速度进刀的。圆弧插补自动过象限,过象限时自动进行反向间隙补偿。

编程示例:如图2-75所示,使用 G02 对劣弧 a 和优弧 b 编程。

劣弧 a 的四种编程方法:

```
G90 G02 X0.0 Y30.0 R30.0 F100;
G90 G02 X0.0 Y30.0 I30.0 J0.0 F100;
G91 G02 X30.0 Y30.0 R30.0 F100;
G91 G02 X30.0 Y30.0 I30.0 J0.0 F100;
```

优弧 b 的四种编程方法:

```
G90 G02 X0.0 Y30.0 R-30.0 F100;
G90 G02 X0.0 Y30.0 I0.0 J30.0 F100;
G91 G02 X30.0 Y30.0 R-30.0 F100;
G91 G02 X30.0 Y30.0 I0.0 J30.0 F100;
```

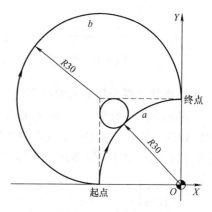

图2-75 圆弧编程

编程示例:如图2-76所示,使用 G02/G03 对整圆编程。

从 *A* 点顺时针转一周：

```
G90 G02 X30.0 Y0.0 I-30.0 J0.0 F100;
G91 G02 X0.0 Y0.0 I-30.0 J0.0 F100;
```

从 *B* 点逆时针转一周：

```
G90 G03 X0.0 Y-30.0 I0.0 J30.0 F100;
G91 G03 X0.0 Y0.0 I0.0 J30.0 F100;
```

编程示例： 根据图 2-77 所示走刀路线，用所学指令编写加工程序。

```
N10 M03 S600;(启动主轴正转,转速600r/min)
N20 G90 G54 G00 X20.0 Y15.0;(建立工件坐标系,采用绝对编程,快速定位到A点)
N30 G01 Y80.0 F100;(直线插补到B点)
N40 G01 X60.0;(直线插补到C点)
N50 G02 X80.0 Y60.0 R20.0 F100;(顺时针圆弧插补到D点)
N60 G01 Y15.0;(直线插补到E点)
N70 X70.0;(直线插补到F点)
N80 Y60.0;(直线插补到G点)
N90 G03 X50.0 R10.0 F100;(逆时针圆弧插补到H点)
N100 Y15.0;(直线插补到I点)
N110 X20.0;(直线插补到A点)
N120 G00 X0.0 Y0.0;(快速返回O点)
N130 M30;(程序结束)
```

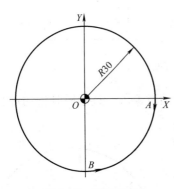

图 2-76　整圆编程

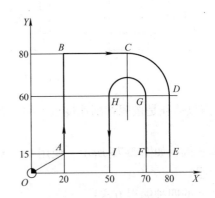

图 2-77　走刀路线

6. 螺旋线插补指令 G02/G03

螺旋线插补指令与圆弧插补指令相似，即 G02 和 G03 分别表示顺时针螺旋线插补和逆时针螺旋线插补，顺时针、逆时针的定义和圆弧插补指令相同。在进行螺旋线插补时，垂直于插补平面的插补轴同步运动，形成螺旋线移动轨迹，其指令格式为：

$$G17 \begin{Bmatrix} G02 \\ G03 \end{Bmatrix} X\_Y\_ \begin{Bmatrix} I\_J\_ \\ R\_ \end{Bmatrix} Z\_F\_; \qquad XY \text{平面圆弧}$$

$$G18 \begin{Bmatrix} G02 \\ G03 \end{Bmatrix} X\_Z\_ \begin{Bmatrix} I\_K\_ \\ R\_ \end{Bmatrix} Y\_F\_; \qquad ZX \text{平面圆弧}$$

$$G19 \begin{Bmatrix} G02 \\ G03 \end{Bmatrix} Y\_Z\_ \begin{Bmatrix} J\_K\_ \\ R\_ \end{Bmatrix} X\_F\_; \qquad YZ \text{平面圆弧}$$

说明：

螺旋线插补指令是在圆弧插补指令的基础上增加了一个移动轴指令。刀具以地址 F 指定的进给速度从当前点以螺旋线的轨迹移动到指定的位置。其参数意义同圆弧插补进给，第三个坐标是与选定平面相垂直的轴的终点。以 G17 平面为例：X、Y、Z 为螺旋线终点坐标；I、J 为圆心在 XY 平面上相对螺旋线起点在 X、Y 向的增量坐标；F 为进给速度。该格式只能进行 0～360° 范围内的螺旋线插补，当编程中出现多圈螺旋线时，需要编写多个螺旋线插补程序段。

编程示例：如图 2-78 所示，使用 G03 指令对螺旋线编程。

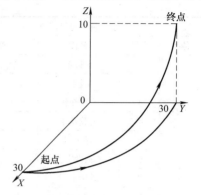

采用 G91 编程：

```
G91 G17 F100;
G03 X-30.0 Y30.0 I-30.0 J0.0 Z10.0 F100;
```

采用 G90 编程：

```
G90 G17 F100;
G03 X0.0 Y30.0 I-30.0 J0.0 Z10.0 F100;
```

图 2-78　螺旋线编程

【编程与加工实例】

例 2-3　如图 2-79 所示，根据尺寸要求，在 96mm×48mm 的硬铝板上加工出 POS 字样，刀具为直径 4mm 的键槽铣刀。

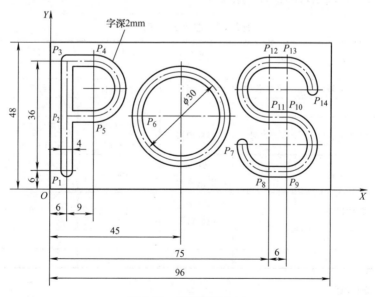

图 2-79　圆弧图形加工

1. 加工工艺方案

（1）加工工艺路线

POS 三个字样的加工路线是：

P：$P_1 \rightarrow P_2 \rightarrow P_3 \rightarrow P_4 \rightarrow P_5$；

O：$P_6 \rightarrow P_6$；

S：$P_7 \rightarrow P_8 \rightarrow P_9 \rightarrow P_{10} \rightarrow P_{11} \rightarrow P_{12} \rightarrow P_{13} \rightarrow P_{14}$。

（2）工、量、刀具选择

工、量、刀具清单见表2-16。

表2-16 工、量、刀具清单

种类	序号	\多colonna\{工、量、刀具清单\}		精度/mm	图号			

种类	序号	名称	规格	精度/mm	单位	数量	备 注
工具	1	平口钳	QH135		个	1	装夹连杆零件毛坯
	2	扳手			把	1	
	3	平行垫铁			副	1	支撑平口钳底部
	4	塑胶锤子			个	1	
	5	寻边器	$\phi10mm$	0.002	个	1	
	6	Z轴设定器	50	0.01	个	1	
量具	7	游标卡尺	0～150mm	0.02	把	1	测量轮廓尺寸
	8	深度游标卡尺	0～200mm	0.02	把	1	测量深度尺寸
	9	百分表及表座	0～10mm	0.01	个	1	校正平口钳及工件上表面
	10	表面粗糙度样板	N0～N1	12级	副	1	测量表面质量
刀具	11	立铣刀	$\phi4mm$		把	1	刀具号T01，高速钢材料

（3）合理选择切削用量

工序的划分与切削用量的选择见表2-17。

表2-17 数控加工工序卡

单位	数控加工工序卡片		产品名称	零件名称	材料	零件图号
工序号	程序编号	夹具名称	夹具编号	设备名称	编制	审核
工步号	工步内容	刀具号	刀具规格	主轴转速 /(r·min^{-1})	进给速度 /(mm·min^{-1})	背吃刀量 /mm
1	下切工件	T01	$\phi4mm$ 键槽铣刀	1000	80	2.0
2	横向切削	T01	$\phi4mm$ 键槽铣刀	1000	150	4.0

2. 参考程序编制

（1）工件坐标系建立

根据工件坐标系建立原则，在96mm×48mm硬铝板左下角建立工件坐标系，Z轴原点设在顶面上，左下角设为坐标系原点。

（2）基点坐标计算

图2-77所示各基点的坐标值见表2-18。

表 2-18　各基点坐标值

基　点	坐标 (X, Y, Z)	基　点	坐标 (X, Y, Z)
P_1	(6, 6, -2.0)	P_8	(75, 6, -2.0)
P_2	(6, 24, -2.0)	P_9	(81, 6, -2.0)
P_3	(6, 42, -2.0)	P_{10}	(81, 24, -2.0)
P_4	(15, 42, -2.0)	P_{11}	(75, 24, -2.0)
P_5	(15, 24, -2.0)	P_{12}	(75, 42, -2.0)
P_6	(30, 24, -2.0)	P_{13}	(81, 42, -2.0)
P_7	(66, 15, -2.0)	P_{14}	(90, 33, -2.0)

（3）参考程序

参考程序见表 2-19。

表 2-19　图 2-79 所示零件的参考程序

程序名	O2003；	
程序段号	程　　序	说　　明
N010	M03 S1000；	主轴正转，转速为 1000r/min
N020	M08；	打开切削液
N030	G90 G54 G00 X6.0 Y6.0 Z100.0；	采用绝对尺寸编程方式，选择第一工件坐标系，迅速到达切入点 P_1 上方
N040	Z5.0；	Z 轴迅速到达工件坐标系 5mm 的安全高度位置
N050	G01 Z-2.0 F80；	Z 轴直线切削，下刀至深度 2mm，速度 80mm/min
N060	Y42.0 F150；	沿 Y 轴直线插补到 P_3 点，速度 150mm/min
N070	X15.0；	沿 X 轴直线插补到 P_4 点
N080	G02 Y24.0 R9.0 F150；	顺时针圆弧插补到 P_5 点，速度 150mm/min
N090	G01 X6.0；	沿 X 轴直线插补到 P_2 点
N100	Z5.0 F80；	向上提刀至 Z=5mm 的安全高度，速度 80mm/min
N110	G00 X30.0；	迅速到达切入点 P_6 上方
N120	G01 Z-2.0；	Z 轴直线切削，下刀至深度 2mm
N130	G02 I15.0 R15.0 F150；	顺时针圆弧插补整圆，速度 150mm/min
N140	G01 Z5.0 F80；	向上提刀至 Z=5mm 的安全高度，速度 80mm/min
N150	G00 X66.0 Y15.0；	迅速到达切入点 P_7 上方
N160	G01 Z-2.0；	Z 轴直线切削，下刀至深度 2mm
N170	G03 X75.0 Y6.0 R9.0 F150；	逆时针圆弧插补到 P_8 点，速度 150mm/min
N180	G01 F150 X81.0；	沿 X 轴直线插补到 P_9 点，速度 150mm/min
N190	G03 Y24.0 R9.0；	逆时针圆弧插补到 P_{10} 点
N200	G01 X75.0；	沿 X 轴直线插补到 P_{11} 点
N210	G02 Y42.0 R9.0；	顺时针圆弧插补到 P_{12} 点
N220	G01 X81.0；	沿 X 轴直线插补到 P_{13} 点
N230	G02 X90.0 Y33.0 R9.0；	顺时针圆弧插补到 P_{14} 点
N240	G01 F80 Z5.0 F80；	向上提刀至 Z=5mm 的安全高度，速度 80mm/min
N250	G00 X100.0 Y100.0 Z150.0；	刀具远离工件，方便装卸零件
N260	M30；	程序结束

3. 操作步骤及内容

1）开机。开机，各坐标轴手动回机床原点。

2）刀具安装。根据加工要求选择 ϕ4mm 高速钢键槽铣刀，用弹簧夹头刀柄装夹后将其装上主轴。

3）清洁工作台，安装夹具和工件。将机用虎钳清理干净，装在干净的工作台上，通过百分表找正，再将工件装夹在机用虎钳上。

4）对刀设定工件坐标系。首先用寻边器对刀，确定 X、Y 向的零偏值，将 X、Y 向的零偏值输入到工件坐标系 G54 中；然后将加工所用刀具装上主轴，再将 Z 轴设定器放在工件的上表面，确定 Z 向的零偏值，输入到工件坐标系 G54 中。

5）输入加工程序。将编写好的加工程序通过机床操作面板输入到数控系统的内存中。

6）调试加工程序。把工件坐标系的 Z 值沿 $+Z$ 向平移 100mm，按下数控启动键，适当降低进给速度，检查刀具运动是否正确。

7）自动加工。把工件坐标系的 Z 值恢复原值，将进给倍率开关换到低档，按下数控启动键运行程序，开始加工。机床加工时，适当调整主轴转速和进给速度，并注意监控加工状态，保证加工正常。

8）检测。取下工件，用游标卡尺进行尺寸检测。

9）清理加工现场。

10）按顺序关机。

4. 评分标准

评分标准见表 2-20。

表 2-20　评分表

班级				姓名			学号	
课题				加工平面图形			零件编号	21
基本检查	编程	序号		检测内容		配分	学生自评	教师评分
		1		切削加工工艺制订正确		10		
		2		切削用量选择合理		5		
		3		程序正确、简单、规范		20		
	操作	4		设备操作、维护保养正确		5		
		5		安全、文明生产		5		
		6		刀具选择、安装正确、规范		5		
		7		工件找正、安装正确、规范		5		
工作态度		8		行为规范，态度端正		5		
尺寸检测	序号	图样尺寸/mm	公差/mm	量具				
				名称	规格/mm			
	9	长度96	±0.04	千分尺	75~100	7		
	10	长度45	±0.04	千分尺	25~50	7		
	11	长度48	±0.04	千分尺	25~50	7		
	12	长度36	±0.04	千分尺	25~50	7		
	13	长度9	±0.04	千分尺	0~25	6		
	14	字深2	±0.04	千分尺	0~25	6		
综合得分								

【思考与练习】

1. 平面铣削时，确定进给路线的原则是什么？

2. 平面铣削与曲面铣削的工艺路线分别是什么？

3. 如图 2-80 所示零件，已知材料为 45 钢，毛坯尺寸为 $50\text{mm} \times 30\text{mm} \times 35\text{mm}$，试编写该零件的加工程序。

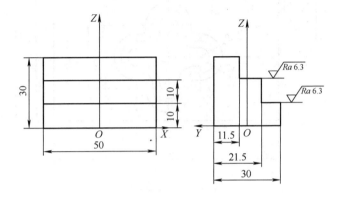

图 2-80　习题 3 图

4. 如图 2-81 所示，根据尺寸要求，在 $100\text{mm} \times 100\text{mm} \times 20\text{mm}$ 的硬铝板上加工出指定字样。

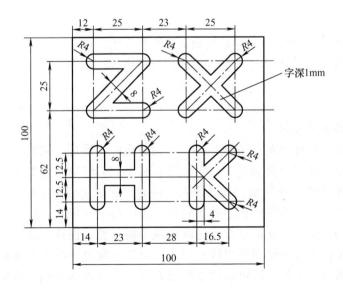

图 2-81　习题 4 图

5. 如图 2-82 所示，根据尺寸要求，在 $100\text{mm} \times 100\text{mm} \times 20\text{mm}$ 的硬铝板上加工出指定字样。

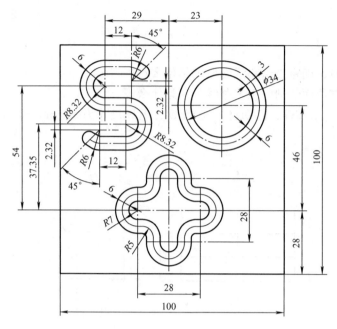

图 2-82　习题 5 图

项目 2.4　平面外轮廓零件的编程与加工

2.4 平面外轮廓零件的编程与加工1

2.4 平面外轮廓零件的编程与加工2

【学习目标】

1）熟练掌握铣削外轮廓进给路线的确定原则及方法。

2）理解并掌握平面外轮廓零件加工的编程与操作。

【知识学习】

1. 铣削外轮廓进给路线

对于铣削加工，刀具切入工件的方式，不仅影响加工质量，同时直接关系到加工的安全。铣削外轮廓时，一般采用立铣刀侧刃切削，加工刀具的切入与切出路线如图 2-83 所示。刀具切入工件时，应避免沿零件轮廓的法向切入，而应沿外轮廓曲线延长线的切向切入，以避免在切入处产生刀具的切痕而影响表面质量，保证零件外轮廓曲线平滑过渡。同理，在切出工件时，也应避免在零件的轮廓处直接退刀，而应让刀具沿切线方向多运动一段距离，逐渐切离工件，以免取消刀补时刀具与工件表面相撞，造成工件报废。

利用圆弧插补方式铣削外整圆时的加工路线如图 2-84 所示。当整圆加工完毕时，不要在切点处直接退刀，而应让刀具沿切线方向多运动一段距离，以免取消刀补时，刀具与工件表面相撞，造成工件报废。

2.4 平面外轮廓零件的编程与加工3

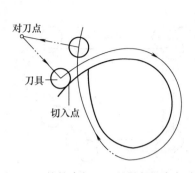

图 2-83 外轮廓加工刀具的切入与切出

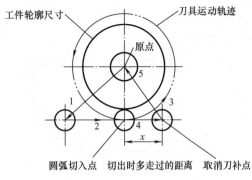

图 2-84 铣削外圆加工路线

刀具从安全高度下降到切削高度时，应离开工件毛坯边缘一段距离，而不能贴着加工零件理论轮廓直接下刀，以免发生危险。另外，尽量减少在轮廓加工切削过程中的暂停（切削力突然变化会造成弹性变形），以免留下刀痕。

2. 刀具半径补偿指令 G41、G42、G40

在数控铣床上进行轮廓加工时，由于刀具半径的存在，刀具中心（刀心）轨迹和工件轮廓不重合。若不使用刀具半径补偿功能，则只能按刀具中心的轨迹编程，即在编程时给出刀具中心运动轨迹，计算量大且复杂，尤其当刀具磨损、重磨或更换新刀而使刀具直径变化时，还要重新计算刀心轨迹，修改程序，既烦琐，又不易保证加工精度。使用刀具半径补偿功能后，只需按实际的工件轮廓进行编程，数控系统就可自动计算刀心的轨迹坐标，使刀具偏离工件轮廓一个半径值，进行半径补偿。刀具半径补偿指令 G41、G42、G40 的指令格式为：

```
G00(或G01) G41 X __ Y __ Z __ D __;(刀具半径左补偿)
G00(或G01) G42 X __ Y __ Z __ D __;(刀具半径右补偿)
G00(或G01) G40 X __ Y __ Z __;(刀具半径补偿取消)
```

说明：

1）刀具半径补偿功能可自动计算刀具中心轨迹，简化编程。刀具因磨损、重磨、换刀而引起直径变化后，不必修改程序，只需在刀具参数设置中输入变化后的刀具直径，即可适用同一程序。用同一程序、同一尺寸的刀具，利用刀具半径补偿可进行粗、精加工。

2）G41 为调用刀具半径左补偿，称左刀补，如图 2-85a 所示；G42 为调用刀具半径右补偿，称右刀补，如图 2-85b 所示；G40 为取消刀具半径补偿，如图 2-85 所示。一旦运行指令 G41、G42，则变为补偿方式；若运行指令 G40，则变为取消方式。在刚接通电源时，变为取消方式。G41、G42、G40 指令后面一般只能跟 G00、G01，而不能跟 G02、G03 等。补偿方向根据刀具半径补偿代码（G41、G42）和补偿量的符号决定。

D 代码用于指定刀具偏置值以及刀具半径补偿值，即指定刀具半径补偿寄存器号，赋予它一个非零数值来指定刀具半径补偿值，用 D00 ~ D99 来指定。刀补号和对应的补偿量由 CRT/MDI 操作面板通过 MDI 方式输入。D 代码一直有效，直到指定另一个 D 代码。

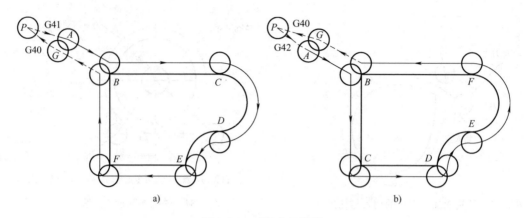

图 2-85　刀具半径补偿

a) 刀具半径左补偿　b) 刀具半径右补偿

3) G41 与 G42 的判断方法是：沿刀具进给的方向看，刀具位于工件轮廓（编程轨迹）左边，就是左补偿，如图 2-86a 所示；刀具位于工件轮廓（编程轨迹）右边，就是右补偿，如图 2-86b 所示。进行刀具补偿时，要用 G17/G18/G19 选择刀补平面，默认状态是 XY 平面。

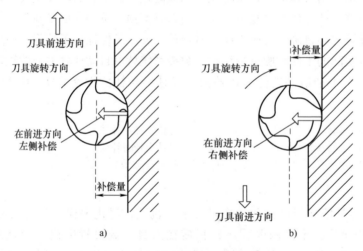

图 2-86　刀具半径补偿方向

a) 刀具半径左补偿　b) 刀具半径右补偿

4) 铣削加工时刀具半径补偿的建立与取消过程如图 2-87 所示。刀具半径补偿的建立是刀具由起刀点（位于零件轮廓及零件毛坯之外，距离加工零件轮廓切入点较近）以进给速度接近工件，刀具中心从与编程轨迹重合过渡到与编程轨迹偏离一定量的过程。指令的程序段后，在切削过程中，刀心始终与编程轮廓相距一个偏置量。刀具半径补偿方向由 G41（左补偿）、G42（右补偿）确定。刀具半径补偿取消是刀具离开工件，回到退刀点过程中，取消刀具半径补偿，刀心运动轨迹逐渐过渡到与编程轨迹重合的过程。与建立刀具半径补偿过程类似，退刀点也应位于零件轮廓之外且距离加工零件轮廓较近。退刀点可与起刀点相同（图 2-85），也可以不相同（图 2-87）。

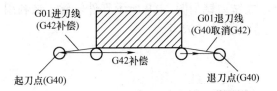

图 2-87　铣削加工时刀具半径补偿的建立与取消

5）刀具半径补偿只能在被 G17、G18、G19 选择的平面上进行，也就是说，刀补只能同时在两个坐标轴上进行，也可以理解为只能在一个平面内进行。在刀具半径补偿的模态下，不能改变平面的选择，否则出现报警。

6）刀具半径补偿的建立与取消必须与 G00 或 G01 指令同时使用，且在半径补偿平面内至少一个坐标的移动距离不为零。刀具半径补偿在建立与取消时，起始点与终止点位置最好与补偿方向在同一侧，以防产生过切现象。

7）在刀具半径补偿建立与取消的程序段后，一般不允许存在连续两段以上的非补偿平面内移动指令，否则将会出现过切现象或出错。

8）从左到右或者从右到左切换补偿方向时，都要经过取消补偿方式；补偿量的变更通常是在取消补偿方式换刀时进行的。若在刀具半径补偿中进行刀具长度补偿，刀具半径补偿量也被变更了。

例 2-4 试用刀具半径补偿指令编写图 2-88 所示的运行轨迹，已知半径值存放于 D01 中。

参考程序见表 2-21。

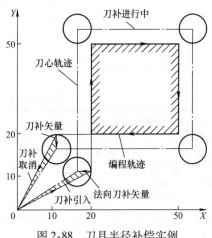

图 2-88　刀具半径补偿实例

表 2-21　图 2-88 所示零件的参考程序

程序名	O2004；	
程序段号	程　序	说　明
N010	M03 S500；	主轴正转，转速为 500r/min
N020	M08；	打开切削液
N030	G90 G54 G00 X0.0 Y0.0 Z5.0；	采用绝对尺寸编程方式，选择第一工件坐标系，迅速到达对刀点上方 5mm 的安全高度位置
N040	G01 Z−2.0 F100；	Z 轴直线切削，下刀至深度 2mm，速度 100mm/min
N050	G00 G41 X20.0 Y10.0 D01；	X、Y 轴迅速到达切入点，调用刀具半径左补偿
N060	G01 Y50.0；	铣削外轮廓
N070	X50.0；	
N080	Y20.0；	
N090	X10.0；	
N100	G00 G40 X0.0 Y0.0；	取消刀补，迅速到达对刀点上方
N110	G00 Z50.0；	迅速向上提刀至 Z=50mm 的返回高度
N120	M30；	程序结束

例 2-5 利用 φ20mm 立铣刀铣削图 2-89 所示零件轮廓，试利用刀具半径补偿指令编写该零件的加工程序。半径值存放在 D02 中。

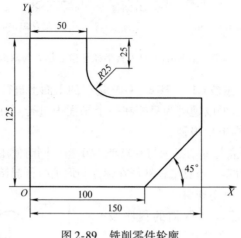

图 2-89 铣削零件轮廓

参考程序见表 2-22。

表 2-22 图 2-89 所示零件的参考程序

程序名	O2005;	
程序段号	程 序	说 明
N010	M03 S500;	主轴正转，转速为 500r/min
N020	M08;	打开切削液
N030	G54 G90 G00 X−10.0 Y−20.0 Z50.0;	采用绝对尺寸编程方式，选择第一工件坐标系，迅速到达工件上方
N040	Z5.0;	Z轴迅速到达工件坐标系 5mm 的安全高度位置
N050	G01 Z−2.0 F200;	Z轴直线切削，下刀至深度 2mm
N060	G01 G41 X0.0 Y0.0 D02;	调用刀具半径左补偿
N070	Y125.0;	铣削外轮廓
N080	X50.0;	
N090	Y100.0;	
N100	G03 X75.0 Y75.0 R25.0;	
N110	G01 X150.0;	
N120	Y50.0;	
N130	X100.0 Y0.0;	
N140	X−10.0;	
N150	G40 G01 Y−20.0;	取消刀补
N160	G00 Z50.0;	迅速向上提刀至 Z=50mm 的返回高度
N170	M30;	程序结束

例 2-6　利用 $\phi40\mathrm{mm}$ 面铣刀铣削图 2-90 所示零件，材料为 45 钢，毛坯尺寸为 $100\mathrm{mm}\times80\mathrm{mm}\times22\mathrm{mm}$，试利用刀具半径补偿指令编写该零件的加工程序。半径值存放在 D03 中。

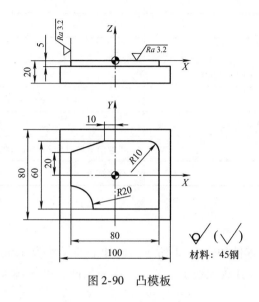

图 2-90　凸模板

参考程序见表 2-23。

表 2-23　图 2-90 所示零件的参考程序

程序名	O2006；	
程序段号	程　序	说　明
N010	M03 S500；	主轴正转，转速为 500r/min
N020	M08；	打开切削液
N030	G90 G54 G00 X0.0 Y0.0 Z5.0；	采用绝对尺寸编程方式，选择第一工件坐标系，迅速到达对刀点上方 5mm 的安全高度位置
N040	X-35.0 Y-65.0；	迅速到达切入点上方
N050	G01 Z-2.0 F100；	Z 轴直线切削，下刀至深度 2.0mm，速度 200mm/min
N060	Y65.0；	加工凸模板平面
N070	G00 X35.0；	
N080	G01 Y-65.0；	
N090	G00 X0.0；	
N100	G01 Y65.0；	
N110	G00 Z5.0；	
N120	G00 X80.0 Y-70.0；	加工凸模板轮廓
N130	G01 X75.0 Y-30.0 G41 D03；	
N140	X-20.0；	
N150	G03 X-40.0 Y-10.0 R20.0 F100；	

（续）

程序段号	程 序	说 明
N160	G01 Y20.0;	
N170	X−10.0 Y30.0;	
N180	X30.0;	
N190	G02 X40.0 Y20.0 R10.0 F100;	
N200	G01 Y−60.0;	
N210	G01 X80.0 Y−70.0 G40;	
N220	G00 Z50.0;	迅速向上提刀至 $Z=50$mm 的返回高度
N230	M30;	程序结束

【编程与加工实例】

例 2-7　平面外轮廓零件如图 2-91 所示。已知毛坯尺寸为 62mm × 62mm × 21mm，材料为 45 钢，按单件生产安排其数控加工工艺，试编写出凸台外轮廓加工程序并利用数控铣床加工出该零件。

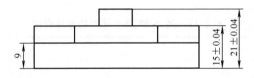

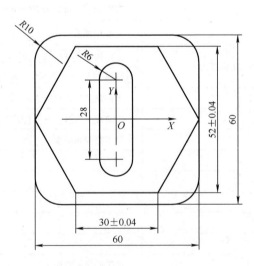

图 2-91　平面外轮廓零件图

1. 加工工艺方案

（1）加工工艺路线

确定加工工艺路线包括选择切入和切出方式、铣削方向、铣削路线。

1）选择切入、切出方式。考虑刀具的进、退刀（切入、切出）路线时，刀具的切出或切入点应在沿零件轮廓的切线上，以保证工件轮廓光滑；应避免在工件轮廓面上垂直上、下刀而划伤工件表面；尽量减少在轮廓加工切削过程中的暂停（切削力突然变化会造成弹性变形），以免留下刀痕。

2）选择铣削方向。一般情况下尽可能采用顺铣，即外轮廓铣削时宜采用沿工件顺时针方向铣削。

3）选择铣削路线。首先粗、精加工环凸台；然后粗、精加工六棱柱凸台；最后掉头，铣削四棱柱台外轮廓。

由中心位置（坐标原点）处下刀，采用环切的切削方法进行铣削，去除多余材料。粗加工与精加工的切削路线相同。零件的粗、精加工采用同一把刀具，同一加工程序，通过改变刀具半径补偿值的方法来实现。粗加工单边留余量0.3mm。

（2）工、量、刀具选择

工、量、刀具清单见表2-24。

表2-24 工、量、刀具清单

种类	序号	名称	规格	精度/mm	单位	数量	备 注
		工、量、刀具清单			图号		
工具	1	平口钳	QH135		个	1	装夹连杆零件毛坯
	2	扳手			把	1	
	3	平行垫铁			副	1	支撑平口钳底部
	4	塑胶锤子			个	1	
	5	寻边器	ϕ10mm	0.002	个	1	
	6	Z轴设定器	50	0.01	个	1	
量具	7	游标卡尺	0~150mm	0.02	把	1	测量轮廓尺寸
	8	深度游标卡尺	0~200mm	0.02	把	1	测量深度尺寸
	9	百分表及表座	0~10mm	0.01	个	1	校正平口钳及工件上表面
	10	表面粗糙度样板	N0~N1	12级	副	1	测量表面质量
刀具	11	立铣刀	ϕ16mm		把	1	刀具号T01，刀补号D1，输入半径补偿值8.3mm，刀补号D2，输入半径补偿值8mm，高速钢材料

（3）合理选择切削用量

工序的划分与切削用量的选择见表2-25。

2. 参考程序编制

（1）工件坐标系建立

根据工件坐标系建立原则，在ϕ40mm圆台中心建立工件坐标系，Z轴原点设在顶面上，圆台中心设为坐标系原点。

表 2-25 图 2-91 所示零件的工序和切削用量

单位	数控加工工序卡片		产品名称	零件名称	材料	零件图号
工序号	程序编号	夹具名称	夹具编号	设备名称	编制	审核
工步号	工步内容	刀具号	刀具规格	主轴转速 /(r·min⁻¹)	进给速度 /(mm·min⁻¹)	背吃刀量 /mm
1	粗铣环凸台	T01	φ16mm 立铣刀	500	80	5.7
2	精铣环凸台	T01	φ16mm 立铣刀	800	70	0.3
3	粗铣六棱柱凸台	T01	φ16mm 立铣刀	500	80	5.7
4	精铣六棱柱凸台	T01	φ16mm 立铣刀	800	70	0.3
5	掉头，铣削四棱柱凸台	T01	φ16mm 立铣刀	500	80	5

（2）基点坐标计算

图 2-92 所示各基点的坐标值见表 2-26。

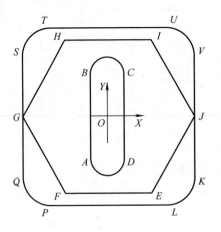

图 2-92 零件图上的基点

表 2-26 各基点坐标值

基 点	坐标 (X, Y, Z)	基 点	坐标 (X, Y, Z)
A	(-6, -14, 0)	J	(30, 0, -6)
B	(-6, 14, 0)	K	(-20, 30, -9)
C	(6, 14, 0)	L	(-30, 20, -9)
D	(6, -14, 0)	P	(-30, -20, -9)
E	(15, -26, -6)	Q	(-20, -30, -9)
F	(-15, -26, -6)	S	(20, -30, -9)
G	(-30, 0, -6)	T	(30, -20, -9)
H	(-15, 26, -6)	U	(20, 30, -9)
I	(15, 26, -6)	V	(30, 20, -9)

（3）参考程序

参考程序见表 2-27。

表 2-27 图 2-91 所示零件的参考程序

程序名	O2007;	
程序段号	程 序	说 明
N010	M03 S500;	主轴正转，转速为 500r/min
N020	M08;	打开切削液
N030	G90 G54 G00 X-45.0 Y-45.0 Z10.0;	采用绝对尺寸编程方式，选择第一工件坐标系，迅速到达切入点上方
N040	Z2.0;	Z 轴迅速到达工件坐标系 2mm 的安全高度位置
N050	G01 Z-6.0 F75;	Z 轴直线切削，下刀至深度 6mm，速度 75mm/min
N060	G01 G41 X-16.0 D1;	调用刀具半径补偿，移动到 X=-16mm 的位置，D1=8.0mm
N070	Y20.0;	沿 Y 轴直线插补
N080	X16.0;	沿 X 轴直线插补
N090	Y-20.0;	沿 Y 轴直线插补
N100	X-6.0;	沿 X 轴直线插补
N110	Y14.0;	沿 Y 轴直线插补
N120	G02 X6.0 R6.0;	顺时针圆弧插补外轮廓
N130	G01 Y-14.0;	沿 Y 轴直线插补
N140	G02 X-6.0 R6.0;	顺时针圆弧插补外轮廓
N150	G03 X-26.0 R10.0;	逆时针圆弧插补，退刀
N160	G01 G40 Y-45.0;	沿 Y 轴直线插补，取消刀补
N170	G00 Z2.0;	迅速向上提刀至 Z=2mm 的安全高度
N180	X45.0 Y-45.0;	迅速到达铣削六棱柱凸台外轮廓的切入点上方
N190	G01 Z-12.0;	Z 轴直线切削，下刀至深度 12.0mm
N200	G01 G41 Y-26.0 D1;	调用刀具半径补偿，移动到 Y=26.0mm 的位置，D1=8.0mm
N210	X-15.0;	沿 X 轴直线插补到达 F 点
N220	X-30.0 Y0.0;	直线插补到达 G 点
N230	X-15.0 Y26.0;	直线插补到达 H 点
N240	X15.0;	直线插补到达 I 点
N250	X30.0 Y0.0;	直线插补到达 J 点

（续）

程序段号	程 序	说 明
N260	Y－45.0;	沿 Y 轴直线插补
N270	G01 G40 Z2.0;	取消刀补，向上提刀至 Z＝2mm 的安全高度
N280	G00 Z20.0;	迅速向上提刀至 Z＝20mm 的返回高度
N290	M30;	程序结束
程序名	O2008;	
N010	M03 S500;	主轴正转，转速 500r/min
N020	M08;	打开切削液
N030	G90 G54 G00 X45.0 Y45.0 Z10.0;	采用绝对尺寸编程方式，选择第一工件坐标系，迅速到达切入点上方
N040	Z2.0;	Z 轴迅速到达工件坐标系 2mm 的安全高度位置
N050	G01 Z－5.0 F75;	Z 轴直线切削，下刀至深度 5mm
N060	G01 G41 X30.0 D1;	调用刀具半径补偿，移动到 X＝30mm 的位置，D1＝8.0mm
N070	Y－20.0;	沿 Y 轴直线插补
N080	G02 X20.0 Y－30.0 R10.0;	顺时针圆弧插补外轮廓
N090	G01 X－20.0;	沿 X 轴直线插补
N100	G02 X－30.0 Y－20.0 R10.0;	顺时针圆弧插补外轮廓
N110	G01 Y20.0;	沿 Y 轴直线插补
N120	G02 X－20.0 Y30.0 R10.0;	顺时针圆弧插补外轮廓
N130	G01 X20.0;	沿 X 轴直线插补
N140	G02 X30.0 Y20.0 R10.0;	顺时针圆弧插补外轮廓
N150	G03 X50.0 R10.0;	逆时针圆弧插补，退刀
N160	G01 G40 X45.0 Y45.0;	沿 Y 轴直线插补，取消刀补
N170	Z－10.0;	Z 轴直线切削，下刀至深度 10mm
N180	G01 G41 X30.0 D1;	调用刀具半径补偿，移动到 X＝30mm 的位置，D1＝8.0mm
N190	Y－20.0;	沿 Y 轴直线插补
N200	G02 X20.0 Y－30.0 R10.0;	顺时针圆弧插补外轮廓
N210	G01 X－20.0;	沿 X 轴直线插补
N220	G02 X－30.0 Y－20.0 R10.0;	顺时针圆弧插补外轮廓
N230	G01 Y20.0;	沿 Y 轴直线插补
N240	G02 X－20.0 Y30.0 R10.0;	顺时针圆弧插补外轮廓
N250	G01 X20.0;	沿 X 轴直线插补
N260	G02 X30.0 Y20.0 R10.0;	顺时针圆弧插补外轮廓
N270	G03 X50.0 R10.0;	逆时针圆弧插补，退刀
N280	G01 G40 Z2.0;	取消刀补，向上提刀至 Z＝2mm 的安全高度
N290	G00 Z20.0;	迅速向上提刀至 Z＝20mm 的返回高度
N300	M30;	程序结束

3. 操作步骤及内容

1）开机。开机，各坐标轴手动回机床原点。

2）刀具安装。根据加工要求选择 ϕ16mm 高速钢立铣刀，用弹簧夹头刀柄装夹后将其装上主轴。

3）清洁工作台，安装夹具和工件。将机用虎钳清理干净，装在干净的工作台上，通过百分表找正，再将工件装在机用虎钳上。

4）对刀设定工件坐标系。首先用寻边器对刀，确定 X、Y 向的零偏值，输入到工件坐标系 G54 中；然后将加工所用刀具装上主轴，再将 Z 轴设定器放在工件的上表面，确定 Z 向的零偏值，输入到工件坐标系 G54 中。

5）设置刀具补偿值。首先将刀具半径补偿值 8.3 输入到刀具补偿地址 D01；然后将刀具半径补偿值 8.0 输入到刀具补偿地址 D02。

6）输入加工程序。将编写好的加工程序通过机床操作面板输入到数控系统的内存中。

7）调试加工程序。把工件坐标系的 Z 值沿 $+Z$ 向平移 100mm，按下数控启动键，适当降低进给速度，检查刀具运动是否正确。

8）自动加工。把工件坐标系的 Z 值恢复原值，将进给倍率开关换到低档，按下数控启动键运行程序，开始加工。机床加工时，适当调整主轴转速和进给速度，并注意监控加工状态，保证加工正常。

9）检测。取下工件，用游标卡尺进行尺寸检测。

10）清理加工现场。

11）按顺序关机。

4. 评分标准

评分标准见表2-28。

表 2-28　评分表

班级				姓名		学号		
课题			加工平面外轮廓零件			零件编号		21
基本检查	编程	序号	检测内容			配分	学生自评	教师评分
		1	切削加工工艺制订正确			10		
		2	切削用量选择合理			5		
		3	程序正确、简单、规范			20		
	操作	4	设备操作、维护保养正确			5		
		5	安全、文明生产			5		
		6	刀具选择、安装正确、规范			5		
		7	工件找正、安装正确、规范			5		
工作态度		8	行为规范，态度端正			5		
尺寸检测	序号	图样尺寸/mm	公差/mm	量具				
				名称	规格/mm			
	9	长度52	±0.04	千分尺	75~100	8		
	10	长度30	±0.04	千分尺	25~50	8		
	11	高15	±0.04	千分尺	0~25	8		
	12	高21	±0.04	千分尺	0~25	8		
	13	表面粗糙度	1.6μm	粗糙度样规		8		
综合得分								

【思考与练习】

1. 铣削外轮廓时，切削刀具应如何切入、切出？

2. 铣削外圆时，刀具应如何切入、切出？

3. 如图 2-93 所示零件，已知材料为 45 钢，毛坯尺寸为 $100mm \times 80mm \times 17mm$，试编写该零件的加工程序。

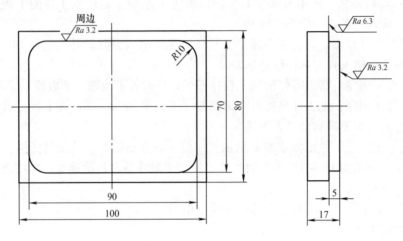

图 2-93　习题 3 图

4. 如图 2-94 所示零件，已知材料为 45 钢，毛坯尺寸为 $110mm \times 100mm \times 23mm$，所有加工面的表面粗糙度值为 $Ra1.6\mu m$，试编写该零件的加工程序。

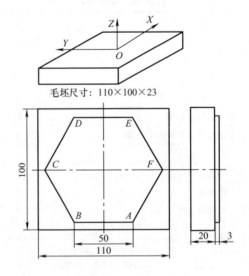

图 2-94　习题 4 图

5. 如图 2-95 所示零件，已知材料为 45 钢，毛坯尺寸为 $140mm \times 100mm \times 13mm$，所有加工面的表面粗糙度值为 $Ra1.6\mu m$，试编写该零件的加工程序。

6. 如图 2-96 所示零件，已知材料为 45 钢，毛坯尺寸为 $90mm \times 80mm \times 40mm$，所有加工面的表面粗糙度值为 $Ra1.6\mu m$，试编写该零件的加工程序。

7. 平面外轮廓零件如图 2-97 所示。已知毛坯为 $124mm \times 50mm \times 22mm$ 的长方料，材料为 45 钢，按单件生产安排其数控加工工艺，编写出凸台外轮廓加工程序。

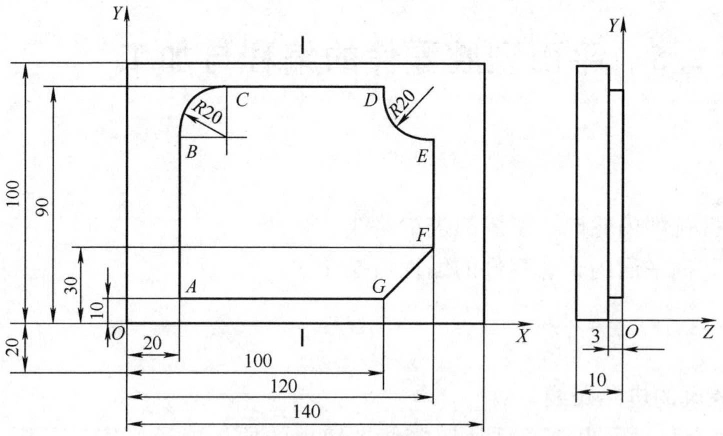

图 2-95 习题 5 图

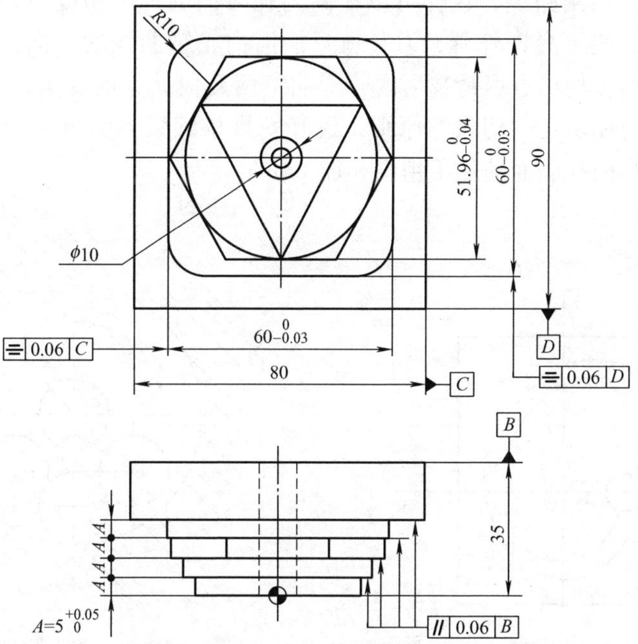

图 2-96 习题 6 图

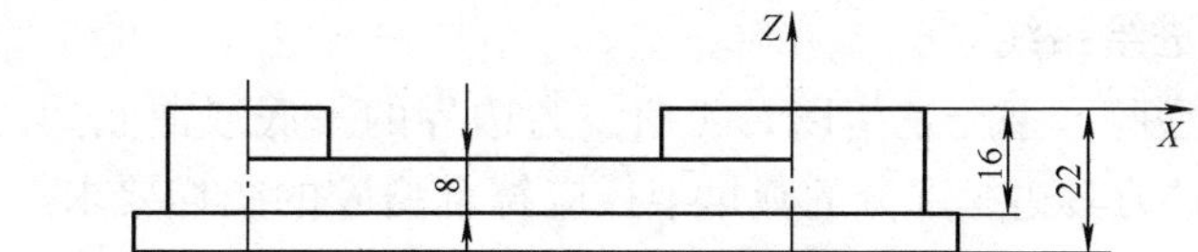

图 2-97 习题 7 图

项目2.5　平面型腔零件的编程与加工

2.5.1 平面型腔
零件的编程与
加工1

【学习目标】

1) 熟练掌握铣削内轮廓、型腔的进给路线。
2) 理解并掌握平面内轮廓零件的编程与操作。

【知识学习】

1. 铣削内轮廓的进给路线

铣削内轮廓表面时，也要遵循从切向切入切出的原则，最好安排从圆弧过渡到圆弧的切入切出路线，这样可以提高内孔表面的加工精度和加工质量。如果内轮廓曲线不允许外延，刀具就只能沿内轮廓曲线的法向切入

2.5.2 平面型腔
零件的编程与
加工2

切出，此时刀具的切入切出点尽量选为内轮廓曲线两几何元素的交点，如图2-98所示。铣削内圆弧时，也要遵循从切向切入的原则，最好安排从圆弧到圆弧的加工路线，如图2-99所示，这样可以提高内孔表面的加工精度和加工质量。

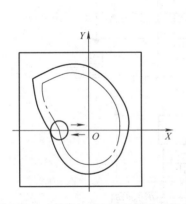

图2-98　内轮廓加工刀具的切入与切出

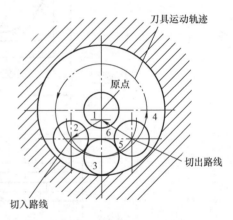

图2-99　铣削内圆加工路线

2. 铣削型腔的进给路线

（1）加工平底型腔　型腔是指以封闭曲线为边界的平底或曲底凹坑。加工平底型腔时一律用平底铣刀，且刀具边缘部分的圆角半径应符合型腔的图样要求。型腔的切削分两步，第一步切内腔，第二步切轮廓。切轮廓通常又分为粗加工和精加工两步，粗加工时，应从型腔轮廓线向里偏置铣刀半径 R 并留出精加工余量 y。铣削封闭的内轮廓表面同铣削外轮廓一样，刀具不能沿轮廓曲线的法向切入和切出，如图2-100所示。

（2）型腔铣削方案　铣削型腔一般有三种进给路线，如图2-101所示。无论采取哪种进给路线，都要切净内腔区域的全部面积，不留死角，不伤轮廓，同时尽量减少重复进给的搭接量。第一种方案为用行切方式加工内轮廓的走刀路线，如图2-101a所示，这种走刀能切除内腔中的全部余量，不留死角，不伤轮廓。在减少每次进给重叠量的情况下，行切法的走刀路线较短，但在两次走刀的起点和终点间有残留高度，影响表面粗糙度。第二种方案是采

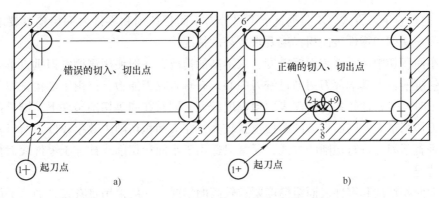

图 2-100　无交点内轮廓加工刀具的切入和切出
a) 刀补取消时在轮廓拐角处留下凹口　b) 刀具切入、切出点应远离拐角

用环切方式加工，如图 2-101b 所示，这种走刀能使表面粗糙度较小，但刀位计算略为复杂，进给路线也比行切法长。第三种方案的进给路线，先用行切法，最后沿轮廓切削一周，如图 2-101c所示，这种走刀能光整轮廓表面，获得较好的效果。第一种方案最差，第三种方案最好。为保证工件轮廓表面加工后的粗糙度要求，最终轮廓应安排在最后一次走刀中连续加工出来。

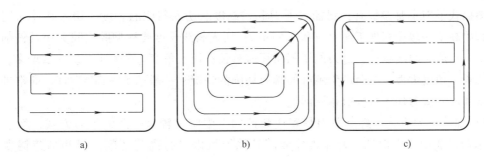

图 2-101　铣削型腔的三种进给路线
a) 行切法　b) 环切法　c) 先行切后环切

（3）型腔铣削的下刀方式　型腔铣削主要有 Z 向垂直下刀（图 2-102a）、斜插式下刀（图 2-102b）和螺旋下刀（图 2-102c）三种方式。

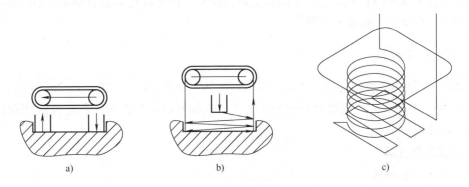

图 2-102　型腔铣削的下刀方式
a) Z 向垂直下刀方式　b) 斜插式下刀方式　c) 螺旋下刀方式

1）Z 向垂直下刀方式。Z 向垂直下刀可分为小面积切削和零件表面粗糙度要求不高的情况、大面积切削和零件表面粗糙度要求较高的情况。

对于小面积切削和零件表面粗糙度要求不高的情况，一般使用键槽铣刀垂直下刀并进行切削。虽然键槽铣刀其端部刀刃通过铣刀中心，有垂直吃刀能力，但由于键槽铣刀只有两刃切削，加工时的平稳性较差，因而表面粗糙度较大；同时在同等切削条件下，键槽铣刀较立铣刀的每刃切削量大，因而刀刃的磨损也就较大，在大面积切削中效率较低。所以采用键槽铣刀直接垂直下刀并进行切削的方式，通常只适用于小面积切削或被加工零件表面粗糙度要求不高的情况。

对于大面积切削和零件表面粗糙度要求较高的情况，一般采用具有较高加工平稳性和较长使用寿命的立铣刀来加工，但立铣刀的底切削刃没有到刀具的中心，所以立铣刀在垂直进刀时没有较大切深的能力，因此一般先采用键槽铣刀（或钻头）垂直进刀、预钻落刀孔后，再换多刃立铣刀加工型腔。

2）斜插式下刀方式。斜插式下刀时，刀具快速下至距加工表面较近位置后，改为以一个与工件表面成一定角度的方向，以斜线的方式切入工件来达到 Z 向进刀的目的。斜插式下刀方式作为螺旋下刀方式的一种补充，通常用于因范围的限制而无法实现螺旋下刀的长条形型腔加工。

斜插式下刀主要参数有：斜插式下刀起始高度、切入斜线的长度、切入和反向切入角度。起始高度一般设在加工面上方 $0.5 \sim 1\text{mm}$；切入斜线长度要视型腔空间大小及铣削深度来确定，一般是斜线越长，进刀的切削路程就越长；切入角度选得太小，斜线数增多，切削路程加长，角度太大，又会产生不好的端刃切削的情况，一般选 $5° \sim 20°$ 为宜。通常进刀切入角度和反向进刀切入角度取相同的值。

3）螺旋下刀方式。螺旋下刀是现代数控加工中应用较为广泛的下刀方式，特别是在模具制造行业中最为常见。刀片式合金模具铣刀可以进行高速切削，但和高速钢多刃立铣刀一样，在垂直进刀时没有较大切深的能力。但可以通过螺旋下刀的方式，利用刀片的侧刃和底刃进行切削，避开刀具中心无切削刃部分与工件的干涉，使刀具沿螺旋朝深度方向渐进，从而达到进刀的目的。这样，可以在切削平稳性与切削效率之间取得一个较好的平衡。

螺旋下刀也有其固有的缺点，比如切削路线较长、在比较狭窄的型腔加工中往往因为切削范围过小而无法实现螺旋下刀等。

【编程与加工实例】

例 2-8 平面内轮廓零件如图 2-103 所示。已知毛坯为 $70\text{mm} \times 70\text{mm} \times 20\text{mm}$ 的长方料，材料为 45 钢，按单件生产安排其数控加工工艺，试编写出该型腔加工程序并利用数控铣床加工出该工件。

1. 加工工艺方案

（1）加工工艺路线

确定加工工艺路线包括选择切入和切出方式、铣削方向、铣削路线。

1）切入、切出方式选择。铣削封闭内轮廓表面时，刀具无法沿轮廓线的延长线方向切入、切出，只有沿法线方向切入、切出或沿圆弧切入、切出。切入、切出点应选在零件轮廓两几何要素的交点上，而且进给过程中要避免停顿。

2）铣削方向选择。铣刀沿内轮廓顺时针方向铣削时，铣刀旋转方向与工件进给方向相反为逆铣；铣刀沿逆时针方向铣削时，铣刀旋转方向与工件进给方向相同为顺铣。一般采用顺铣，即在铣削内轮廓时采用沿内轮廓逆时针的铣削方向比较好。

3）铣削路线。凸台轮廓的粗加工采用分层铣削的方式。由中心位置（坐标原点）处下刀，采用环切的切削方法进行铣削，去除多余材料。粗加工与精加工的切削路线相同。

（2）工、量、刀具选择

工、量、刀具清单见表2-29。

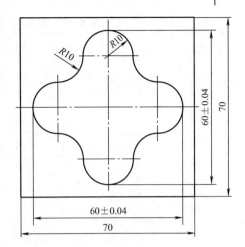
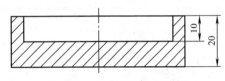

图2-103 平面内轮廓零件图

表2-29 工、量、刀具清单

种类	序号	名称	规格	精度/mm	单位	数量	备 注
工具	1	平口钳	QH135		个	1	装夹连杆零件毛坯
	2	扳手			把	1	
	3	平行垫铁			副	1	支撑平口钳底部
	4	塑胶锤			个	1	
	5	寻边器	$\phi 10mm$	0.002	个	1	
	6	Z轴设定器	50	0.01	个	1	
量具	7	游标卡尺	0～150mm	0.02	把	1	测量轮廓尺寸
	8	深度游标卡尺	0～200mm	0.02	把	1	测量深度尺寸
	9	百分表及表座	0～10mm	0.01	个	1	校正平口钳及工件上表面
	10	表面粗糙度样板	N0～N1	12级	副	1	测量表面质量
刀具	11	键槽铣刀	$\phi 16mm$		把	1	刀具号T01，刀补号D1，输入半径补偿值8.3mm，高速钢材料
	12	立铣刀	$\phi 16mm$		把	1	刀具号T02，刀补号D2，输入半径补偿值8mm，高速钢材料

（3）切削用量的选择

工序的划分与切削用量的选择见表2-30。

表 2-30 图 2-103 所示零件的工序和切削用量

单位	数控加工工序卡片		产品名称	零件名称	材料	零件图号
工序号	程序编号	夹具名称	夹具编号	设备名称	编制	审核
工步号	工步内容	刀具号	刀具规格	主轴转速 /(r·min^{-1})	进给速度 /(mm·min^{-1})	背吃刀量 /mm
1	粗铣内轮廓	T01	ϕ16mm 键槽铣刀	500	80	5
2	精铣内轮廓	T01	ϕ16mm 立铣刀	800	70	0.3

2. 参考程序编制

（1）工件坐标系建立

根据工件坐标系建立原则，在长方体毛坯的中心建立工件坐标系，Z 轴原点设在顶面上，长方体上表面的中心设为坐标系原点。

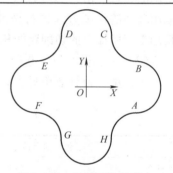

图 2-104 零件图上的基点

（2）基点坐标计算

图 2-104 所示各基点坐标值见表 2-31。

表 2-31 各基点坐标值

基 点	坐标 (X, Y)	基 点	坐标 (X, Y)
A	(20, -10)	E	(-20, 10)
B	(20, 10)	F	(-20, -10)
C	(10, 20)	G	(-10, -20)
D	(-10, 20)	H	(10, -20)

（3）参考程序

参考程序见表 2-32。

表 2-32 图 2-103 所示零件的参考程序

程序名	O2009；	
程序段号	程 序	说 明
N010	M03 S500；	主轴正转，转速为 500r/min
N020	M08；	打开切削液
N030	G54 G90 G00 X0 Y0；	选择第一工件坐标系，采用绝对尺寸编程方式，迅速到达切入点上方
N040	Z5.0；	Z 轴迅速到达工件坐标系 5mm 的安全高度位置
N050	G01 Z-5.0 F80；	Z 轴直线切削，下刀至深度 5mm，速度 80mm/min
N060	G01 G41 D01 X15.0 Y-10.0；	调用刀具半径补偿，移动到 $X=15$mm、$Y=-10$mm 的位置，D01=8.3mm

（续）

程序段号	程 序	说 明
N070	X20.0;	沿 X 轴直线插补，到达 A 点
N080	G03 Y10.0 R10.0;	逆时针圆弧插补至 B 点
N090	G02 X10.0 Y20.0 R10.0;	顺时针圆弧插补至 C 点
N100	G03 X−10.0 R10.0;	逆时针圆弧插补至 D 点
N110	G02 X−20.0 Y10.0 R10.0;	顺时针圆弧插补至 E 点
N120	G03 Y−10.0 R10.0;	逆时针圆弧插补至 F 点
N130	G02 X−10.0 Y−20.0R10.0;	顺时针圆弧插补至 G 点
N140	G03 X10.0 R10.0;	逆时针圆弧插补至 H 点
N150	G02 X20.0 Y−10.0 R10.0;	顺时针圆弧插补至 A 点
N160	G01 Z−9.7;	Z 轴直线切削，下刀至深度 5mm
N170	G03 Y10.0 R10.0;	逆时针圆弧插补至 B 点
N180	G02 X10.0 Y20.0 R10.0;	顺时针圆弧插补至 C 点
N190	G03 X−10.0 R10.0;	逆时针圆弧插补至 D 点
N200	G02 X−20.0 Y10.0 R10.0;	顺时针圆弧插补至 E 点
N210	G03 Y−10.0 R10.0;	逆时针圆弧插补至 F 点
N220	G02 X−10.0 Y−20.0R10.0;	顺时针圆弧插补至 G 点
N230	G03 X10.0 R10.0;	逆时针圆弧插补至 H 点
N240	G02 X20.0 Y−10.0 R10.0;	顺时针圆弧插补至 A 点
N250	G01 X0 Y0 G40;	返回坐标系原点，取消刀具半径补偿
N260	G00 Z200.0;	迅速向上提刀至 Z = 200mm 的安全高度
N270	M05;	主轴停止转动
N280	M09;	关闭切削液
N290	M00;	程序停止，换 T02 立铣刀
N300	G00 Z−5.0 M08 S800;	Z 轴迅速到达工件坐标系 −5mm 高度的位置，打开切削液
N310	G01 Z−10.0 F70;	Z 轴直线切削，下刀至深度 10mm，速度 70mm/min
N320	G01 G41 D02 X15.0 Y−10.0;	调用刀具半径补偿，移动到 X = 15mm、Y = −10mm 的位置，D02 = 8mm
N330	X20.0;	沿 X 轴直线插补，到达 A 点
N340	G03 Y10.0 R10.0;	逆时针圆弧插补至 B 点
N350	G02 X10.0 Y20.0 R10.0;	顺时针圆弧插补至 C 点
N360	G03 X−10.0 R10.0;	逆时针圆弧插补至 D 点
N370	G02 X−20.0 Y10.0 R10.0;	顺时针圆弧插补至 E 点
N380	G03 Y−10.0 R10.0;	逆时针圆弧插补至 F 点
N390	G02 X−10.0 Y−20.0R10.0;	顺时针圆弧插补至 G 点
N400	G03 X10.0 R10.0;	逆时针圆弧插补至 H 点
N410	G02 X20.0 Y−10.0 R10.0;	顺时针圆弧插补至 A 点
N420	G03 Y−8.0 R1.0;	逆时针圆弧插补切出
N430	G01 X0 Y0 G40;	返回坐标系原点，取消刀具半径补偿
N440	G00 Z100.0;	迅速向上提刀至 Z = 100mm 的安全高度
N450	M30;	程序结束

3. 操作步骤及内容

1）开机，各坐标轴手动回机床原点。

2）刀具安装。根据加工要求选择 $\phi16mm$ 高速钢立铣刀，用弹簧夹头刀柄装夹后将其装上主轴。

3）清洁工作台，安装夹具和工件。将机用虎钳清理干净，装在干净的工作台上，通过百分表找正、找平机用虎钳，再将工件装在机用虎钳上。

4）对刀设定工件坐标系。首先用寻边器对刀，确定 X、Y 向的零偏值，输入到工件坐标系 G54 中；然后将加工所用刀具装上主轴，再将 Z 轴设定器放在工件的上表面，确定 Z 向的零偏值，输入到工件坐标系 G54 中。

5）设置刀具补偿值。将刀具半径补偿值 8.3 输入到刀具补偿地址 D01；将刀具半径补偿值 8.0 输入到刀具补偿地址 D02。

6）输入加工程序。将编写好的加工程序通过机床操作面板输入到数控系统的内存中。

7）调试加工程序。把工件坐标系的 Z 值沿 $+Z$ 向平移 100mm，按下数控启动键，适当降低进给速度，检查刀具运动是否正确。

8）自动加工。把工件坐标系的 Z 值恢复原值，将进给倍率开关换到低档，按下数控启动键运行程序，开始加工。机床加工时，适当调整主轴转速和进给速度，并注意监控加工状态，保证加工正常。

9）取下工件，用游标卡尺进行尺寸检测。

10）清理加工现场。

11）按顺序关机。

4. 评分标准

评分标准见表 2-33。

表 2-33　评分表

班级				姓名			学号	
课题			加工平面内轮廓零件			零件编号		22
基本检查	编程	序号	检测内容			配分	学生自评	教师评分
		1	切削加工工艺制订正确			10		
		2	切削用量选择合理			5		
		3	程序正确、简单、规范			20		
	操作	4	设备操作、维护保养正确			5		
		5	安全、文明生产			5		
		6	刀具选择、安装正确、规范			5		
		7	工件找正、安装正确、规范			5		
工作态度		8	行为规范，态度端正			5		
尺寸检测	序号	图样尺寸/mm	公差/mm	量具				
				名称	规格/mm			
	9	长60	±0.04	千分尺	50～75	10		
	10	长60	±0.04	千分尺	50～75	10		
	11	深10	±0.04	千分尺	0～25	10		
	12	表面粗糙度	1.6μm	粗糙度样规		10		
综合得分								

【思考与练习】

1. 铣削内轮廓零件时，加工刀具应如何切入和切出？

2. 在无交点内轮廓的铣削加工中，刀具应如何切入和切出？

3. 铣削型腔的三种进给路线分别是什么？

4. 铣削型腔的下刀方式有哪几种？

5. 如图 2-105 所示零件，已知材料为 45 钢，毛坯尺寸为 $95\text{mm} \times 95\text{mm} \times 13\text{mm}$，所有加工面的表面粗糙度值为 $Ra1.6\mu\text{m}$，试编写该零件的加工程序。

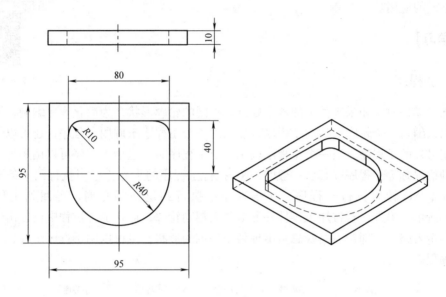

图 2-105　习题 5 图

6. 平面内轮廓零件如图 2-106 所示。已知毛坯尺寸为 $200\text{mm} \times 200\text{mm} \times 50\text{mm}$，材料为 45 钢，按单件生产安排其数控加工工艺，根据 FANUC 0i - M 数控系统的程序格式编写出该型腔加工程序。

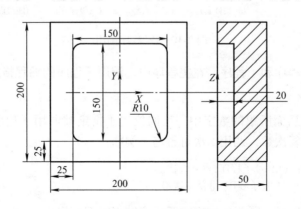

图 2-106　习题 6 图

项目 2.6　多个相似轮廓件的综合铣削加工

【学习目标】

1) 掌握子程序、极坐标指令、坐标系旋转指令、可编程镜像功能、比例缩放功能的编程格式。

2) 理解并掌握子程序、极坐标指令、坐标系旋转指令、可编程镜像功能、比例缩放功能编程格式的应用。

【知识学习】

2.6.1　子程序

在加工零件时，如果零件上的若干处具有相同的轮廓形状，为简化程序编制，缩短程序段，可以只编写一个轮廓形状的子程序，然后用一个主程序来调用子程序，还可以用子程序再去调用另外的子程序。当一个主程序调用一个子程序时，这个子程序可以调用另一个子程序，这种情况称为子程序嵌套。一般的，NC 执行主程序的指令，但当执行到一条子程序调用指令时，NC 转向执行子程序，在子程序中执行到返回指令时，再回到主程序，如图 2-107 所示。另外，若被加工零件外形上并无相同轮廓，但在加工过程中反复出现具有相同轨迹的走刀路线，即走刀路线总是出现某一特定的形状，也可以用子程序编程，通常以增量方式编程。

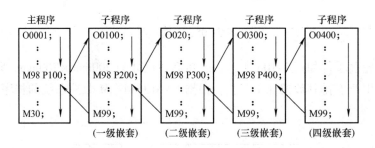

图 2-107　子程序调用

加工程序分为主程序和子程序，在主程序中，调用子程序的编程格式为：

M98 P××××××××；

在这里，字母 P 后面所跟的数字中，后四位用于指定被调用子程序的程序号，前面三位用于指定调用的重复次数，调用 1 次可省略，例如：

M98 P32005；(调用 2005 号子程序,重复 3 次。)
M98 P3021；(调用 3021 号子程序,重复 1 次。)

子程序都由子程序号、子程序内容、子程序结束三部分组成。

```
Ｏ××××；        子程序号
Ｎ010…；
Ｎ020…；
…              子程序内容
Ｎ080…；
Ｎ090 Ｍ99；      子程序结束
```

说明：

1）当加工程序需要多次运行一段同样的轨迹时，可以将这段轨迹编成子程序存储在机床的程序存储器中，每次在程序中需要执行这段轨迹时便可以调用该子程序，以简化程序。

2）子程序的建立、删除、编辑、存储、调出等操作与主程序一样，调用是由主程序调用，不能单独运行。

3）子程序编写格式与主程序相同，在程序的开始，用字母Ｏ××××指定子程序号，××××为四位数字；在子程序结尾，用Ｍ99指令返回主程序。

4）子程序调用指令可以和运动指令出现在同一程序段中：

G90 G00 X32.0 Y45.0 Z24.0 M98 P81234；

该程序段指令 X、Y、Z 三轴以快速定位的进给速度运动到指令位置，然后调用执行 8 次 1234 号子程序。

5）按照模块化编程的思想，为了保证子程序的顺利运行，在子程序开始时要设置子程序的运行环境，否则容易出现问题。例如，主程序采用绝对值编程，而子程序采用增量值编程，当运行完子程序，再运行主程序时，系统会按照增量值编程来运行主程序，肯定会出错。

2.6.2 极坐标指令

2.6.2 极坐标指令

一般使用直角坐标系（X，Y，Z），如果一个工件（或一个部件）的尺寸以到一个固定点（极点）的半径和角度来标注，使用极坐标系来编程加工就比较简单。使用极坐标指令后，坐标值以极坐标方式指定，即以极坐标半径和极坐标角度来确定点的位置，角度的正向是所选平面的第一轴正向的逆时针转向，而负向是顺时针转向。半径和角度两者可以用绝对坐标指令或增量坐标指令 G90/G91。G90 指定工件坐标系的原点作为极坐标系的原点，从该点测量半径；G91 指定当前位置作为极坐标系的原点，从该点测量半径。极坐标指令的编程格式为：

$$\begin{Bmatrix} G17 \\ G18 \\ G19 \end{Bmatrix} \begin{Bmatrix} G90 \\ G91 \end{Bmatrix} G16;$$ 开始极坐标指令

$$G00 \begin{Bmatrix} X\_\ Y\_ \\ X\_\ Z\_ \\ Y\_\ Z\_ \end{Bmatrix};$$

G15;   取消极坐标指令

说明：

1）G16 为极坐标生效指令，G15 为极坐标取消指令，二者均为同组模态指令，可以相互注销。G15 为默认状态。

2）极坐标角度用所选平面的第二坐标地址来指定极坐标角度，极坐标的零度方向为第一坐标轴的正方向，逆时针方向为角度方向的正向。

3）处于不用加工平面的极坐标半径与极角指定及极坐标轴的确定取决于 G17、G18、G19 指定的加工平面。当使用 G17、G18、G19 选择好加工平面后，用所选平面的第一轴来指定极坐标半径。

当用 G17 指定加工平面时，+X 轴为极轴，程序中的 X 坐标指极半径，Y 坐标指极角，Z 坐标含义不变。

当用 G18 指定加工平面时，+Z 轴为极轴，程序中的 Z 坐标指极半径，X 坐标指极角，Z 坐标含义不变。

当用 G19 指定加工平面时，+Y 轴为极轴，程序中的 Y 坐标指极半径，Z 坐标指极角，X 坐标含义不变。

4）极坐标原点指定方式有两种：一种是以工件坐标系的零点作为极坐标零点，用 G90 指定，是绝对值编程；另一种是以刀具当前的位置作为极坐标系原点，用 G91 指定，是增量值编程。

5）极坐标指令编程可以使用绝对值极坐标编程方法，也可以使用增量值极坐标编程方法。绝对值极坐标编程是以工件坐标系零点作为极坐标系原点，极坐标半径值是指终点坐标到编程原点的距离，其角度值是指终点坐标与编程原点的连线与第一轴之间的夹角。增量值极坐标编程是以刀具当前位置作为极坐标系原点，极坐标半径值是指终点到刀具当前位置的距离，其角度值是指前一坐标原点与当前极坐标原点之间的连线和当前运动轨迹之间的夹角。当使用增量值极坐标编程时，一定要弄清楚极坐标的半径值及极坐标角度值的含义和计算方法，否则会出现废品。

6）建立了极坐标后，其后续的 X __、Y __、Z __ 值有两个不是直角坐标系下原来意义上的值，而是表示角度和半径，具体是角度还是半径，要看所在的平面而定。当用 G17 指定加工平面时，+X 轴为极轴，程序中的 X 坐标表示极坐标，Y 坐标表示极角，Z 坐标不变。

7）当加工轮廓完成后，要及时使用极坐标取消指令取消极坐标，然后再取消刀具半径补偿。否则，后续程序还是以极坐标运行。

8）所加工的轮廓形状为一个圆环上或同心圆周上分布时，使用极坐标才方便。

例 2-9 如图 2-108 所示零件，已知材料为 45 钢，毛坯尺寸为 $\phi 100mm \times 20mm$，所有加工面的表面粗糙度值为 $Ra1.6\mu m$，试采用极坐标编写该零件的加工程序。

参考程序见表 2-34：

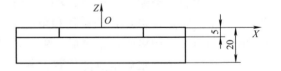

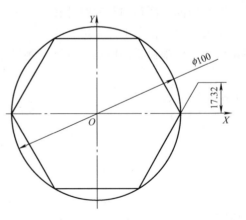

图 2-108　极坐标编程实例

表 2-34　图 2-108 所示零件的参考程序

程序名	O2010;	
程序段号	程　　序	说　　明
N010	M03 S800;	主轴正转，转速为 800r/min
N020	M08;	打开切削液
N030	G54 G90 G00 X100.0 Y100.0 Z100.0;	采用绝对尺寸编程方式，选择第一工件坐标系，快速定位
N040	Z-5.0;	快速定位到工件下方 5mm 处
N050	G41 G00 X60.0 Y17.32 D01;	建立刀具半径左补偿
N060	G16 G01 X50.0 Y0.0 F100;	建立极坐标
N070	Y-60.0;	
N080	Y-120.0;	
N090	Y-18.0;	
N100	Y-240.0;	
N110	Y-300.0;	
N120	Y-360.0;	
N130	G15;	取消极坐标
N140	G40 G00 X60.0 Y-17.32;	取消刀具半径补偿
N150	Z100.0;	迅速向上提刀至 $Z=100$mm 的返回高度
N160	X100.0 Y100.0;	回到原始点
N170	M30;	程序结束

2.6.3　坐标系旋转指令

2.6.3 坐标系旋转指令

该指令可使编程图形按指定的旋转中心及旋转方向转过一定角度，G68 表示开始坐标系旋转，G69 表示取消旋转功能。编程格式为：

G17 G68 X_ Y_ R_;（坐标系开始在 XY 平面旋转）
G18 G68 X_ Z_ R_;（坐标系开始在 XZ 平面旋转）
G19 G68 Y_ Z_ R_;（坐标系开始在 YZ 平面旋转）
…
G69;（取消坐标系旋转功能）

说明：

1）该指令可使编程图形按指定的旋转中心及旋转方向转过一定角度，如图 2-109 所示。X、Y、Z 为旋转中心的坐标值，省略时，则以工件坐标系原点为旋转中心。R 为旋转角度，单位是"度（°）"，逆时针旋转定义为正向，顺时针旋转定义为负向，一般为绝对值。

2）G68 程序段后的第一个程序段必须使用绝对值编程，才能确定旋转中心。如果这一程序段为增量值编程，系统将以当前位置为旋转中心，按 G68 给定的角度旋转坐标。G69

取消后的第一个程序段也必须用绝对值编程。

3）坐标旋转后，刀具半径按照旋转后的轮廓进行补偿。

4）G68、G69指令为模态指令，二者为同组指令，可相互注销。G69指令为默认状态，它与G68指令成对出现。

5）在坐标旋转状态下，返回参考点指令（G27、G28、G29、G30）和改变坐标系指令（G52 ~ G59、G92）不能指定。如果要指定其中的某一个，则必须先取消坐标旋转指令。

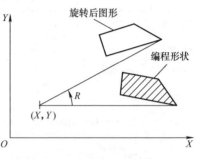

图2-109 坐标系旋转功能

编程示例：

G68 R60;(以工件坐标系原点为旋转中心,将坐标系逆时针旋转60°)
G68 X15.0 Y15.0 R60.0;(以坐标(15,15)为旋转中心,将坐标系逆时针旋转60°)

2.6.4 可编程镜像指令

用可编程镜像指令可实现坐标轴的对称加工。当工件相对于某一轴具有对称形状时，可以只对工件的一部分编程，利用可编程镜像功能和子程序加工出工件的对称部分，以达到简化编程的目的。可编程镜像指令的编程格式为：

G51.1 X __ Y __ Z __;(镜像建立)
M98 P __;(调用子程序)
G50.1;(镜像取消)

说明：

1）G51.1与G50.1均为模态指令，G50.1为默认状态。在用G51.1建立任意坐标轴的镜像以后，该轴的运动方向均与编程方向相反，直至用G50.1取消为止。X __ Y __ Z __为镜像对称点的位置，没有指定的坐标轴不受镜像的影响。在实际工作中，一般Z轴不需要使用镜像。

2）在指定平面内执行镜像加工指令后，如果程序中有圆弧指令，则圆弧的旋转方向相反，即G02变成G03，G03变成G02。在指定平面内执行镜像加工指令后，如果程序中有刀具半径补偿指令，则刀具半径补偿的偏置方向相反，即G41变成G42，G42变成G41。在指定平面内执行镜像加工指令后，如果程序中有旋转指令，则旋转方向相反，即顺时针变成逆时针，逆时针变成顺时针。

3）在镜像状态中，返回参考点指令（G27、G28、G29、G30）和改变坐标系指令（G52 ~ G59、G92）不能使用。如果要使用其中的某一个，则必须先取消镜像指令。

4）镜像功能实际是数控系统控制机床坐标轴向相反的方向运动，所谓"可编程镜像"是用程序控制的镜像功能，以区别于按钮控制或系统参数控制的镜像功能。

例2-10 如图2-110所示，零件上有四个形状尺寸相同的凸起，高2.5mm，试用镜像指令编写精加工程序。

参考程序：

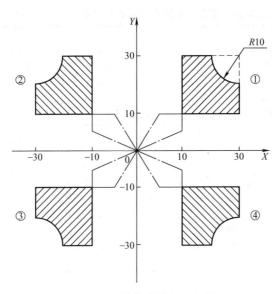

图 2-110　镜像功能加工实例

主程序见表 2-35。

表 2-35　图 2-110 所示零件的参考程序（主程序）

程序名	O2011；	
程序段号	程　　序	说　　明
N010	M03 S1000；	主轴正转，转速为 1000r/min
N020	M08；	打开切削液
N030	G54 G90 G00 X0 Y0 Z50.0；	采用绝对尺寸编程方式，选择第一工件坐标系，迅速到达工件坐标系原点上方
N040	Z5.0；	Z 轴迅速到达工件坐标系 5mm 的安全高度位置
N050	M98 P1000；	调用子程序，加工图形①
N060	G51.1 X0.0 Y0.0 I-1000 J1000；	相对于 Y 轴镜像
N070	M98 P1000；	调用子程序，加工图形②
N080	G51.1 X0.0 Y0.0 I-1000 J-1000；	相对于 Y 轴镜像
N090	M98 P1000；	调用子程序，加工图形③
N100	G51.1 X0.0 Y0.0 I1000 J-1000；	相对于 Y 轴镜像
N110	M98 P1000；	调用子程序，加工图形④
N120	G50.1 G00 Z50.0；	迅速向上提刀至 Z＝50mm 的返回高度
N130	M30；	程序结束

子程序见表 2-36。

表 2-36 图 2-110 所示零件的参考程序（子程序）

程序名	O1000；	
程序段号	程 序	说 明
N010	G01 Z－2.5；	
N020	G41 G01 X10.0 Y5.0；	
N030	Y30.0；	
N040	X20.0；	
N050	G03 X30.0 Y20.0 R10.0；	
N060	G01 Y10.0；	
N070	X5.0；	
N080	G40 G01 X0.0 Y0.0；	
N090	G00 Z2.0；	
N100	M99；	

2.6.5 比例缩放功能

比例缩放功能可使原编程尺寸按指定比例缩小或放大，以简化编程。
比例缩放功能的编程格式如下。

2.6.5 比例缩放
功能

1）各轴以相同的比例放大或缩小：

G51 X_ Y_ Z_ P_；（缩放开始）
M98 P__；（调用子程序）
G50；（缩放结束）

2）各轴以不同的比例放大或缩小：

G51 X_ Y_ Z_ I_ J_ K_；（缩放开始）
M98 P__；（调用子程序）
G50；（缩放结束）

说明：

1）各轴以相同的比例放大或缩小时，X__、Y__、Z__为比例缩放中心坐标值（绝对值），P__为缩放比例，即编程的形状以 P__指定的缩放比例和 X__、Y__、Z__指定的缩放中心进行放大和缩小，缩放后的图形坐标值是原图形坐标值的 P/1000 倍。缩放的比例系数 P 不能用小数点编程，以 0.001 为单位，"P2000"表示缩放比例为 2 倍。输入小数点时，会有报警（PS0007）发出。不可输入负值，输入负值时会有报警（PS0006）发出。

2）各轴以不同的比例放大或缩小时，X__、Y__、Z__为比例缩放中心坐标值（绝对值），I__、J__、K__分别对应 X、Y、Z 轴的缩放比例，在 ±0.001 ~ ±9.999 范围内。当 $0<I<1$ 时，X 轴缩小；$I=1$ 时，不变；$I>1$ 时，X 轴放大；$I<0$ 时，X 轴既缩放又镜像，其中，$I=-1$ 时，X 轴镜像，可代替 G51.1 指令。J、K 分别对应 Y、Z 轴，与以上情况相

同。本系统设定 I __、J __、K __不能带小数点，比例为 1 时，应输入 1000，并在程序中都应输入，不能省略。

3）此指令可用于平面缩放，也可用于空间缩放。

4）在使用比例缩放指令后又使用坐标旋转指令，则坐标系旋转中心也被缩放，但旋转角度不被比例缩放。

5）在比例缩放中进行圆弧插补，如果进行等比例缩放，则圆弧半径也缩放相同的比例；如果指定不同的缩放比例，则刀具不会走出椭圆轨迹，仍将进行圆弧插补，圆弧的半径根据 I、J 中的较大值进行缩放，缩放后的轮廓会与原轮廓有较大的差异。

6）在比例缩放状态中，返回参考点指令（G27、G28、G29、G30）和改变坐标系指令（G52～G59、G92）不能使用。如果要使用其中的某一个指令，则必须在取消比例缩放指令后使用。

7）FANUC 系统的处理顺序是：可编程镜像（G51.1）→比例缩放（G51，也包含因负的倍率引起的镜像）→坐标旋转（G68）→刀具半径补偿（G41/G42）。也就是说，后面的指令可以在前面的指令模态下执行，反之则报警。所以在使用这些相关指令时，应该按顺序使用，取消时按照相反顺序取消。例如：在旋转指令或比例缩放指令中不能使用镜像指令，但在镜像指令中可以使用比例缩放指令或旋转指令。

8）在有刀具补偿的情况下使用该指令，先进行缩放，然后才进行刀具半径补偿和长度补偿。但刀具半径补偿和长度补偿不被缩放，保持不变。

9）在镜像、比例缩放、坐标旋转后，机床的坐标值显示为刀具实际位置的坐标值。

10）可编程镜像指令为模态指令，如果连续使用几个可编程镜像指令，中间可不必用取消指令，只在最后一个镜像指令后取消一次即可。比例缩放指令、坐标旋转指令均如此。

11）不同数控系统指令的用法不尽相同，即便是同一种数控系统其不同的型号和版本也不完全相同。为了搞清楚所用机床数控系统指令的详细用法，就需要去研读数控系统的编程说明书，还要在机床上试验，搞清楚后一定要记下来，以便日后查阅。

【思考与练习】

1. 分别写出子程序、坐标系、极坐标指令、坐标系旋转指令、可编程镜像功能、比例缩放功能的指令格式。

2. 子程序、坐标系、极坐标指令、坐标系旋转指令、可编程镜像功能、比例缩放功能的应用环境分别是什么？

项目 2.7 孔系零件编程与加工

【学习目标】

1）掌握孔加工路线、初始平面、R 点平面、孔底平面、定位平面。

2）理解并掌握固定循环指令基本动作、指令格式及其应用。

【知识学习】

2.7.1 钻孔

1. 孔加工路线

孔加工时，应在保证加工精度的前提下，使进给路线最短。如图 2-111a 所示，该进给路线为先加工完外圈孔后，再加工内圈孔，这不是最好的加工路线。如图 2-111b 所示，该进给路线减少了空刀时间，则可节省近一倍定位时间，提高了加工效率。

2. 固定循环指令

在数控加工中，每一个 G 指令一般都对应机床的一个动作，它需要用一个程序段来实现。但是在孔加工时，往往需要快速接近工件、以工作进给（工进）速度进行孔加工及孔加工完后快速退回三个固定动作。为了进一步提高编程工作效率，FANUC 0i 系统设计有固定循环功能。数控加工中，将钻孔、镗孔、攻螺纹等加工动作循环（孔位平面定位、快速引进、工作进给、快速退回等）预先编好程序，存储在内存中，可用包含 G 代码的一个程序段调用，从而简化编程工作，这就是孔加工固定循环。常用的固定循环指令见表 2-37。

2.7.1 钻孔1

2.7.1 钻孔2

2.7.1 钻孔3

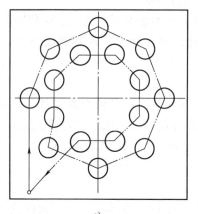
a)

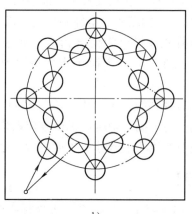
b)

图 2-111 最短走刀路线的设计

a) 路线 1 b) 路线 2

表 2-37 固定循环指令

G 代码	加工运动（Z 轴负向）	孔底动作	返回运动（Z 轴正向）	应 用
G73	分次，切削进给	—	快速定位进给	高速深孔钻削循环
G74	切削进给	暂停→主轴正转	切削进给	攻左旋螺纹循环
G76	切削进给	主轴定向，让刀	快速定位进给	精镗孔循环
G80	—	—	—	固定循环取消
G81	切削进给	—	快速定位进给	钻孔循环
G82	切削进给	暂停	快速定位进给	钻削或粗镗削或铰削循环
G83	分次，切削进给	—	快速定位进给	深孔钻削循环

（续）

G 代码	加工运动（Z 轴负向）	孔底动作	返回运动（Z 轴正向）	应　　用
G84	切削进给	暂停→主轴反转	切削进给	攻右螺纹循环
G85	切削进给	—	切削进给	镗孔循环
G86	切削进给	主轴停止	快速定位进给	粗镗孔循环
G87	切削进给	主轴正转	快速定位进给	反镗孔循环
G88	切削进给	暂停→主轴停止	手动移动	粗镗孔循环
G89	切削进给	暂停	切削进给	粗镗孔循环或铰削

3. 固定循环基本动作

孔加工固定循环通常由六个基本动作组成，如图 2-112 所示。

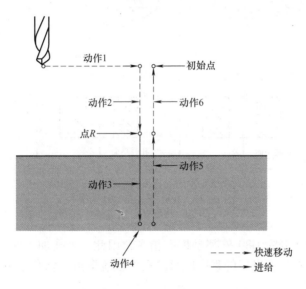

图 2-112　固定循环的基本动作

动作 1：X 轴和 Y 轴定位，刀具快速定位到孔加工的位置。

动作 2：快进到 R 平面，刀具自初始点快速进给到 R 点（准备切削的位置）。

动作 3：孔加工，以切削进给方式执行孔加工的动作。

动作 4：在孔底的动作，包括暂停、主轴准停、刀具移位等动作。

动作 5：返回 R 点平面，继续下一步的孔加工。安全移动刀具时应选择 R 平面。

动作 6：快速返回初始点。孔加工完成后，一般应选择初始点。

说明：

1）图 2-112 中的实线表示切削进给（直线差补 G01），虚线表示定位（快速移动 G00）。

2）初始点是为了安全下刀而规定的一个点；R 平面表示刀具下刀时自快速进给转为工作进给的平面。对于立式数控铣床，孔加工都在 XY 平面定位并在 Z 轴方向进行。

3）在固定循环开始前，须指定全部所需的钻孔数据，当固定循环正在执行时，只能用指令修改数据。

4）当刀具到达孔底后，刀具可以返回 R 点平面或初始平面，分别由 G99（返回 R 点）和 G98（返回初始点）指定。一般情况下 G99 用于第一次钻孔，而 G98 用于最后的钻孔。即使在 G99 方式下执行钻孔，初始位置平面也不改变。

5）固定循环中的各种平面包括初始平面、R 点平面、工件平面和孔底平面，如图 2-113 所示。其中，初始平面是为安全进刀切削而规定的一个平面。R 点平面又称 R 参考平面，是刀具进刀切削时由快速转为工作进给的平面，与工件表面的距离主要考虑工件表面尺寸的变化，一般可取 2～5mm。加工盲孔时孔底平面就是孔底的 Z 轴高度，加工通孔时一般刀具还要伸长到超过工件底平面一段距离，主要是保证全部孔深都加工到所需尺寸，钻削时还应考虑钻头尖对孔深的影响。

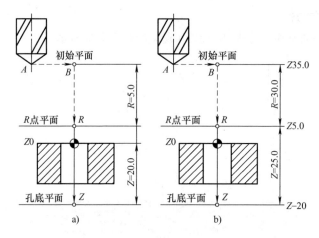

图 2-113　G90 方式与 G91 方式
a）G90 方式　b）G91 方式

6）表 2-37 中的指令除 G80 外都是模态指令，因此，多孔加工时，该指令只需指定一次，直到被取消前都有效，以后的程序段只给孔的位置即可。钻孔结束，使用 G80 或 01 组 G 代码取消固定循环。

4. 固定循环中的平面

（1）初始平面　初始平面是为安全下刀而规定的平面。初始平面到零件表面的距离在安全前提下可以任意设定，当使用同一把刀具加工若干孔时，只有孔间存在障碍需要跳跃或全部孔加工完毕时，才使用 G98 指令使刀具返回初始平面上的起始点。

（2）R 点平面　R 点平面又称 R 参考平面，这个平面是刀具下刀时自快进转为工作进给的平面。与工件表面的距离（又称为刀具切入距离）主要考虑工件表面尺寸的变化，一般可取 2～5mm。使用 G99 指令时，刀具将返回该平面上的 R 点。

（3）孔底平面　加工不通孔时，孔底平面就是孔底的 Z 轴高度。加工通孔时，刀具要伸出工件底平面一段距离（又称为刀具切出距离），主要是保证全部孔深都加工到所需尺寸。钻削加工时，应考虑钻头钻尖对孔深的影响。

（4）定位平面　孔加工循环与平面选择指令 G17、G18 或 G19 无关，不管选择了哪个平面，孔加工都是在 XY 平面上定位并在 Z 轴方向上钻孔，即定位平面为 XY 平面。

5. 固定循环指令格式

固定循环指令格式包括编程方式、返回点平面、孔加工方式、孔位置数据、孔加工数据和循环次数。固定循环指令格式如下：

```
G90/G91  G98/G99  G73~G89  X_ Y_ Z_ R_ Q_ P_ F_ K_;
```

其中，G90/G91 为数据表达方式：G90 为绝对坐标输入方式，G91 为增量坐标输入方式，如图 2-113 所示。

G98/G99 为孔加工完后，自动退刀时的返回点。G98 指令为返回初始点平面，G99 指令为返回安全平面（R 平面），如图 2-114 所示。G73 ~ G89 为孔加工方法，X __ 　　Y __ Z __ 为被加工孔的位置参数，R __ 　Q __ 　P __ F __ 为孔的加工参数，K __ 为重复次数。

G73 ~ G89 为孔加工方式，如钻孔加工、铰孔加工、镗孔加工等。

X、Y 为被加工孔的位置参数。用绝对值（相对于编程坐标系统的坐标原点）或增量值（相对于前一点的增量值）指定被加工孔的位置，刀具以快速进给方式到达（X，Y）点。刀具向被加工孔运动的轨迹和速度与 G00 相同。

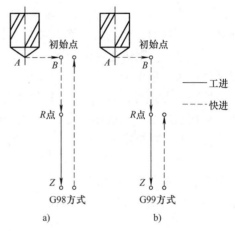

图 2-114　G98 方式与 G99 方式

a）G98 方式　b）G99 方式

Z 为孔底位置或孔的深度。当采用绝对值方式时，Z 值为孔底的坐标值；当采用增量值方式时，Z 值为 R 平面到孔底的距离。从 R 平面到孔底按 F 代码所指定的速度进给。

R 为安全平面（R 平面）的坐标。当采用绝对值方式时，R 值为沿 Z 轴方向 R 点的位置；当采用增量值方式时，R 值为从初始平面到 R 点的距离。此段动作是快速进给的。

Q 为每次切削深度。在 G73 和 G83 方式中，用来指定每次进给的深度；在 G76 和 G87 方式中，用来指定刀具的偏移量。Q 值的使用一律用增量值，与 G90 或 G91 的选择无关。

P 为刀具在孔底的暂停时间。用于孔底动作有暂停的固定循环中指定暂停时间，以整数表示，以毫秒（ms）为单位。

F 为切削进给速度，以 mm/min 为单位。这个指令是模态的，即使取消了固定循环，在其后加工中也有效。在固定循环中，从初始点到 R 点及从 R 点到初始点的运动以快速进给的速度进行，从 R 点到 Z 点的运动以 F 指定的切削进给速度进行，而从 Z 点返回 R 点的运动则根据固定循环的不同可能以 F 指定的速度或快速进给速度进行。

K 用于指定固定循环在当前定位点的重复加工次数。当 K 没有指定时，默认为 1；当 K = 0 时，孔加工数据存入，但固定循环在当前点不执行加工。重复次数 K 不是一个模态值，它只在需要重复的时候给出。

上述加工数据不一定全部都写，根据需要可省略若干地址和数据。固定循环中的参数（Z、R、Q、P、F）是模态的，当变更固定循环时，可用的参数可以继续使用，无须重设。如果中间隔有 G80 或 01 组的 G 指令，则参数均被取消，但是 01 组的 G 指令不受固定循环的影响。如果在执行固定循环的过程中数控系统被复位，则孔加工模态、孔加工参数及重复次数 K 均被取消。

6. 钻孔循环指令 G81

钻孔循环指令 G81 用于一般孔的钻削加工，是最常用的固定循环指令，包括 X、Y 坐标定位、快速进给、切削进给和快速返回等动作，如图 2-115 所示。该指令的格式为：

G81 X＿ Y＿ Z＿ R＿ F＿;

采用 G98 方式时，首先 X、Y 轴快速定位，然后快速进给到 R 点，再以进给速度 F 从 R 点到 Z 点切削进给，到达加工终点 Z 后，快速退回到初始点，完成一个孔的加工。如果还有后续孔要加工，则快速定位于下一个孔的加工位置（在初始平面上），重新开始循环，直至程序执行完毕为止。

采用 G99 方式时，首先 X、Y 轴快速定位，然后快速进给到 R 点，再以进给速度 F 从 R 点到 Z 点切削进给，到达加工终点 Z 后，快速退回到 R 点，完成一个孔的加工。如果还有后续孔要加工，则快速定位于下一个孔的加工位置（在 R 平面上），重新开始循环，直至程序执行完毕为止。

例 2-11 加工图 2-116 所示的 5 个孔，设 Z 轴开始点距工作表面 100mm，切削深度为 20mm。试用固定循环指令完成编程。

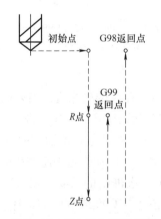

图 2-115 G81 指令循环动作

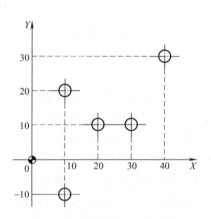

图 2-116 G81 浅孔加工应用 1

该加工特征为 5 个孔，没有特殊要求，孔也不太深，采用 G81 钻孔循环指令即可。参考程序见表 2-38。

表 2-38 图 2-116 所示零件的参考程序

程序名	O2012;	
程序段号	程 序	说 明
N010	M03 S500;	主轴正转，转速为 500r/min
N020	M08;	打开切削液
N030	G90 G54 G00 X0.0 Y0.0 Z100.0;	采用绝对尺寸编程方式，选择第一工件坐标系，迅速到达对刀点上方
N040	G99 G81 X10.0 Y－10.0 Z－20.0 R2.0 F200;	固定循环开始，钻削第一个孔
N050	Y20.0;	钻削第二个孔

（续）

程序段号	程 序	说 明
N060	X20. 0 Y10. 0;	钻削第三个孔
N070	X30. 0;	钻削第四个孔
N080	X40. 0 Y30. 0;	钻削第五个孔
N090	G80 X0. 0 Y0. 0;	循环结束，迅速到达对刀点上方
N100	G90 G00 Z100. 0;	迅速向上提刀至 $Z = 100\text{mm}$ 的返回高度
N110	X0. 0 Y0. 0;	迅速返回对刀点上方
N120	M30;	程序结束

例2-12 欲加工图2-117所示的4个$\phi10\text{mm}$浅孔，试编程。工件坐标系原点定于工件上表面及$\phi56\text{mm}$孔中心线交点处，选用$\phi10\text{mm}$的钻头，初始平面位于工件坐标系（0，0，50）处，R平面距工件表面3mm。

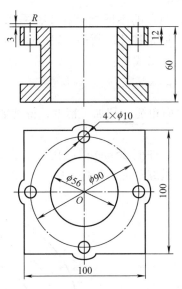

图2-117 G81浅孔加工应用2

参考程序见表2-39。

表2-39 图2-117所示零件的参考程序

程序名	O2013;	
程序段号	程 序	说 明
N010	M03 S500;	主轴正转，转速为500r/min
N020	M08;	打开切削液
N030	G90 G54 G00 X0. 0 Y0. 0 Z100. 0;	采用绝对尺寸编程方式，选择第一工件坐标系，迅速到达对刀点上方
N040	Z10. 0;	Z轴迅速到达工件坐标系10mm的安全高度位置

（续）

程序段号	程 序	说 明
N050	X-45.0 Y0.0;	迅速到达切入点上方
N060	G90 G99 G81 Z-15.0 R3.0 F50;	钻削第一个孔
N070	X0.0 Y45.0;	钻削第二个孔
N080	X45.0 Y0.0;	钻削第三个孔
N090	X0.0 Y-45.0;	钻削第四个孔
N100	G80;	循环结束
N110	G90 G00 Z100.0;	迅速向上提刀至 Z=100mm 的返回高度
N120	X0.0 Y0.0;	迅速返回对刀点上方
N130	M30;	程序结束

7. 带暂停的钻孔循环指令 G82

G82 指令动作与 G81 相似，两者的不同之处在于，采用 G82 指令时，当刀具到达加工终点 Z 后，钻头不是马上返回，而是在孔底暂停一段时间，动作过程如图 2-118 所示，此暂停功能能产生精切效果。该指令的格式为：

G82 X＿ Y＿ Z＿ R＿ P＿ F＿;

G82 指令可以改善孔底的表面粗糙度和加工精度，得到准确的孔深尺寸，因而适用于钻盲孔、锪端面或镗阶梯孔等。

例 2-13 如图 2-119 所示，工件上 ϕ5mm 的通孔已加工完毕，需用锪刀加工 4 个直径为 ϕ7mm、深度为 3mm 的沉头孔，试编写加工程序。

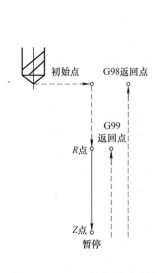

图 2-118 G82 指令循环动作

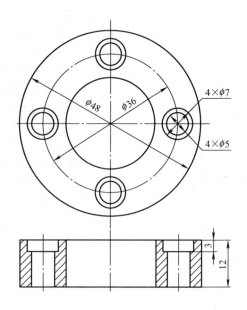

图 2-119 G82 锪孔加工应用

参考程序见表2-40。

表 2-40　图 2-119 所示零件的参考程序

程序名	O2014;	
程序段号	程　　　序	说　　　明
N010	M03 S500;	主轴正转，转速为 500r/min
N020	M08;	打开切削液
N030	G90 G54 G00 X0.0 Y0.0 Z100.0;	采用绝对尺寸编程方式，选择第一工件坐标系，迅速到达对刀点上方
N040	Z10.0;	Z 轴迅速到达工件坐标系 10mm 的安全高度位置
N050	X-18.0 Y0.0;	迅速到达切入点上方
N060	G90 G99 G81 Z-3.0 R3.0 P1000 F50;	锪第一个孔
N070	X0.0 Y18.0;	锪第二个孔
N080	X18.0 Y0.0;	锪第三个孔
N090	X0.0 Y-18.0;	锪第四个孔
N100	G80;	循环结束
N110	G90 G00 Z100.0;	迅速向上提刀至 Z = 100mm 的返回高度
N120	X0.0 Y0.0;	迅速返回对刀点上方
N130	M30;	程序结束

8. 深孔钻削循环指令 G83

G83 指令同样用于深孔加工，孔加工动作如图 2-120 所示。该指令的格式为：

```
G83 X__ Y__ Z__ R__ Q__ F__;
```

Q 是每次切削深度，用增量值且用正值表示。d 值是钻头每次由快速进给转为切削进给的那一点与前一次切削终点的距离，此距离由参数（No. 5115）设定。

在加工过程中，每次钻头前进到 Q 值时，都要快速退回到 R 平面，然后快速进给到距已加工孔底上方为 d 的位置，改为切削进给。如此反复循环，直到加工结束，钻头返回初始点（G98 指令时）或 R 平面（G99 指令时）。

由于钻头在工作过程中为间歇进给，每次进刀到 Q 值后就返回 R 点平面，这样可以把切屑带出孔外，避免切屑将钻槽塞满而增加钻削阻力及切削液无法到达切削区，故有利于深孔钻削时的断屑排屑与冷却，

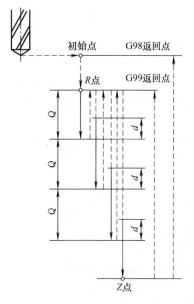

图 2-120　G83 指令循环动作

但加工速度不高。G83 指令主要用于长径比大于 5 的深孔加工。

例2-14　使用循环指令 G83 编制图 2-121 所示零件的加工程序，设刀具起点距离工件表面 100mm，切削深度 40mm 的通孔。

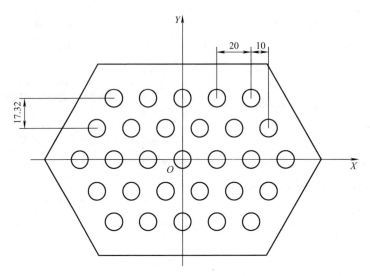

图 2-121　固定循环指令加工孔实例

参考程序见表 2-41。

表 2-41　图 2-121 所示零件的参考程序

程序名	O2015；	
程序段号	程　　序	说　　明
N010	M03 S500；	主轴正转，转速为 500r/min
N020	M08；	打开切削液
N030	G90 G54 G00 X0.0 Y0.0 Z100.0；	采用绝对尺寸编程方式，选择第一工件坐标系，迅速到达对刀点上方
N040	Z10.0；	Z 轴迅速到达工件坐标系 10mm 的安全高度位置
N050	X－60.0 Y34.68；	迅速到达切入点上方
N060	G91 G99 G83 X20.0 Z－46.0 R－17.0 K5.0 F50；	自左向右钻削第一排五个孔
N070	X10.0 Y－17.32；	钻削第二排右边第一个孔
N080	X－20.0 K5.0；	钻削第二排其余五个孔
N090	X－10.0 Y－17.32；	钻削第三排左边第一个孔
N100	X20.0 K6.0；	钻削第三排其余六个孔
N110	X－10.0 Y－17.32；	钻削第四排右边第一个孔
N120	X－20.0 K5.0；	钻削第四排其余五个孔
N130	X10.0 Y－17.32；	钻削第五排左边第一个孔
N140	X20.0 K4.0；	钻削第五排其余四个孔
N150	G80；	循环结束
N160	G90 G00 Z100.0；	迅速向上提刀至 Z＝100mm 的返回高度
N170	X0.0 Y0.0；	迅速返回对刀点上方
N180	M30；	程序结束

9. 高速深孔钻削循环指令 G73

G73 指令同样用于深孔加工，也用于 Z 轴的间歇进给，其循环动作如图 2-122 所示。该指令格式为：

G73 X＿ Y＿ Z＿ R＿ Q＿ F＿；

Q 值为每次的切削深度（增量值且用正值表示），d 为每次的退刀距离，用参数（No.5114）设定，必须保证 $Q > d$。

在加工过程中，每当钻头前进到 Q 值时，都要快速退回一段距离 d 再切削进给，如此反复循环，直到加工结束，钻头返回初始点（G98 指令时）或 R 平面（G99 指令时）。设定一个小的退刀距离，在钻孔时通过 Z 轴方向的间歇进给可以较容易地实现断屑与排屑，进行高效率的加工，适合深孔加工。G73 的退刀距离比 G83 短，故其钻孔速度较快，但排屑效果较差。

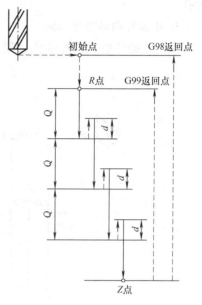

图 2-122　G73 指令循环动作

10. 固定循环取消指令 G80

当固定循环指令不再使用时，应用 G80 指令取消固定循环。该指令的格式为：

G80；

取消固定循环（G73、G74、G76、G81～G89）后，R 点和 Z 点的参数也取消（即增量指令 $R = 0$、$Z = 0$），除 F 外的其他孔加工参数也全部被取消。除 G80 指令外，也可用 01 组的 G 代码，如 G00、G01、G02、G03、G33 等取消固定循环，其效果与 G80 一样。

11. 使用注意事项

使用固定循环功能的注意事项如下：

1）指定固定循环之前，必须用辅助功能使主轴旋转，在使用了主轴停止转动指令 M05 之后，要重新使主轴旋转，再指定固定循环。

2）指定固定循环状态时，必须给出 X、Y、Z、R 中的每一个数据，固定循环才能执行。

3）在固定循环方式中，刀具半径补偿无效；但刀具长度补偿指令 G43、G44 仍起着刀具长度补偿的作用。

4）操作时，若利用复位或急停按键使数控装置停止，但固定循环加工指令和加工数据仍然存在，再次加工时，应该使固定循环剩余动作进行到结束。

2.7.2　镗孔

1. 镗孔循环指令 G85

镗孔循环指令 G85 动作过程如图 2-123 所示。该指令的格式为：

G85 X＿ Y＿ Z＿ R＿ F＿；

2.7.2 镗孔

在加工过程中，主轴连续回转，镗刀以切削进给速度 F 加工到孔底，又以同样的速度返回 R 点平面（G99 指令时）或初始平面（G98 指令时）。该指令循环适用于扩孔、粗镗孔。

2. 粗镗孔循环指令 G86

粗镗孔循环指令 G86 动作过程如图 2-124 所示。该指令的格式为：

```
G86  X __ Y __ Z __ R __ F __;
```

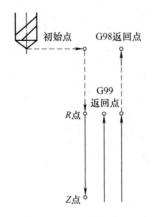

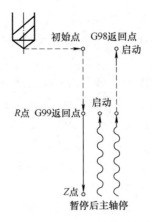

图 2-123　G85 指令循环动作　　　　图 2-124　G86 指令循环动作

在加工过程中，刀具以切削进给方式加工到孔底，然后主轴停转，刀具快速返回 R 点平面（G99 指令时）或初始平面（G98 指令时）后，主轴重新正转。采用这种方式退刀时，刀具在退回过程中容易在工件表面划出条痕，因而该指令常用于精度及表面粗糙度要求不高的镗孔加工。如果连续加工的孔间距较小，则可能出现刀具已经定位到下一个孔加工的位置而主轴尚未到达指定的转速，可在各孔动作之间加入暂停 G04 指令，以使主轴达到规定转速。

3. 粗镗循环指令 G89

G89 指令动作与 G85 相似，只是在孔底增加了"暂停"，因此可以提高孔底表面加工精度，其动作过程如图 2-125 所示。该指令的指令格式为：

```
G89  X __ Y __ Z __ R __ P __ F __;
```

在加工过程中，刀具以切削进给方式加工到孔底，然后主轴停转并暂停，暂停结束，刀具快速返回 R 点平面（G99 指令时）或初始平面（G98 指令时）后，主轴重新正转。该指令常用于阶梯孔的加工和铰孔加工。

4. 粗镗孔循环指令 G88

G88 指令的动作过程如图 2-126 所示。该指令的指令格式为：

```
G88  X __ Y __ Z __ R __ P __ F __;
```

在加工过程中，G88 指令首先进行 X、Y 轴定位，然后快速进给到 R 点，再以切削进给方式加工到孔底，刀具在孔底暂停后主轴停止，刀具以手动方式由 Z 点向 R 点安全退出，

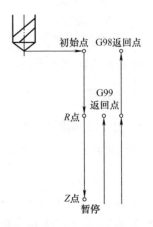

图 2-125　G89 指令循环动作

由 R 点向起始点，主轴正转快速进给返回。这种加工方式虽然能提高孔的加工精度，但加工效率较低，常用于单件加工。

5. 精镗孔循环指令 G76

G76 指令用于精镗孔加工，其动作过程如图 2-127 所示。该指令的格式为：

```
G76 X__ Y__ Z__ R__ Q__ P__ F__;
```

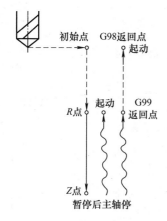

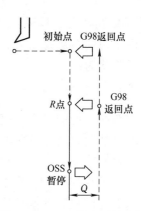

图 2-126　G88 指令循环动作　　　　图 2-127　G76 指令循环动作

P 表示在孔底有暂停，图中 OSS 表示主轴定向准停，Q 表示刀尖的偏移量，一般为正值，移动方向由机床参数设定。

在加工过程中，G76 指令首先 X、Y 轴定位，然后快速进给到 R 点，再以切削进给方式加工到孔底，主轴停止在定向位置上，即准停，然后向刀尖反方向移动一个 Q 值，使刀尖偏移离开加工表面，再快速返回 R 点平面（G99 指令时）或初始平面（G98 指令时），返回后，主轴再以原来的转速和方向旋转。这样可以高精度、高效率地完成孔加工而不损伤工件已加工表面。

在使用该固定循环时，应注意孔底移动的方向是使主轴定向后刀尖离开工件表面的方向，这样退刀时便不会划伤已加工好的工件表面，可以得到较好的精度和表面粗糙度。每次使用该固定循环或者更换使用该固定循环的刀具时，应注意检查主轴定向后刀尖的方向与要求是否相符。如果加工过程中出现刀尖方向不正确的情况，将会损坏工件、刀具甚至机床。

6. 反镗孔循环指令 G87

G87 指令用于反镗孔，参数设定与 G76 相同，其动作过程如图 2-128 所示。该指令的格式为：

```
G87 X__ Y__ Z__ R__ Q__ F__;
```

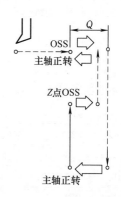

在加工过程中，首先主轴正转，刀具 X 轴和 Y 轴快速定位后，主轴准停（OSS），刀具向刀尖的反方向移动一个偏移量 Q 值，并快速定位到孔底（R 平面）。然后，在 R 平面上，刀具向刀尖方向移动一个 Q 值，接近加工表面，主轴正转，沿 Z 轴向上加工到 Z 点后，主轴再度准停（OSS）。最后，在

图 2-128　G87 指令循环动作

Z 平面上，刀具再向刀尖反方向移动一个 Q 值，快速返回初始平面（只能用 G98），刀具向刀尖方向退回一个 Q 值，主轴正转，进行下一个程序段的动作。采用这种循环方式时，只能让刀具返回初始平面（G98 方式），而不能返回 R 点平面（G99 方式）。偏移量由程序中的地址 Q 指定，Q 值总是正值，即使规定了负值，符号也被忽略。

2.7.3 攻螺纹

2.7.3　攻螺纹

1. 攻右旋螺纹循环指令 G84

G84 指令用于切削右旋螺纹孔，其动作过程如图 2-129 所示。该指令的格式为：

G84 X__ Y__ Z__ R__ P__ F__;

该指令动作为向下切削时主轴正转，刀具加工到孔底后暂停，主轴反转，然后刀具以切削进给速度返回 R 点，主轴再恢复正转。F 表示导程，在攻螺纹过程中进给倍率调整无效，即使按了"进给保持"键，在返回动作结束之前，循环也不会停止，只有完成攻螺纹循环后才停止加工。如果在程序段中指定了暂停并有效，则在刀具到达孔底和返回 R 点平面时先执行暂停的动作。

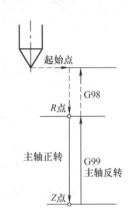

图 2-129　G84 指令循环动作

例 2-15　如图 2-130 所示，零件上 5 个 M20×1.5 的螺纹底孔已打好，试编写右旋螺纹加工程序。

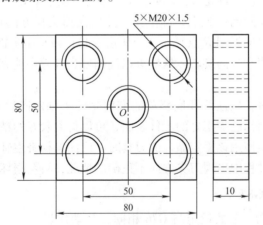

图 2-130　螺纹加工循环指令应用

参考程序见表 2-42。

表 2-42　图 2-130 所示零件的参考程序

程序名	O2016；	
程序段号	程　　序	说　　明
N010	M03 S500；	主轴正转，转速为 500r/min
N020	M08；	打开切削液

（续）

程序段号	程　　　序	说　　　明
N030	G90 G54 G00 X0.0 Y0.0 Z100.0；	采用绝对尺寸编程方式，选择第一工件坐标系，迅速到达对刀点上方
N040	Z10.0；	Z轴迅速到达工件坐标系10mm的安全高度位置
N050	G90 G99 G84 Z-12.0 R3.0 P1000 F50；	攻第一个螺纹
N060	X-25.0 Y25.0；	攻第二个螺纹
N070	X25.0 Y25.0；	攻第三个螺纹
N080	X25.0 Y-25.0；	攻第四个螺纹
N090	X-25.0 Y-25.0；	攻第五个螺纹
N100	G80；	循环结束
N110	G90 G00 Z100.0；	迅速向上提刀至Z=100mm的返回高度
N120	X0.0 Y0.0；	迅速返回对刀点上方
N130	M30；	程序结束

例 2-16　加工图 2-131 所示螺纹孔，请用固定循环指令编制加工程序（设钻孔深度为 20mm，攻螺纹深度为 15mm，单线螺纹，螺距为 1.5mm）。

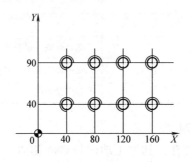

图 2-131　螺纹加工循环指令应用

参考程序见表 2-43 及表 2-44。

表 2-43　图 2-131 所示零件的参考程序（用 G81 指令钻孔）

程序名	O2017；	
程序段号	程　　　序	说　　　明
N010	M03 S500；	主轴正转，转速为500r/min
N020	M08；	打开切削液
N030	G90 G54 G00 X0.0 Y0.0 Z100.0；	采用绝对尺寸编程方式，选择第一工件坐标系，迅速到达对刀点上方
N040	X40.0；	
N050	G99 G81 G91 X40.0 Z-20.0 R2.0 F100 K4；	固定循环
N060	G80 X0.0 Y90.0；	

（续）

程序段号	程 序	说 明
N070	G99 G81 G91 X40.0 Z-20.0 R2.0 K4;	
N080	G80 G90 G00 X0 Y0;	循环结束，迅速返回对刀点上方
N090	Z100.0;	迅速向上提刀至 $Z=100mm$ 的返回高度
N100	M30;	程序结束

表 2-44 图 2-131 所示零件的参考程序（用 G84 指令攻螺纹）

程序名	O2018;	
程序段号	程 序	说 明
N010	M03 S500;	主轴正转，转速为 500r/min
N020	M08;	打开切削液
N030	G90 G54 G00 X0.0 Y0.0 Z100.0;	采用绝对尺寸编程方式，选择第一工件坐标系，迅速到达对刀点上方
N040	G99 G81 G91 X40.0 Y40.0 Z-15.0 R7.0 F300;	固定循环
N050	G91 X40.0 K3;	
N060	G80 X0 Y90.0;	
N070	G00 X0.0 Y90.0;	
N080	G99 G91 X40.0 K4;	
N090	G80 G90 G00 X0.0 Y0.0;	循环结束，迅速返回对刀点上方
N100	Z100.0;	迅速向上提刀至 $Z=100mm$ 的返回高度
N110	M30;	程序结束

2. 攻左旋螺纹循环指令 G74

G74 指令用于切削左旋螺纹孔，其加工动作与 G84 相似，如图 2-132 所示。该指令的格式为：

G74 X __ Y __ Z __ R __ P __ F __ ;

该指令与 G84 指令的不同之处在于，向下切削时主轴反转，孔底动作时变反转为正转，再退出，返回 R 点平面后主轴恢复反转。

3. 等导程螺纹切削 G33

小直径的内螺纹大多都用丝锥配合攻螺纹 G74、G84 固定循环指令加工。大直径的螺纹因成本太高，常使用可调式的镗刀配合 G33 指令加工，可节省成本。该指令的格式为：

G33 Z __ F __ ;

其中，Z 为螺纹切削的终点坐标值或切削螺纹的长度；F 为螺纹的导程。

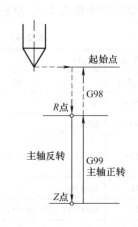

图 2-132 G74 指令循环动作

【编程与加工实例】

例2-17 图2-133 所示零件，已知材料为45钢，毛坯尺寸为 $80mm \times 80mm \times 20mm$，所有加工面的表面粗糙度值为 $Ra1.6\mu m$。试编写此零件的加工程序并在数控铣床上加工出来。

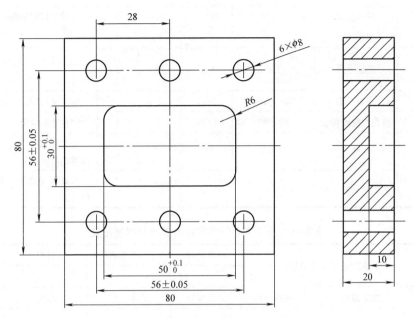

图 2-133 孔加工零件

1. 确定加工工艺

（1）加工工艺分析

按长径比的大小，孔可分为深孔和浅孔两类。深孔是长径比（ L/D 孔深与孔径之比）大于或等于5的孔，因排屑困难、冷却困难，钻削时应调用深孔钻削循环加工；浅孔是长径比小于5的孔，可直接编程加工或调用钻孔循环。

（2）加工过程

确定加工顺序时，按照先粗后精、先面后孔的原则：

1）编程加工前，应首先校平工件、用中心钻钻 $6 \times \phi8mm$ 的中心孔；

2）用 $\phi10mm$ 铣刀铣削型腔；

3）用 $\phi8mm$ 钻头钻 $6 \times \phi8mm$ 的通孔，加工路线：$L \rightarrow M \rightarrow N \rightarrow I \rightarrow J \rightarrow K$（图2-134）。

（3）工、量、刀具选择

工、量、刀具清单见表2-45。

（4）合理选择切削用量

工序的划分与切削用量的选择见表2-46。

2. 参考程序编制

（1）工件坐标系建立

根据工件坐标系建立原则，在六方体毛坯的中心建立工件坐标系，Z 轴原点设在顶面上，六方体上表面的中心（即 O 圆的圆心）设为坐标系原点。

表 2-45　工、量、刀具清单

种类	序号	名称	规格	精度/mm	单位	数量	备　注
		工、量、刀具清单			图号		
工具	1	平口钳	QH135		个	1	装夹零件毛坯
	2	扳手			把	若干	
	3	平行垫铁			副	1	支撑平口钳底部
	4	塑胶锤子			个	1	
量具	5	游标卡尺	0~150mm	0.02	把	1	测量孔径、孔深及孔间距等尺寸
	6	百分表及表座	0~10mm	0.01	个	1	校正平口钳及工件上表面
	7	表面粗糙度样板	N0~N1	12级	副	1	测量表面质量
刀具	8	立铣刀	ϕ10mm		把	1	刀具号 T01，粗、精铣削内腔，高速钢材料
	9	麻花钻	ϕ8mm		把	1	刀具号 T02，用于钻孔，高速钢材料

表 2-46　图 2-133 所示零件的工序和切削用量

单位	数控加工工序卡片		产品名称	零件名称	材料	零件图号
工序号	程序编号	夹具名称	夹具编号	设备名称	编制	审核
工步号	工步内容	刀具号	刀具规格	主轴转速 /(r·min^{-1})	进给速度 /(mm·min^{-1})	背吃刀量 /mm
1	立铣刀	T01	ϕ10mm	500	80	
2	麻花钻	T02	ϕ8mm	800	80	

（2）基点坐标计算

图 2-134 所示各圆的圆心坐标见表 2-47。

表 2-47　各圆圆心坐标

基　点	坐标 (X, Y)	基　点	坐标 (X, Y)
O	(0, 0)	H	(19.0, -15.0)
A	(-19.0, -15.0)	I	(-28.0, 28.0)
B	(-25.0, -9.0)	J	(0, 28.0)
C	(-25.0, 9.0)	K	(28.0, 28.0)
D	(-19.0, 15.0)	L	(28.0, -28.0)
E	(19.0, 15.0)	M	(0, -28.0)
F	(25.0, 9.0)	N	(-28.0, -28.0)
G	(25.0, -9.0)		

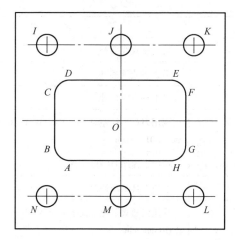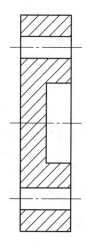

图 2-134　零件图上各圆的位置

（3）参考程序

主程序见表 2-48。

表 2-48　图 2-133 所示零件的参考程序（主程序）

程序名	O2019；［用 ϕ10 立铣刀加工凹槽，改变刀具半径补偿来实现粗、精加工的转换］	
程序段号	程　序	说　明
N010	M03 S500；	主轴正转，转速为 500r/min
N020	M08；	打开切削液
N030	G00 G54 G90 X－18.0 Y3.0；	选择第一工件坐标系，采用绝对尺寸编程方式，迅速到达切入点上方
N040	Z5.0；	Z 轴迅速到达工件坐标系 5mm 的安全高度位置
N050	G1 Z0.0 F80；	Z 轴直线切削，下刀至工件上表面，速度 80mm/min
N060	X18.0 Z－5.0 F50；	采用斜插式下刀方式下刀至 X＝18mm，Z＝－5mm，速度 50mm/min
N070	X－18.0 F80；	X 轴直线切削至 X＝－18mm，速度 80mm/min
N080	Y－3.0；	沿 Y 轴直线插补
N090	X18.0；	沿 X 轴直线插补
N100	G01 G41 D01 X0.0 Y0.0；	调用刀具半径左补偿，移动到 X＝0mm 的位置，D01＝5mm
N110	M98 P1000；	调用子程序 O1000 一次
N120	G01 G40 X－18.0 Y3.0；	取消刀具半径补偿
N130	X18.0 Z－9.7 F50；	采用斜插式下刀方式下刀至 X＝18mm，Z＝－9.7mm，速度 50mm/min
N140	X－18.0 F80；	X 轴直线切削至 X＝－18mm，速度 80mm/min

（续）

程序段号	程　序	说　明
N150	Y3.0；	沿 Y 轴直线插补
N160	X18.0；	沿 X 轴直线插补
N170	Y－3.0；	沿 Y 轴直线插补
N180	G01 G41 D01 X0.0 Y0.0；	调用刀具半径左补偿，移动到 X＝0mm、Y＝0mm 的位置，D01＝5mm
N190	M98 P1000；	调用子程序 O1000 一次
N200	G01 G40 X－18.0 Y3.0；	取消刀具半径补偿
N210	X18.0 Z－10.0 F50；	采用斜插式下刀方式下刀至 X＝18mm，Z＝－10mm，速度 50mm/min
N220	X－18.0 F80；	X 轴直线切削至 X＝－18mm，速度 80mm/min
N230	Y3.0；	沿 Y 轴直线插补
N240	X18.0；	沿 X 轴直线插补
N250	Y－3.0；	沿 Y 轴直线插补
N260	G01 G41 D01 X0.0 Y0.0；	调用刀具半径左补偿，移动到 X＝0mm、Y＝0mm 的位置，D01＝5mm
N270	M98 P1000；	调用子程序 O1000 一次
N280	G01 G40 X－18.0；	取消刀具半径补偿
N290	G0.0 Z100.0；	迅速向上提刀至 Z＝100mm 的安全高度
N300	M05；	主轴停止转动
N310	M09；	关闭切削液
N320	M00；	程序停止，换 T02 钻头，用 φ8mm 钻头钻孔
N330	M03 S800；	主轴正转，转速 800r/min
N340	G99 G81 X28.0 Y－28.0 Z－23.0 R5.0 F80；	调用钻孔循环指令 G81，钻孔 L
N350	X0.0；	钻孔 M
N360	X－28.0；	钻孔 N
N370	Y28.0；	钻孔 I
N380	X0.0；	钻孔 J
N390	G98 X28.0；	钻孔 K
N400	G00 Z100.0；	迅速向上提刀至 Z＝100mm 的安全高度
N410	G80 G00 X0 Y0；	取消固定循环功能，迅速返回坐标系原点
N420	M30；	程序结束

子程序见表 2-49。

表 2-49　图 2-133 所示零件的参考程序（子程序）

程序名	O1000；	
程序段号	程　　　序	说　　　明
N010	G03 Y－15.0 R7.5；	圆弧切入
N020	G01 X19.0；	直线插补到 H 点
N030	G03 X25.0 Y－9.0 R6.0；	逆时针圆弧插补到 G 点
N040	G01 Y9.0；	直线插补到 F 点
N050	G03 X19.0 Y15.0 R6.0；	逆时针圆弧插补到 E 点
N060	G01 X－19.0；	直线插补到 D 点
N070	G03 X－25.0 Y9.0 R6.0；	逆时针圆弧插补到 C 点
N080	G01 Y－9.0；	直线插补到 B 点
N090	G03 X－19.0 Y－15.0 R6.0；	逆时针圆弧插补到 A 点
N100	G01 X0.0；	直线插补到 $X=0$mm 位置
N110	G03 Y0.0 R7.5；	圆弧切出
N120	M99；	子程序结束

3. 操作步骤及内容

1）开机，各坐标轴手动回机床原点。

2）刀具安装。根据加工要求选择 ϕ10mm 高速钢立铣刀，用弹簧夹头刀柄装夹后将其装上主轴。

3）清洁工作台，安装夹具和工件。将机用虎钳清理干净，装在干净的工作台上，通过百分表找正、找平机用虎钳，再将工件装在机用虎钳上。

4）对刀设定工件坐标系。首先用寻边器对刀，确定 X、Y 向的零偏值，输入到工件坐标系 G54 中；然后将加工所用刀具装上主轴，再将 Z 轴设定器放在工件的上表面，确定 Z 向的零偏值，输入到工件坐标系 G54 中。

5）设置刀具补偿值。本例计算比较简单，不需要设立刀具半径补偿值。

6）输入加工程序。将编写好的加工程序通过机床操作面板输入到数控系统的内存中。

7）调试加工程序。把工件坐标系的 Z 值沿 +Z 向平移 100mm，按下数控启动键，适当降低进给速度，检查刀具运动是否正确。

8）自动加工。把工件坐标系的 Z 值恢复原值，将进给倍率开关换到低档，按下数控启动键运行程序，开始加工。机床加工时，适当调整主轴转速和进给速度，并注意监控加工状态，保证加工正常。

9）取下工件，用游标卡尺进行尺寸检测。

10）清理加工现场。

11）按顺序关机。

4. 评分标准

评分标准见表 2-50。

表 2-50 评分表

班级				姓名				学号		
课题				加工孔类零件				零件编号		23
基本检查	编程	序号		检测内容				配分	学生自评	教师评分
	编程	1		切削加工工艺制订正确				10		
	编程	2		切削用量选择合理				5		
	编程	3		程序正确、简单、规范				20		
	操作	4		设备操作、维护保养正确				5		
	操作	5		安全、文明生产				5		
	操作	6		刀具选择、安装正确、规范				5		
	操作	7		工件找正、安装正确、规范				5		
工作态度		8		行为规范，态度端正				5		
尺寸检测	序号	图样尺寸/mm	公差/mm	量具						
				名称	规格/mm					
尺寸检测	9	长度56	±0.05	千分尺	50～75			10		
	10	长度30	+0.1 0	千分尺	25～50			10		
	11	长度50	+0.1 0	千分尺	25～50			10		
	12	表面粗糙度	1.6μm	粗糙度样规				10		
综合得分										

【思考与练习】

1. 应如何确定孔加工路线？

2. 初始平面、R点平面、孔底平面、定位平面的含义分别是什么？

3. 图 2-135 所示为孔加工零件，已知材料为 45 钢，毛坯尺寸为 160mm × 160mm × 20mm，试编写该零件的加工程序。

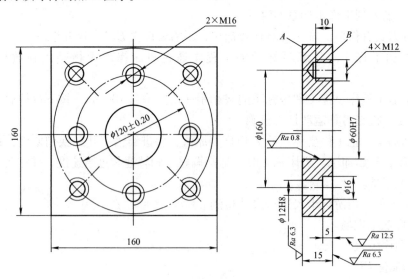

图 2-135 习题 3 图

模块3　加工中心编程与加工

项目3.1　加工中心基本操作

【学习目标】

1) 了解加工中心自动换刀装置、自动换刀过程。
2) 理解刀具长度补偿的确定、刀具识别方法。
3) 了解加工中心分类、组成、特点。
4) 熟悉加工中心的加工对象。

【知识学习】

3.1.1 自动换刀装置、自动换刀过程

3.1.1　自动换刀装置

自动换刀装置（Automatic Tool Change，ATC）是为完成对工件的多工序加工而设置的存储及更换刀具的装置，它是加工中心上必不可少的部分。

1. 自动换刀装置的形式

自动换刀装置的结构取决于机床的类型、工艺、范围及刀具的种类和数量等。根据组成结构，自动换刀装置可分为回转刀架式、转塔式、带刀库式三种形式，下面只介绍带刀库的自动换刀装置。

带刀库的自动换刀装置是镗铣加工中心上应用最广的换刀装置，主要有机械手换刀和刀库换刀两种方式。它的整个换刀过程较复杂，首先把加工过程中需要使用的全部刀具分别安装在标准刀柄上，在机外进行尺寸预调后，按一定的方式放入刀库。换刀时，先在刀库中进行选刀，并由机械手从刀库和主轴上取出刀具，或直接通过主轴以及刀库的配合运动来取刀；然后进行刀具交换，将新刀具装入主轴，把旧刀具放回刀库。存放刀具的刀库具有较大的容量，它既可以安装在主轴箱的侧面或上方，也可以作为独立部件安装在机床以外。

带刀库的自动换刀装置结构较复杂、装刀数量多，应用广泛。

2. 刀库的形式

刀库是用来存储加工刀具及辅助工具的，是自动换刀装置中最主要的部件之一。刀库的形式很多，结构各异，如图3-1所示。

加工中心常用的刀库有圆盘式刀库和链式刀库两种。圆盘式刀库结构简单、紧凑，应用也较多，但刀库容量相对较小，一般有1~24把刀具，主要适用于小型加工中心；链式刀库多为轴向取刀，刀库容量大，一般有1~100把刀具，主要适用于大中型加工中心。

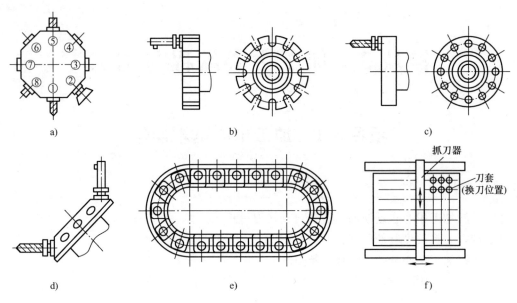

图 3-1 刀库种类

a) 转塔式 b) 圆盘式径向取刀 c) 圆盘式轴向取刀 d) 圆盘式顶端取刀 e) 链式 f) 格子式

3.1.2 自动换刀过程

自动换刀装置的换刀过程由选刀和换刀两部分组成。当执行到 Txx 指令，即选刀指令后，刀库自动将要用的刀具移动到换刀位置，完成选刀过程，为下面的换刀做好准备。当执行到 M06 指令时即开始自动换刀，把主轴上用过的刀具取下，将选好的刀具安装在主轴上。

1. 选刀

选刀常有顺序选刀方式和任选方式两种。

（1）顺序选刀方式　将加工所需要的刀具，按照预先确定的加工顺序依次安装在刀座中。换刀时，刀库按顺序转位。这种方式的控制及刀库运动简单，但刀库中刀具排列的顺序不能错。

（2）任选方式　对刀具或刀座进行编码，并根据编码选刀。它可分为刀具编码和刀座编码两种方式。刀具编码方式是利用安装在刀柄上的编码元件（如编码环、编码螺钉等）预先对刀具编码后，再将刀具放在刀座中；换刀时，通过编码识别装置根据刀具编码选刀。采用这种方式编码的刀具可以放在刀库的任意刀座中；刀库中的刀具不仅可在不同的工序中多次重复使用，而且换下来的刀具也不必放回原来的刀座中。刀座编码方式是预先对刀库中的刀座（用编码钥匙等方法）进行编码，并将与刀座编码相对应的刀具放入指定的刀座中；换刀时，根据刀座编码选刀，使用过的刀具也必须放回原来的刀座中。

目前应用最多的是计算机记忆式选刀。这种方式的特点是，刀具号和存刀位置或刀座号对应地记忆在计算机的存储器或可编程序控制器内。不论刀具存放在哪个地址，计算机都始终记忆着它的踪迹。在刀库上装有位置检测装置，这样刀具可以任意取出，任意送回。刀具本身不必设置编码元件，结构大为简化，控制也十分简单，计算机控制的机床几乎全都使用这种选刀方式。在刀库上设有机械原点，每次选刀运动正反向都不会超过 180° 的范围。

当选刀动作完成后，即处于等待状态，一旦执行到自动换刀的指令，即开始换刀动作。

2. 换刀

在数控机床的自动换刀装置中，实现刀具在刀库与机床主轴之间传递和装卸的装置称为刀具交换装置。刀具的交换方式通常分为无机械手换刀和有机械手换刀两大类。

（1）无机械手换刀　无机械手换刀的方式利用刀库与机床主轴的相对运动实现刀具交换，如图3-2所示。

1）如图3-2a所示，当本工步工作结束后执行换刀指令，主轴准停，主轴箱沿立柱上升。这时刀库上刀位的空档位置正好处在交换位置，装夹刀具的卡爪打开。

2）如图3-2b所示，主轴箱上升到极限位置，被更换的刀具刀杆进入刀库空刀位，即被刀具定位卡爪钳住，与此同时，主轴内刀杆自动夹紧装置放松刀具。

3）如图3-2c所示，刀库伸出，从主轴锥孔中将刀拔出。

4）如图3-2d所示，刀库转位，按照程序指令要求将选好的刀具转到最下面的位置，同时压缩空气将主轴锥孔吹净。

5）如图3-2e所示，刀库退回，同时将新刀具插入主轴锥孔。主轴内刀具夹紧装置将刀杆拉紧。

6）如图3-2f所示，主轴下降到加工位置后起动，开始下一工步的加工。

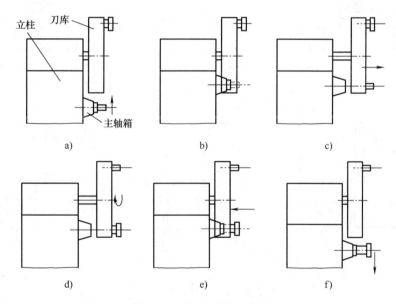

图3-2　无机械手换刀过程

这种换刀机构不需要机械手，结构简单、紧凑。由于交换刀具时机床不工作，所以不会影响加工精度，但会影响机床的生产率。另外，受刀库尺寸限制，其装刀数量不能太多。这种换刀方式常用于小型加工中心。

（2）机械手换刀　采用机械手进行刀具交换的方式应用最为广泛。这是因为机械手换刀有很大的灵活性，而且可以减少换刀时间。机械手的结构形式是多种多样的，因此换刀运动也有所不同。下面以一种卧式镗铣加工中心为例来说明采用机械手换刀的工作原理。

该机床采用的是链式刀库，位于机床立柱左侧。由于刀库中存放刀具的轴线与主轴的轴线垂直，故而机械手需要有三个自由度。机械手沿主轴轴线的插拔刀动作由液压缸来实现，90°的摆动送刀运动及180°的换刀动作分别由液压马达来实现。其换刀分解动作如图 3-3 所示。具体过程如下：

1）如图 3-3a 所示，抓刀爪伸出，抓住刀库上的待换刀具，刀库刀座上的锁板拉开。

2）如图 3-3b 所示，机械手带着待换刀具绕竖直轴逆时针方向转 90°，与主轴轴线平行，另一个抓刀爪抓住主轴上的刀具，主轴将刀杆松开。

3）如图 3-3c 所示，机械手前移，将刀具从主轴锥孔内拔出。

4）如图 3-3d 所示，机械手绕自身水平轴转 180°，将两把刀具交换位置。

5）如图 3-3e 所示，机械手后退，将新刀具装入主轴，主轴将刀具锁住。

6）如图 3-3f 所示，抓刀爪缩回，松开主轴上的刀具。机械手绕竖直轴顺时针转 90°，将刀具放回刀库的相应刀座上，刀库上的锁板合上。

7）抓刀爪缩回，松开刀库上的刀具，恢复到原始位置。

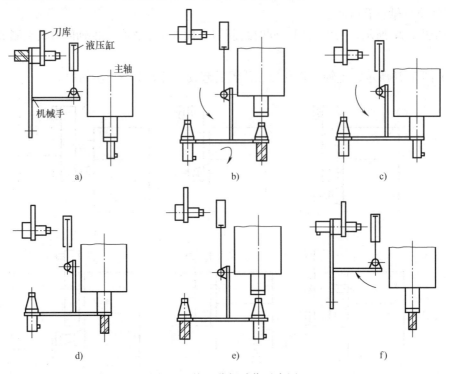

图 3-3　换刀分解动作示意图

3.1.3　刀具长度补偿

加工中心上使用的刀具很多，每把刀具的长度和到 Z 坐标零点的距离都不相同，这些距离的差值就是刀具的长度补偿值，在加工时要分别进行设置，并记录在刀具明细表中，以供机床操作人员使用。一般有机内设置和机外刀具预调结合机上对刀两种方法。

3.1.3 刀具长度补偿、刀具识别方法

1. 机内设置

这种方法不用事先测量每把刀具的长度，而是将所有刀具放入刀库中后，采用 Z 向设定器依次确定每把刀具在机床坐标系中的位置。

1）将所有刀具放入刀库，利用 Z 向设定器确定每把刀具到工件坐标系 Z 向零点的距离（如图 3-4 所示的 A、B、C），并记录下来。

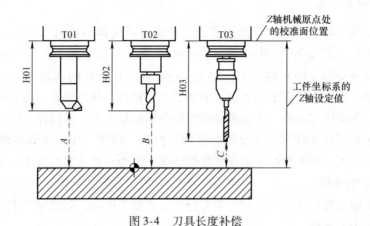

图 3-4　刀具长度补偿

2）选择其中一把最长（或最短）、与工件距离最小（或最大）的刀具作为基准刀，如图 3-4 所示的 T03（或 T01），将其对刀值 C（或 A）作为工件坐标系的 Z 值，此时 H03 = 0。

3）确定其他刀具相对基准刀的长度补偿值，即 H01 = ±$|C-A|$，H02 = ±$|C-B|$，正负号由程序中的 G43 或 G44 来确定。

4）将获得的刀具长度补偿值所对应的刀具和刀具号输入到机床中。

这种方法对刀操作简单，投资少，但工艺文件编写不便，对生产组织有一定的影响。

2. 机外刀具预调结合机上对刀

这种方法是先在机床外利用刀具预调仪精确测量每把在刀柄上装夹好的刀具的轴向和径向尺寸，确定每把刀具的长度补偿值，然后在机床上用其中最长或最短的一把刀具进行 Z 向对刀，确定工件坐标系。这种方法对刀精度和效率高，便于工艺文件的编写及生产组织。

3.1.4　刀具识别方法

加工中心刀库中有多把刀具，要从刀库中调出所需刀具，就必须对刀具进行识别。识别刀具的方法有两种。

1. 刀座编码

在刀库的刀座上编有号码，在装刀之前，首先对刀库进行重整设定，设定完后，就变成了刀具号和刀座号一致的情况，此时一号对应的就是一号刀具。经过换刀之后，一号刀具并不一定放到一号刀座中（刀库采用就近放刀的原则），此时数控系统自动记忆一号刀具放到了几号刀座中，数控系统采用循环记忆的方式。

2. 刀柄编号

刀柄上编有号码，将刀具号首先与刀柄号对应起来，把刀具装在刀柄上，再装入刀库。在刀库上有刀柄感应器，当需要的刀具从刀库中转到装有感应器的位置，被感应到后，从刀库中调出交换到主轴上。

【拓展知识】

3.1.5 认识加工中心

3.1.5 认识加工中心

加工中心是指配有刀库和自动换刀装置，并能自动更换刀具对工件进行加工的数控机床，简称 MC（Machining Center），它在一次装夹工件后可实现多工序（甚至全部工序）的加工。加工中心是在数控铣床的基础上发展起来的，二者有很多相似之处，不同之处在于加工中心增加了刀库和自动换刀装置。加工中心适用于零件形状比较复杂、精度要求较高、产品更换频繁的中小批量生产。通过在刀库上安装不同用途的刀具，一次装夹可以实现零件的钻削、铣削、镗削、铰削、攻螺纹等多种工序的集中加工。随着工业的发展，加工中心逐渐代替数控铣床，成为一种主要的加工机床。

1. 加工中心的分类

按照机床主轴布置形式，可将加工中心分为立式加工中心、卧式加工中心、龙门式加工中心和复合加工中心四种。

（1）立式加工中心 立式加工中心是指主轴轴线与工作台平行的加工中心。其结构形式多为固定立柱式，工作台为长方形，无分度回转功能。由于受立柱高度和自动换刀装置的限制，它不能加工太高的零件，主要适用于加工高度较小、加工面与主轴轴线垂直的盘、套、板类零件。立式加工中心一般具有 3 个直线运动坐标，并可在工作台上安装一个水平轴的数控回转台，用以加工螺旋线类零件。

立式加工中心具有操作方便、工件装夹和找正容易、占地面积小等优点，故应用较广。对于五轴联动的立式加工中心，可以加工汽轮机叶片、模具等复杂零件。

（2）卧式加工中心 卧式加工中心是指主轴轴线与工作台垂直的加工中心，一般具有 3 ~ 5 个运动坐标，常见的是 3 个直线运动坐标（沿 X、Y、Z 轴方向）加一个回转运动坐标（回转工作台）。常用的回转工作台有两类，一类是可进行分度回转运动的正方形分度工作台，另一类是由伺服电动机控制的数控回转工作台。在零件的一次装夹中，通过回转工作台可实现多加工面的加工；如果为数控回转工作台，还可参与机床各坐标轴的联动，实现螺旋线的加工。

卧式加工中心有多种形式，如固定立柱式或固定工作台式。固定立柱式卧式加工中心的立柱固定不动，主轴箱沿立柱做上下运动，而工作台可在水平面内做前后、左右两个方向的移动；固定工作台式卧式加工中心的工作台是固定不动的（不做直线运动），沿坐标轴三个方向的直线运动由主轴箱和立柱的移动来实现。

卧式加工中心适用于加工精度较高的复杂箱体类零件和小型模具的型腔，一次装夹后可完成除安装面和顶面以外的其余四个面的加工，是种类最多、规格最全、应用范围最广的一种加工中心。

（3）龙门式加工中心 龙门式加工中心的主轴多为垂直设置，除自动换刀装置外，还带有可更换的主轴头附件，数控装置的软件功能也较齐全，能够一机多用，尤其适用于大型或形状复杂的工件，如飞机上的梁、框、壁板等。

（4）复合加工中心 复合加工中心又称立卧式加工中心、万能加工中心或五面加工中心，既有立式加工中心的功能，又有卧式加工中心的功能，工件一次装夹后能完成除安装面外的所有侧面和顶面五个面的加工。复合加工中心有三种形式，第一种是在一台加工中心上同时有立、卧两个主轴；第二种是主轴可以旋转90°做垂直和水平转换，进行立式和卧式加工；第三种是主轴不改变方向，而由工作台带动工件一起旋转90°，完成对工件五个面的加工。常用的是后面两种。

复合加工中心综合了立式和卧式的优点，但机床的控制系统和机床结构很复杂，价格昂贵、占地面积大，所以它的使用和生产在数量上远不如其他类型的加工中心，主要适用于复杂箱体类零件和具有复杂曲线零件（如螺旋桨叶片及各种复杂模具）的加工。

另外，按照换刀形式分类，加工中心可分为带刀库的加工中心、带机械手的加工中心、无机械手的加工中心和转塔刀库式加工中心；按照加工精度分类，加工中心可分为普通加工中心、高精度加工中心和精密加工中心。

2. 加工中心的组成

加工中心和数控铣床具有相似的用途和工艺特点，它的几大构件和数控铣床也相同，主要由床身、立柱、滑座、工作台、主轴箱、自动换刀装置、数控装置、伺服驱动装置、检测装置、液压系统和气压传动系统等组成。XH714立式加工中心的外形如图3-5所示。

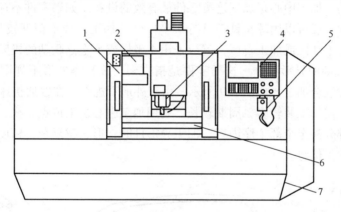

图3-5　XH714立式加工中心

1—防护门　2—刀库　3—主轴　4—控制面板　5—手摇脉冲发生器　6—工作台　7—床身

3. 加工中心的加工对象

针对加工中心的工艺特点，加工中心适宜加工形状复杂、工序较多、要求较高、需用多种类型普通机床和众多工艺装备，且经多次装夹和调整才能完成加工的零件。其主要加工对象有以下几种。

（1）既有平面又有孔系的零件　加工中心具有自动换刀装置，在一次安装中，可以完成零件上平面的铣削，孔系的钻削、镗削、铰削、铣削及攻螺纹等多工步加工。加工的部位可以在一个平面上，也可以在不同的平面上。五面加工中心一次安装可以完成除装夹面外的五个面的加工。因此，既有平面又有孔系的零件是加工中心的首选加工对象，这类零件常见的有箱体类零件和盘、套、板类零件。

1）箱体类零件。这类零件一般都要进行多工位孔系及平面加工，精度要求较高，特别是形状精度和位置精度要求较严格，通常要经过铣、钻、扩、镗、铰、锪、攻螺纹等工步，如图3-6所示。这类零件需要的刀具较多，在普通机床上加工难度大，工装套数多，需多次装夹找正,手工测量次数多,精度不易保证。在加工中心上加工箱体类零件时,一次装夹可完成普通机床 60% ~95% 的工序内容,零件各项精度一致性好,质量稳定,生产周期短。

2) 盘、套、板类零件。这类零件端面上有平面、曲面和孔系,也常分布一些径向孔,如图 3-7 所示。加工部位集中在单一端面上的盘、套、板类零件宜选择立式加工中心,加工部位不是位于同一方向表面上的零件宜选择卧式加工中心。

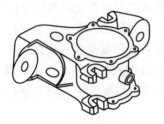 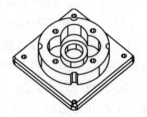

图 3-6　箱体类零件　　　　　　　图 3-7　盘、套、板类零件

(2) 结构形状复杂、普通机床难加工的零件　这类零件是指由复杂曲线、曲面组成的零件,如图 3-8 所示。在加工这类零件时,需要多坐标联动加工,这在普通机床上是难以做到甚至无法完成的,加工中心是加工这类零件最有效的设备。如果零件不存在加工过切或加工盲区,复杂曲面一般可以用球头铣刀进行 3 坐标联动加工,加工精度较高,但效率较低;如果零件存在加工干涉区或加工盲区,就应采用 4 坐标或 5 坐标联动的机床。

(3) 外形不规则的异形零件　这类零件是指支架、拨叉类外形不规则的零件,大多要点、线、面多工位混合加工,如图 3-9 所示。由于外形不规则,在普通机床上只能采取工序分散的原则加工,需用工装较多,周期较长。利用加工中心多工位点、线、面混合加工的特点,可以完成大部分甚至全部工序内容。加工异形件时,形状越复杂,精度要求越高,越能显示加工中心的加工优势。

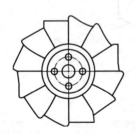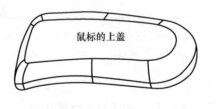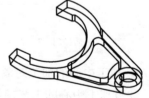

鼠标的上盖

图 3-8　复杂曲面零件　　　　　　　图 3-9　异形零件

(4) 周期性投产的零件　用加工中心加工零件时,所需工时主要包括基本时间和准备时间,其中,准备时间占很大比例。例如工艺准备、程序编制、零件首件试切等,这些时间往往是单件基本时间的几十倍。采用加工中心可以将这些准备时间的内容储存起来,供以后反复使用。这样,对周期性投产的零件,生产周期就可以大大缩短。

(5) 加工精度要求较高的中小批量零件　基于加工中心加工精度高、尺寸稳定的特点,对加工精度要求较高的中小批量零件,选择加工中心加工,容易获得所要求的尺寸精度和形状、位置精度,并可得到很好的互换性。

(6) 新产品试制中的零件　在新产品定型之前,需要反复试验和改进。选择加工中心试制，可省去许多通用机床加工所需的试制工装。当零件被修改时，只需修改相应的程序及适当地调整夹具、刀具即可，节省了费用，缩短了试制周期。

（7）特殊加工 配合一定的工装和专用工具，利用加工中心可完成一些特殊的工艺内容，例如在金属表面上刻字、刻线、刻图案。在加工中心的主轴上装上高频电火花电源，可对金属表面进行线扫描和表面淬火；在加工中心上装上高速磨头，可进行各种曲线、曲面的磨削等。

【思考与练习】

1. 刀库通常有哪几种形式？哪种形式的刀库装刀容量大？
2. 自动换刀装置的换刀过程可分为哪两部分？在程序中分别用什么代码控制？
3. 顺序方式和任选方式的选刀过程各有什么特点？哪种方式更方便？
4. 按照常用的几种分类方式，加工中心分别有哪些种类？
5. 简述加工中心的组成、特点以及加工对象。

项目 3.2　加工中心的编程与加工实例

【学习目标】

1）了解加工中心编程特点与换刀指令。
2）理解 FANUC 系统通信。
3）理解并掌握加工中心编程。

【知识学习】

3.2.1　加工中心编程

1. 加工中心程序的编制特点

一般使用加工中心加工的工件形状复杂、工序多，使用的刀具种类也多，往往一次装夹后要完成从粗加工、半精加工到精加工的全部过程，因此程序比较复杂。在编程时要考虑下述问题。

1）仔细地对图样进行分析，确定合理的工艺路线。
2）刀具的尺寸规格要选好，并将测出的实际尺寸填入刀具卡。
3）确定合理的切削用量，主要是主轴转速、背吃刀量、进给速度等。
4）应留有足够的自动换刀空间，以避免与工件或夹具碰撞。换刀位置建议设置在机床原点。

3.2 加工中心的编程与加工技术2

5）为便于检查和调试程序，可将各工步的加工内容安排到不同的子程序中，而主程序主要完成换刀和子程序的调用，这样程序简单而且清晰。

对编好的程序要进行校验和试运行，注意刀具、夹具或工件之间是否有干涉。在检查 M、S、T 功能时，可以在 Z 轴锁定状态下进行。

2. 换刀指令的应用

由于加工中心的加工特点，在编写加工程序前，首先要注意换刀程序的应用。

不同的加工中心，其换刀过程是不完全一样的，通常选刀和换刀可分开进行。换刀完毕、启动主轴后，方可进行下面程序段的加工内容。选刀动作可与机床的加工重合起来，即利用切削时间进行选刀。多数加工中心都规定了固定的换刀点位置，各运动部件只有移动到这个位置，才能开始换刀动作。

TOM850 加工中心装备有盘形刀库，通过主轴与刀库的相互运动实现换刀。换刀过程用一个子程序描述，习惯上取程序号为 O9000。换刀子程序见表 3-1。

表 3-1 换刀子程序

程序名	O9000；	
程序段号	程　　序	说　　明
N010	G90；	选择绝对方式
N020	G53 Z－124.8；	主轴 Z 方向移动到换刀点位置（即与刀库在 Z 方向上相遇）
N030	M06；	刀库旋转至其上空刀位对准主轴，主轴准停
N040	M28；	刀库前移，使空刀位上刀夹夹住主轴上的刀柄
N050	M11；	主轴放松刀柄
N060	G53 Z－9.3；	主轴 Z 方向向上，回到设定的安全位置（主轴与刀柄分离）
N070	M32；	刀库旋转，选择将要换上的刀具
N080	G53 Z－124.8；	主轴 Z 方向向下移至换刀点位置（刀柄插入主轴孔）
N090	M10；	主轴夹紧刀柄
N100	M29；	刀库向后退回
N110	M99；	换刀子程序结束，返回主程序

需要注意的是，为了使换刀子程序不被随意更改，以保证换刀安全，设备管理人员可将该程序隐含。当加工程序中需要换刀时，调用 O9000 号子程序即可。调用程序段可如下编写：

```
N __  T __  M06；
```

其中，N 后为程序顺序号；T 后为刀具号，一般取两位；M06 为调用换刀子程序。

3.2.2 FANUC 系统通信

1. 输入程序

1）确认输入设备是否准备好。

2）按下机床操作面板上的 EDIT 键。

3）使用软盘时查找必要的文件。

4）按下功能键 PROG，显示程序内容、显示屏幕或者程序目录屏幕。

5）按下软键 ［（OPRT）］。

6）按下最右边的软键 ▷，继续输入程序。

7）输入地址 O 后，输入赋给程序的程序号。

8）按下软键［READ］和［EXEC］。

注：程序被输入并赋以第7）步中指定的程序号。

2. 输出程序

1）确认输出设备已经准备好。

2）要输出到纸带，通过参数指定穿孔代码类别 ISO 或 EIA。

3）按下机床操作面板上的 EDIT 键。

4）按下功能键 PROG，显示程序内容、显示屏幕或者程序目录屏幕。

5）按下软键［（OPRT）］。

6）按下最右边的软键 ▷，继续输入程序。

7）输入地址 O。

8）输入程序号，如果输入 - 9999，则所有存储在内存中的程序都将被输出。

9）按下软键［PUNCH］和［EXEC］，指定的一个或多个程序就被输出。

3. DNC 运行

1）选择将要执行的程序文件。

2）按下机床操作面板上的 REMOTE 键，开关设置为 RMT 方式，然后按下"循环启动"按钮，选择的文件被执行，如图 3-10 所示。

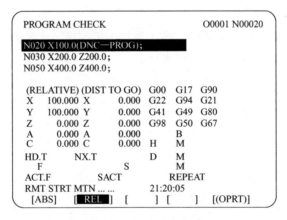

图 3-10　程序检查屏幕

【编程与加工实例】

例 3-1　图 3-11 所示为端盖零件，其材料为 45 钢，毛坯尺寸为 160mm × 160mm × 19mm。试编写该端盖零件的加工程序并在 XH714 加工中心上加工出来。

1. 确定加工工艺

（1）加工方法

由图 3-11 可知，该端盖材料为铸铁，故毛坯为铸件，四个侧面为不加工表面、上下面、四个孔、四个螺纹孔、直径为 $\phi60$mm 的孔为加工面，且加工内容都集中在 A、B 面上。从定位、工序集中和便于加工考虑，选择 A 面为定位基准，并在前道工序中加工好，选择 B

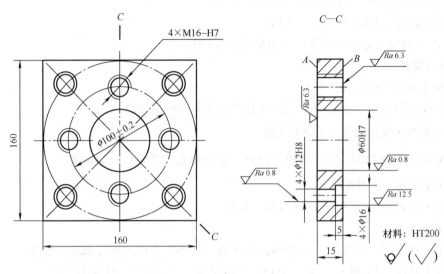

图 3-11 端盖零件

面及位于 B 面上的全部孔在加工中心上一次装夹完成加工。

该零件形状较简单，尺寸较小，四个侧面较光滑，加工面与非加工面之间的位置精度要求不高，故可选择机用平口钳，以底面 A 和两个侧面定位，用机用平口钳的钳口从侧面夹紧。

（2）加工过程

按照先粗后精、先面后孔的原则确定该工件的加工顺序，且无须划分加工阶段，即这些加工内容可安排在一道工序中，加工顺序如下：

1）粗、精铣 B 面。平面 B 采用铣削加工，表面粗糙度 Ra 值为 6.3μm，依据经济加工精度，选用粗铣→精铣加工方案。B 面的粗、精铣削加工进给路线根据铣刀直径（φ100mm）确定为沿 X 方向两次进刀，进给路线如图 3-12 所示。

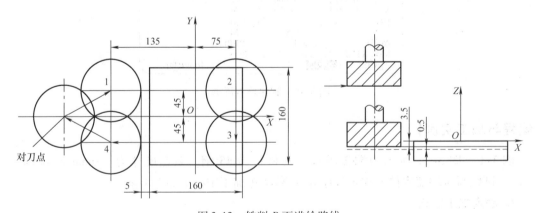

图 3-12 铣削 B 面进给路线

2）粗镗、半精镗、精镗 φ60H7 孔。φ60H7 孔采用镗削加工，精度等级 IT7，表面粗糙度 Ra 值为 0.8μm，依据经济加工精度，选用粗镗→半精镗→精镗三次镗削加工方案。所有孔加工进给路线按最短路线确定，孔的位置精度要求不高，所以机床的定位精度完全能保证。镗孔进给路线如图 3-13 所示。

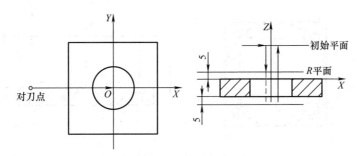

图 3-13　镗孔进给路线

3）钻各光孔、螺纹孔的中心孔。ϕ12H8mm 孔精度等级为 IT7，表面粗糙度 Ra 值为 0.8 μm，为保证垂直度、防止钻偏，采用钻中心孔→钻孔→扩孔→铰孔加工方案。钻中心孔的进给路线如图 3-14 所示。

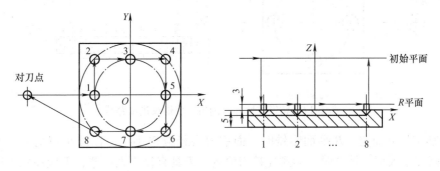

图 3-14　钻中心孔进给路线

4）钻、扩、锪、铰 ϕ12H8mm 光孔和 ϕ16mm 的台阶孔。钻、扩、铰 ϕ12H8mm 光孔的进给路线如图 3-15 所示；ϕ16mm 孔在 ϕ12mm 孔基础上锪至要求尺寸即可，锪 ϕ16mm 台阶孔的进给路线如图 3-16 所示。

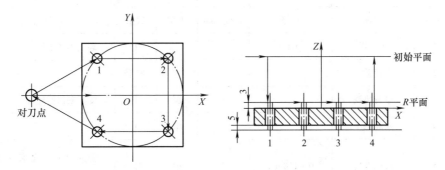

图 3-15　钻、扩、铰孔进给路线

5）钻 M16 的底孔、倒角、攻螺纹。为保证垂直度，M16 螺纹孔采用钻中心孔→钻底孔→倒角→攻螺纹的加工方案。钻 M16 底孔、倒角、攻螺纹的进给路线如图 3-17 所示。

（3）工、量、刀具选择

加工该端盖所需刀具有面铣刀、镗刀、中心钻、麻花钻、铰刀、立铣刀及丝锥等，具体

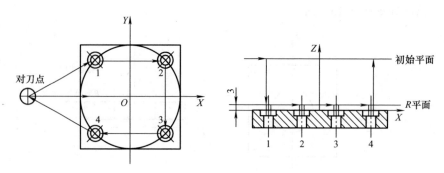

图 3-16 锪孔进给路线

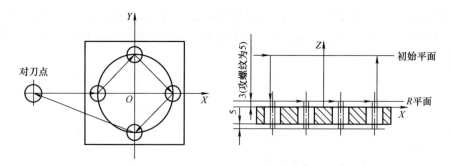

图 3-17 钻螺纹底孔、倒角、攻螺纹进给路线

规格依据加工尺寸而定。B 平面粗铣时，面铣刀直径应选小些，以减小切削力，但不能太小，以提高加工效率；精铣时，为避免接刀痕迹，刀具直径应大一些，但应注意刀库允许的最大装刀直径（$\phi100$mm）。刀柄柄部根据主轴锥孔和拉紧机构选择 BT40 标准刀柄。具体选用的工、量、刀具清单见表 3-2。

表 3-2 工、量、刀具清单

种类		工、量、刀具清单			图号			
种类	序号	名称	规格	精度/mm	单位	数量	备 注	
工具	1	平口钳	QH135		个	1	装夹零件毛坯	
工具	2	扳手			把	若干		
工具	3	平行垫铁			副	1	支撑平口钳底部	
工具	4	塑胶锤子			个	1		
量具	5	游标卡尺	0~150mm	0.02	把	1	测量孔径、孔深及孔间距等尺寸	
量具	6	百分表及表座	0~10mm	0.01	个	1	校正平口钳及工件上表面	
量具	7	表面粗糙度样板	N0~N1	12级	副	1	测量表面质量	

（续）

工、量、刀具清单					图号			
种类	序号	名称	规格	精度/mm	单位	数量	备　　注	
刀具	8	面铣刀	ϕ100mm		把	1	刀具号 T01，刀柄型号 BT40 - XM32 - 75	
	9	面铣刀	ϕ100mm		把	1	刀具号 T13，刀柄型号 BT40 - XM32 - 75	
	10	镗刀	ϕ58mm		把	1	刀具号 T02，刀柄型号 BT40 - TQC50 - 180	
	11	镗刀	ϕ59.95mm		把	1	刀具号 T03，刀柄型号 BT40 - TQC50 - 180	
	12	镗刀	ϕ60H7mm		把	1	刀具号 T04，刀柄型号 BT40 - TW50 - 140	
	13	中心钻	ϕ3mm		把	1	刀具号 T05，刀柄型号 BT40 - Z10 - 45	
	14	麻花钻	ϕ10mm		把	1	刀具号 T06，刀柄型号 BT40 - M1 - 45	
	15	扩孔钻	ϕ11.85mm		把	1	刀具号 T07，刀柄型号 BT40 - M1 - 45	
	16	阶梯铣刀	ϕ16mm		把	1	刀具号 T08，刀柄型号 BT40 - MW2 - 55	
	17	铰刀	ϕ12H8mm		把	1	刀具号 T09，刀柄型号 BT40 - M1 - 45	
	18	麻花钻	ϕ14mm		把	1	刀具号 T10，刀柄型号 BT40 - M1 - 45	
	19	麻花钻	ϕ18mm		把	1	刀具号 T11，刀柄型号 BT40 - G12 - 50	
	20	机用丝锥	ϕ16mm		把	1	刀具号 T12，刀柄型号 BT40 - XM32 - 75	

（4）合理选择切削用量

查表确定切削速度和进给量，然后计算出机床主轴转速和机床进给速度。工序的划分与切削用量的选择见表 3-3。

表 3-3　图 3-11 所示零件的工序和切削用量

单位	数控加工工序卡片		产品名称	零件名称	材料	零件图号
				端盖	HT200	
工序号	程序编号	夹具名称	夹具编号	设备名称	编制	审核
		平口钳		XH714		
工步号	工步内容	刀具号	刀具规格 /mm	主轴转速 /(r·min^{-1})	进给速度 /(mm·min^{-1})	背吃刀量 /mm
1	粗铣 B 平面，留 0.5mm 精加工余量	T01	ϕ100	300	70	3.5
2	精铣 B 平面至要求尺寸	T13	ϕ100	350	50	0.5
3	粗镗 ϕ60H7 孔至 ϕ58	T02	ϕ58	400	60	
4	半精镗 ϕ60H7 孔至 ϕ59.95	T03	ϕ59.95	450	50	
5	精镗 ϕ60H7 至要求尺寸	T04	ϕ60H7	500	40	
6	钻 $4\times\phi$12H8 及 $4\times$M16 的中心孔	T05	ϕ3	1000	50	
7	钻 $4\times\phi$12H8 至 ϕ10	T06	ϕ10	600	60	
8	钻 $4\times\phi$12H8 至 ϕ11.85	T07	ϕ11.85	300	40	
9	锪 $4\times\phi$16 至要求尺寸	T08	ϕ16	150	30	
10	铰 $4\times\phi$12H8 至要求尺寸	T09	ϕ12H8	100	40	
11	钻 $4\times$M16 底孔至 ϕ14	T10	ϕ14	450	60	
12	$4\times$M16 底孔倒角	T11	ϕ18	300	40	
13	攻 $4\times$M16 螺纹	T12	M16	100	200	

2. 编制参考程序

（1）认真阅读零件图，确定工件坐标系

根据工件坐标系建立原则，X、Y 向加工原点选在 ϕ60H7mm 孔的中心，Z 向加工原点选在 B 面（不是毛坯表面）。工件加工原点与设计基准重合，有利于编程计算的方便，且易保证零件的加工精度。Z 向对刀基准面选择底面 A，与工件的定位基准重合，X、Y 向对刀基准面可选择 ϕ60H7mm 毛坯孔表面或四个侧面。

（2）计算各基点（节点）坐标值

图 3-18 所示各圆的圆心坐标值见表 3-4。

表 3-4　各圆圆心坐标值

基　　点	坐标（X，Y）	基　　点	坐标（X，Y）
C	（-56.56，56.56）	H	（0，-50）
D	（0，50）	I	（-56.56，-56.56）
E	（56.56，56.56）	J	（-50，0）
F	（50，0）	O	（0，0）
G	（56.56，-56.56）		

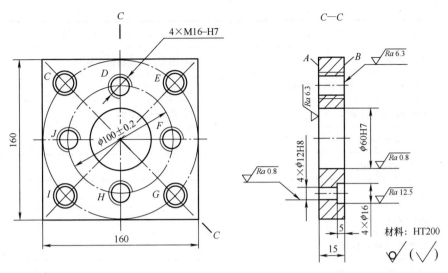

图 3-18 零件图上各圆的位置

（3）参考程序

参考主程序见表 3-5。

表 3-5 图 3-11 所示零件的参考程序（主程序）

程序名	O3001；	
程序段号	程　　　序	说　　　明
N010	T01 M06；	自动换刀，换成粗铣面铣刀
N020	M03 S300；	主轴正转，转速为 300r/min
N030	M08；	打开切削液
N040	G00 G54 G90 X0.0 Y0.0 Z100.0；	采用绝对尺寸编程方式，选择第一工件坐标系，迅速到达对刀点上方
N050	Z25.0；	Z 轴迅速到达工件坐标系 25mm 的安全高度位置
N060	X－230.0；	迅速到达切入点上方
N070	Z15.5；	进入粗铣切削平面
N080	X－140.0 Y45.0；	快速定位至进刀点
N090	G01 X45.0 F70；	直线插补铣削加工，X 轴直线切削至 X＝45mm，速度 70mm/min
N100	Y－45.0；	
N110	X－140.0；	
N120	G00 X－230.0 Y0.0；	
N130	G00 Z100.0 G49 M05；	取消刀具长度正补偿，停止主轴转动

（续）

程序段号	程　　序	说　　明
N140	T13 M06；	自动换刀，换成精铣面铣刀
N150	G00 X－230.0 Y0.0 M03 S350；	
N160	G00 Z15.0 G43 H13；	进入精铣切削平面
N170	X－140.0 Y45.0；	
N180	G01 X45.0 F50；	
N190	Y－45.0；	
N200	X－140.0；	
N210	G00 X－230.0 Y0.0；	
N220	G00 Z100.0 G49 M05；	
N230	T02 M06；	自动换刀，换成粗镗刀
N240	G00 X0.0 Y0.0 M03 S400；	
N250	G00 Z20.0 G43 H02；	
N260	G98 G81 Z－5.0 R5.0 F60；	固定循环，粗镗ϕ60H7mm 孔
N270	G00 G49 Z100.0 M05；	
N280	T03 M06；	自动换刀，换成半精镗刀
N290	G00 Z20.0 G43 H03 M03 S450；	
N300	G98 G81 Z－5.0 R5.0 F50；	固定循环，半精镗ϕ60H7mm 孔
N310	G00 G49 Z100.0 M05；	
N320	T04 M06；	自动换刀，换成精镗刀
N330	G00 Z20.0 G43 H04 M03 S500；	
N340	G98 G76 Z－5.0 R5.0 Q0.2 P200 F40；	固定循环，精镗ϕ60H7mm 孔至尺寸
N350	G00 G49 Z100.0 M05；	
N360	T05 M06；	自动换刀，换成中心钻
N370	G00 Z20.0 G43 H05 M03 S1000；	
N380	X－230.0 Y0.0；	
N390	G99 G81 X－50.0 Z10.0 R3.0 F50；	固定循环，钻中心孔
N400	X－56.56 Y56.56；	
N410	X0.0 Y50.0；	
N420	X56.56 Y56.56；	

（续）

程序段号	程 序	说 明
N430	X50.0 Y0.0;	
N440	X56.56 Y-56.56;	
N450	X0.0 Y-50.0;	
N440	X-56.56 Y-56.56;	
N450	G00 G49 Z100.0 M05;	
N460	T06 M06;	自动换刀，换成φ10mm钻头
N470	G00 Z20.0 G43 H06 M03 S600;	
N480	X-230.0 Y0.0;	
N490	G99 G81 X-56.56 Y56.56 Z-5.0 R3.0 F60;	固定循环，钻φ12H8mm 为φ10mm
N500	M98 P1000;	调用子程序 O1000 一次
N510	G00 G49 Z100.0 M05;	
N520	T07 M06;	自动换刀，换成φ11.85mm 扩孔钻
N530	G00 Z20.0 G43 H07 M03 S300;	
N540	X-230.0 Y0.0;	
N550	G99 G81 X-56.56 Y56.56 Z-5.0 R3.0 F40;	固定循环，扩φ12H8mm 为φ11.85mm
N560	M98 P1000;	调用子程序 O1000 一次
N570	G00 G49 Z100.0 M05;	
N580	T08 M06;	自动换刀，换成阶梯孔铣刀
N590	G00 Z20.0 G43 H08 M03 S150;	
N600	X-230.0 Y0.0;	
N610	G99 G82 X-56.56 Y56.56 Z10.0 R3.0 P500 F30;	固定循环，锪φ16mm 孔至要求尺寸
N620	M98 P1000;	调用子程序 O1000 一次
N630	G00 G49 Z100.0 M05;	
N640	T09 M06;	自动换刀，换成铰刀
N650	G00 Z20.0 G43 H09 M03 S100;	
N660	X-230.0 Y0.0;	
N670	G99 G81 X-56.56 Y56.56 Z-5.0 R3.0 F40;	固定循环，铰φ12H8 孔至尺寸
N680	M98 P1000	调用子程序 O1000 一次

（续）

程序段号	程 序	说 明
N690	G00 G49 Z100. 0 M05；	
N700	T10 M06；	自动换刀，换成 φ14mm 钻头
N710	G00 Z20. 0 G43 H10 M03 S450；	
N720	X－230. 0 Y0. 0；	
N730	G99 G81 X－50. 0 Z－5. 0 R3. 0 F60；	固定循环，钻 M16 螺纹底孔
N740	M98 P2000；	调用子程序 O2000 一次
N750	G00 G49 Z100. 0 M05；	
N760	T11 M06；	自动换刀，换成 φ18mm 的倒角钻头
N770	G00 Z20. 0 G43 H11 M03 S300；	
N780	X－230. 0 Y0. 0；	
N790	G99 G82 X－50. 0 Y0. 0 Z－5. 0 R3. 0 P500 F40；	固定循环，倒角
N800	M98 P2000；	调用子程序 O2000 一次
N810	G00 G49 Z100. 0 M05；	
N820	T12 M06；	自动换刀，换成 M16 机用丝锥
N830	G00 Z20. 0 G43 H12 M03 S100；	
N840	X－230. 0 Y0. 0；	
N850	G99 G84 X－50. 0 Y0. 0 Z－5. 0 R5. 0 F200；	攻 M16 螺纹孔
N860	M98 P2000；	调用子程序 O2000 一次
N870	G00 G49 Z100. 0 M05；	迅速向上提刀至 Z＝100mm 的安全高度，取消刀具补偿，关闭切削液
N880	X－230. 0 Y0. 0；	
N890	M30；	程序结束

加工 φ160mm 中心线上孔的子程序参考表 3-6。

表 3-6 图 3-11 所示零件的参考程序（子程序 1）

程序名	O1000；	
程序段号	程 序	说 明
N010	X56. 56 Y56. 56；	
N020	Y－56. 56；	
N030	X－56. 56；	
N040	M99；	子程序结束

加工 $\phi100mm$ 中心线上孔的子程序参考表 3-7。

表 3-7　图 3-11 所示零件的参考程序（子程序 2）

程序名	O2000；	
程序段号	程　　序	说　　明
N010	X0.0 Y50.0；	
N020	X50.0 Y0.0；	
N030	X0.0 Y－50.0；	
N040	M99；	子程序结束

3. 加工零件

1）机床上电。合上空气开关，按"NC 启动"。

2）回参考点。选择"机械回零"方式，按下"循环启动"按钮，完成回参考点操作。返回零点后，X、Y、Z 三轴向负向移动适当距离。

3）刀具安装。按要求将所有刀具安装到刀库，注意刀具号是否正确。

4）清洁工作台，安装夹具和工件。检查坯料的尺寸，确定工件的装夹方式（用机用虎钳夹紧）。将机用虎钳清理干净装在干净的工作台上，通过百分表找正、找平机用虎钳并夹紧，再将工件装在机用虎钳上，工件伸出钳口 8mm 左右。

5）对刀设定工件坐标系。安装寻边器，确定坯料下表面的中心为工件零点，设定零点偏置。首先用寻边器对刀，确定 X、Y 向的零偏值，输入到工件坐标系 G54 中；然后将加工所用刀具装上主轴，再将 Z 轴设定器放在工件上表面，确定 Z 向的零偏值，输入到工件坐标系 G54 中。

6）设置刀具补偿值。设置刀具长度补偿值 H。

7）输入加工程序。将编写好的加工程序通过机床操作面板输入到数控系统的内存中。具体操作如下：选择编辑方式→打开程序保护开关→按"PRGRM"按钮显示程序列表→输入内存中没有的程序名→通过键盘把程序输入内存或通过 PCIN 传输软件将事先输入计算机的程序传入内存，并检验程序是否正确。

8）调试加工程序。把工件坐标系的 Z 值沿 +Z 向平移 100mm，按下"循环启动"按钮，适当降低进给速度，检查刀具运动是否正确。

9）自动加工。调出内存中的程序，选择"自动运行"方式，把工件坐标系的 Z 值恢复原值，将进给倍率开关换到低档，按下"循环启动"按钮运行程序，开始加工。机床加工时，适当调整主轴转速和进给速度，并注意监控加工状态，保证加工正常。

10）取下工件，用游标卡尺进行尺寸检测。

11）清理加工现场。

12）按顺序关机。

4. 评分标准

评分标准见表 3-8。

表 3-8 评分表

班级				姓名			学号		
课题				加工端盖			零件编号		23

		序号	检测内容	配分	学生自评	教师评分
基本检查	编程	1	切削加工工艺制订正确	10		
		2	切削用量选择合理	5		
		3	程序正确、简单、规范	20		
	操作	4	设备操作、维护保养正确	5		
		5	安全、文明生产	5		
		6	刀具选择、安装正确、规范	5		
		7	工件找正、安装正确、规范	5		
工作态度		8	行为规范,态度端正	5		

	序号	图样尺寸/mm	公差/mm	量具			学生自评	教师评分
				名称	规格/mm			
尺寸检测	9	$\phi100$	±0.2	千分尺	75~100	8		
	10	4×M16		千分尺	0~25	8		
	11	4×ϕ16		千分尺	0~25	8		
	12	4×ϕ12		千分尺	0~25	8		
	13	ϕ60		千分尺	50~75	4		
	14	表面粗糙度	0.8μm(2处)、6.3μm(2处)、12.5μm(1处)	粗糙度样规		4		
		综合得分						

【思考与练习】

1. 在使用机械手换刀的加工中心上,执行程序"T02 M06"和"M06 T02"有什么不同?

2. 如图 3-19 所示,已知毛坯尺寸为 100mm×100mm×30mm,材料为 45 钢,所有加工面的表面粗糙度值为 Ra3.2μm,试分析该工件的加工工艺、合理选择刀具并编写出加工程序。

3. 如图 3-20 所示,已知毛坯尺寸为 100mm×100mm×20mm,材料为 45 钢,所有加工面的表面粗糙度值为 Ra3.2μm,试分析该工件的加工工艺、合理选择刀具并编写出加工程序。

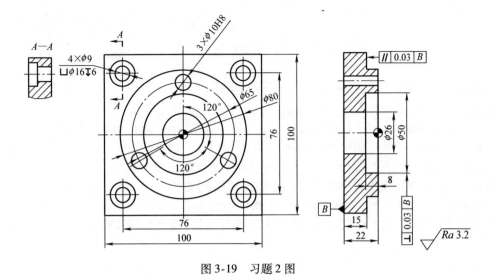

图 3-19 习题 2 图

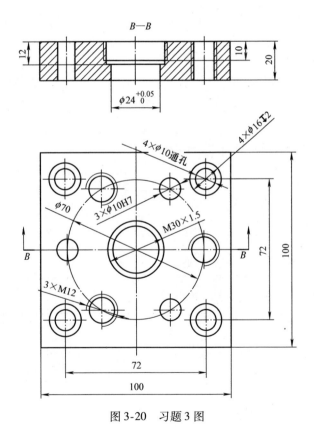

图 3-20 习题 3 图

参 考 文 献

［1］孙建栋，等．数控车工实训［M］．北京：高等教育出版社，2011.

［2］孙建栋．加工中心（数控铣工）实训［M］．北京：高等教育出版社，2011.

［3］周虹，等．数控加工工艺设计与程序编制［M］．北京：人民邮电出版社，2012.

［4］吴新佳．数控加工工艺与编程［M］．北京：人民邮电出版社，2012.

［5］王先逵．机械加工工艺手册［M］.3 版．北京：机械工业出版社，2023.

［6］杨伟群．数控工艺培训教程［M］．北京：清华大学出版社，2007.

［7］沈建峰，虞俊．数控车工：高级［M］．北京：机械工业出版社，2007.

［8］韩鸿鸾．数控铣工加工中心操作工：中级［M］．北京：机械工业出版社，2007.